Iniciação à análise geoespacial

FUNDAÇÃO EDITORA DA UNESP

Presidente do Conselho Curador
Mário Sérgio Vasconcelos

Diretor-Presidente
Jézio Hernani Bomfim Gutierre

Superintendente Administrativo e Financeiro
William de Souza Agostinho

Conselho Editorial Acadêmico
Danilo Rothberg
Luis Fernando Ayerbe
Marcelo Takeshi Yamashita
Maria Cristina Pereira Lima
Milton Terumitsu Sogabe
Newton La Scala Júnior
Pedro Angelo Pagni
Renata Junqueira de Souza
Sandra Aparecida Ferreira
Valéria dos Santos Guimarães

Editores-Adjuntos
Anderson Nobara
Leandro Rodrigues

MARCOS CÉSAR FERREIRA

Iniciação à análise geoespacial
Teoria, técnicas e exemplos para geoprocessamento

editora
unesp

© 2013 Editora Unesp

Fundação Editora da Unesp (FEU)
Praça da Sé, 108
01001-900 – São Paulo – SP
Tel.: (0xx11) 3242-7171
Fax: (0xx11) 3242-7172
www.editoraunesp.com.br
www.livrariaunesp.com.br
atendimento.editora@unesp.br

CIP – Brasil. Catalogação na publicação
Sindicato Nacional dos Editores de Livros, RJ

F44i

Ferreira, Marcos César
 Iniciação à análise geoespacial: teoria, técnicas e exemplos para geoprocessamento / Marcos César Ferreira. – 1. ed. – São Paulo: Editora Unesp, 2014.

 ISBN 978-85-393-0537-7

 1. Geografia – Estudo e ensino. I. Título.

14-13078

CDD: 910
CDU: 910

Editora afiliada:

À minha família, Marta e Yara,
duas estrelas brilhantes, em noite clara de praia.

Aos meus pais, Adair e Aparecida

"[...] A diferença, facilmente compreensível, entre as intenções de expressão e as puramente intuitivas, surge quando comparamos signos e imagens, uns com os outros. Na maioria das vezes, o signo não tem nada em comum, quanto ao conteúdo, com o designado, ele pode designar tanto algo que lhe é heterogêneo como algo que lhe é homogêneo. A imagem, pelo contrário, se relaciona com a coisa pela semelhança; não havendo semelhança, não se pode mais falar em imagem. O signo, enquanto objeto, constitui-se para nós no ato de aparecer. [...] Da mesma maneira, a imagem, um busto de mármore, por exemplo, é também uma coisa como qualquer outra; é só novo o modo de apreender que faz dessa coisa uma imagem.

[...] Toda construção de conceitos matemáticos que se desdobra numa cadeia de definições, nos atesta a possibilidade de uma cadeia de preenchimento que se constituem, membro por membro, de intenções cognitivas. Elucidamos o conceito de $\left(5^3\right)^4$, recorrendo à expressão 'número que é obtido quando se forma o produto $5^3.5^3.5^3.5^3.$' Se quisermos elucidar esta última representação teremos que recorrer ao sentido de 5^3, e, portanto, à construção 5.5.5. Voltando ainda mais para trás, teríamos que esclarecer o 5 por meio da cadeia de definições 5=4+1, 4=3+1, 3=2+1, 2=1+1. Mas após cada passo teríamos que fazer a substituição na expressão ou no pensamento complexo construído por último [...] chegaríamos finalmente à soma explicitada de unidades, da qual poderíamos dizer: isto é o próprio número $(5^3)^4$. É óbvio que um ato de preenchimento corresponderia efetivamente não só ao resultado final, mas já a cada passo singular, que conduz de uma expressão desse número até a próxima que a elucida e enriquece em conteúdo.

[...] Com respeito à classe de casos que acabamos de caracterizar, falamos em intenções ou, respectivamente, em preenchimentos mediatos (ou edificados uns sobre os outros) e, portanto, também em representações mediatas. É válida, pois, a proposição segundo a qual, cada intenção mediata exige um preenchimento mediato que termina, como é evidente, após um número finito de passos, numa intuição imediata."

Edmond Husserl, em *Investigações lógicas:
elementos de uma elucidação fenomenológica do
conhecimento – sexta Investigação* (1901).

Sumário

Lista de figuras, quadros e tabelas   15
   Figuras   15
   Quadros   24
   Tabelas   24

Prefácio   31
Prólogo   33
Agradecimentos   39

1 Bases conceituais e paradigmas da análise geoespacial   41
   Introdução   41
   A análise geoespacial no contexto das escolas do pensamento geográfico   42
   Paradigmas e modelos para a informatização geográfica em SIG   50
   Categorias de cognição da informação espacial   53
   Propriedades da informação espacial   55
   Escalas de mensuração da informação espacial   57
   As perguntas espaciais   59
   A tríade espaço-tempo   61

2 Princípios básicos de estatística para análise de dados geográficos   65
   Introdução   65
   Distribuição de frequência de uma variável geográfica   66
   Medidas de tendência central e de dispersão   76

Medidas de tendência central   77

   a) Média aritmética $(\overline{X})$ 77

   b) Moda (Mo) 78

   c) Mediana (Md) 79

Medidas de variabilidade ou de dispersão   79

   a) Amplitude (A) 80

   b) Desvio padrão (σ) 80

   c) Coeficiente de variação (CV) 81

   d) Coeficiente de assimetria (S) 82

   e) Kurtose (kt) 83

Relações entre distribuições de frequência   83

Padronização de variáveis (Z) 83

Comparação entre diferentes variáveis para um mesmo conjunto de unidades geográficas, a partir de medidas de tendência central e de dispersão   89

Coeficientes de correlação   93

   a) Coeficiente de correlação linear de Pearson (r) 93

   b) Coeficiente de correlação de Spearman (r_s) 102

Medidas de associação entre variáveis nominais e ordenadas   105

   a) Teste do qui-quadrado   105

   b) Teste de Kolmogorov-Smirnov   108

Funções de probabilidade   109

Função de probabilidade Normal   110

Função de probabilidade de Poisson   114

3 Distribuições espaciais em mapas de pontos   119

Introdução   119

Técnicas para análise geoespacial de padrões de pontos   123

Distância média ao vizinho mais próximo   123

Índice de afastamento entre pontos   125

Frequência de pontos por quadrícula   129

Análise evolutiva de padrões espaciais de pontos   133

Centro médio de nuvem de pontos   135

Centro geográfico ponderado de nuvens de pontos   136

Distância padrão ou raio padrão   138

INICIAÇÃO À ANÁLISE GEOESPACIAL **11**

Vetor de mobilidade do centro geográfico ponderado 140
Análise comparativa entre padrões de pontos de diferentes mapas 143

4 Análise de interação espacial 147
Introdução 147
Distância euclidiana e distância em rota 148
Dissimilaridade entre distâncias e impedância espacial 148
    Impedância topográfica 149
    Impedância por barreiras urbanas 151
Espaço absoluto e espaço relativo 151
    Compressão espaço-tempo 152
    Mapas espaço-tempo 153
Princípio do descaimento com a distância 155
Campos de movimento 159
    Campos vetoriais de interação 161
        a) Distorções direcionais dos campos vetoriais de interação 163
        b) Fronteiras dos campos vetoriais de interação 164
    Redes geográficas 166
    Matriz de conectividade binária 168
        a) Índice de Acessibilidade (A) 169
    Matriz de trajetos mais curtos ($T_{m,n}$) 172
        a) Índice β 173
        b) Índice α 176
        c) Análise evolutiva de redes com o uso dos índices α e β 176
    Matriz de conectividade binária ponderada ($P_{m,n}$) 179
        a) Modelos de interação gravitacionais 179
        b) Ponderação de matrizes de conectividade binária a partir de modelos gravitacionais 180
        c) Superfícies de probabilidade de interação espacial 183
        d) Fator de transmitância em uma interação espacial 186

5 Séries espaciais e superfícies geográficas 191
Introdução 191
Campo escalar e campo vetorial 192
Dependência espacial e dependência temporal entre eventos 194
    Processos estacionários e não estacionários 195
        a) Função de autocorrelação 197

Séries espaciais   201
   Isotropia e anisotropia de superfícies   201
      a) Difusão espacial em superfícies anisotrópicas   202
   Autocorrelação espacial   205
      a) Coeficiente de autocorrelação espacial   205
      b) Autocorrelação espacial em superfícies matriciais
   contínuas   206
      c) Autocorrelação espacial em mapas binários   213
      d) Avaliação do grau de significância da autocorrelação espacial
      positiva em mapas binários   214
      e) Índice de contiguidade espacial de Moran   224
   Semivariogramas   228
Interpolação de superfícies e construção de mapas de isolinhas   234
Interpolação pelo algoritmo do inverso do expoente das distâncias   235
   Interpolação pelo algoritmo da krigagem   238
   Superfícies de tendência   242
   Superfícies de distância   249

6 Análise de mapas de objetos poligonais   255
Introdução   255
Técnicas para classificação e construção de legendas de mapas
coropléticos   257
   Intervalos iguais   258
   Quantis   259
   Quebras naturais na distribuição dos dados da variável   261
   Intervalos de desvio padrão   261
Índice de fragmentação das classes do mapa   264
Quociente locacional   265
Coeficiente de associação geográfica local   269
Mapas de probabilidades   269
Índices morfológicos para análise de áreas geográficas   273
   Índices euclidianos   274
      a) Taxa de alongamento   274
      b) Índice de forma   275
      c) Índice de circularidade   275

Dimensão fractal   275
Relações entre medidas de índices morfológicos de cidades e
respectivas características de seus sítios urbanos   281
Função *fuzzy*   284
Processo decisório booleano   284
Processo decisório contínuo *fuzzy*   286
a) Cálculo do grau de afinidade por meio da função *fuzzy* (f)   287
b) Tipos de curvas de funções *fuzzy*   289
c) Aplicação da função *fuzzy* ao mapeamento de dados em
superfícies   291

7 Funções básicas de modelagem de mapas para SIG   297
Introdução   297
Matriz geográfica de consulta espacial   299
Funções de consulta espacial baseadas na matriz geográfica   299
a) Consulta espacial por característica (KC_i)   301
b) Consulta espacial por local (KL_i)   301
c) Consulta sobre correspondência espacial entre características
(KRC)   301
Índice de agregação local de Kramer (V)   303
Funções básicas de modelagem de mapas para SIG   307
Funções de consulta espacial   307
a) Reclassificação   307
b) Sobreposição de mapas   308
c) Corte linear   312
Funções de distância   312
Aplicação das funções de modelagem de mapas à alocação espacial   329
Alocação espacial   329
Critérios para decisão espacial   330
Aplicação das classificações *fuzzy* e booleana a mapas de fatores e
restrições   332

Epílogo   335
Referências bibliográficas   337

LISTA DE FIGURAS, QUADROS E TABELAS

Figuras

Figura 2.1 – Histograma de frequência relativa da variável PPC, em 2005, na região metropolitana de Campinas, construído pela técnica de classificação de Sturges. 72

Figura 2.2 – Diagrama de frequência de valores ordenados da variável PPC, em 2005, da região metropolitana de Campinas, utilizado para a aplicação da técnica de classificação baseada na ruptura natural da série de dados (linhas tracejadas). 73

Figura 2.3 – Histograma de frequência acumulada, segundo classes da variável PPC (em mil R\$), em 2005, na região metropolitana de Campinas. 74

Figura 2.4 – Tipos de histogramas de frequência relativa (linha contínua) e acumulada (linha tracejada) e respectivas características. As curvas foram adaptadas de Clark e Hosking (1986). 75

Figura 2.5 – Posicionamento gráfico das medidas estatísticas de tendência central e de variabilidade, em um histograma de frequência padrão. 76

Figura 2.6 – Histogramas de frequência relativa da variável PPC na mesorregião do litoral sul paulista (A) e na região metropolitana de Campinas (B). 89

Figura 2.7 – Histograma de distribuição de frequência relativa, das variáveis taxa de médicos por dez mil habitantes T_{md} (A) e proporção de população urbana P_u (B) na mesorregião do litoral sul paulista, em 2005. 92

Figura 2.8 – Diagrama de dispersão dos valores das variáveis PIB *per capita* e número de veículos por 100 habitantes (VH) para municípios da região metropolitana de Campinas, em 2005, e traçado da reta de regressão. 96

Figura 2.9 – Função de probabilidade normal (Y_i) para as medidas de comprimento de rio realizadas por meio de um curvímetro em carta topográfica 1:50.000 (A) e para a variável PPC em municípios da mesorregião do litoral sul paulista (B). 112

Figura 2.10 – Curvas da função de probabilidade de Poisson (p) para as séries de casos de febre maculosa de Piracicaba e Americana, entre 1998 e 2007. 118

Figura 3.1 – Imagem gráfica de uma distribuição espacial hipotética de pontos com diferentes padrões, densidades e dispersão. 122

Figura 3.2 – Espectro de dispersão espacial de pontos, segundo os valores de R_n. 124

Figura 3.3 – Áreas recortadas das folhas topográficas do IBGE, escala 1:50.000, Piracicaba-SP, 1972, (A) e Extrema-MG, 1973 (B). 126

Figura 3.4 – Superfícies de isodistâncias, em metros, de um pixel até a habitação rural mais próxima, calculadas a partir da Figura 3.3a (folha Extrema), com $I_a = 560,17$ m; e Figura 3.3b (folha Piracicaba), com $I_a = 376,9$ m. 127

Figura 3.5 – Quantidade de habitações rurais por quadrícula amostral de 500x500 m, obtida dos recortes das folhas Extrema (A) e Piracicaba (B) (ver Figuras 3.4a e 3.4b) 131

Figura 3.6 – Evolução dos valores de r, estimados a partir do número de municípios com casos notificados de dengue nos seis primeiros meses de 2001, na mesorregião de São José do Rio Preto-SP. 134

Figura 3.7 – Localização do centro médio de uma distribuição espacial hipotética de oito pontos. 135

Figura 3.8 – Traçado do raio padrão (l^2) ou distância padrão, medido a partir do centro médio da distribuição espacial de pontos da Figura 3.7. 139

Figura 3.9 – Mapa dos vetores $\bar{m}$ do centro geográfico ponderado da epidemia de dengue ocorrida na mesorregião de São José do Rio Preto-SP em 2001, segundo sequência quadrissemanal (Quad.). 142

Figura 3.10 – Distribuição espacial dos estabelecimentos de ensino privados e público-estaduais nas áreas urbanas de Limeira e Rio Claro, em 1999, e respectivos valores de distância padrão (l^2), coeficiente de dispersão espacial (D_r) e índice do vizinho mais próximo (R_n). 144

INICIAÇÃO À ANÁLISE GEOESPACIAL **17**

Figura 4.1 – Medidas de distância euclidiana d_E, distância em rota d_R e dissimilaridade entre distâncias $|\Delta_{E,R}|$, para quatro trajetos rodoviários ligando áreas urbanas do estado de São Paulo e respectivos fatores relativos de impedância espacial. 150

Figura 4.2 – A mesma imagem urbana representada em espaço métrico (A) e em espaço-tempo (B). 153

Figura 4.3 – Representação do plano espaço-tempo por meio do traçado de isócronas de seis minutos, com origem situada em X, para a cidade de Edmonton, Canadá. Em (A), temos o plano anisotrópico espaço-tempo, e, em (B), um plano isotrópico sem impedâncias. 154

Figura 4.4 – Curva do volume médio diário de veículos (VMD) na rodovia SP-310 entre Rio Claro e São José do Rio Preto, em 2005. 157

Figura 4.5 – Curva do volume médio diário de veículos (VMD) na rodovia SP-425 entre a divisa de São Paulo com Minas Gerais (NE) e a cidade de Presidente Prudente (SW), em 2005. Os campos de movimento de São José do Rio Preto e de Presidente Prudente estão identificados, respectivamente, pelas letras A e B, enquanto a letra C identifica o campo de transição entre A e B. 157

Figura 4.6 – Traçado das rodovias estaduais SP-310, SP-320 e SP-425, próximo a São José do Rio Preto, e seus respectivos valores do volume médio diário de veículos (VMD). 158

Figura 4.7 – Curvas da função de decaimento com a distância (e) para quatro rotas de rodovias estaduais originadas em São José do Rio Preto. As curvas mostram a distribuição do volume médio diário (VMD) de veículos leves (A) e veículos pesados (B) segundo a distância da respectiva cidade e o respectivo valor de e. 160

Figura 4.8 – Campos de movimento (polígonos pontilhados) de quatro cidades de São Paulo, traçados com base no fluxo de veículos e na orientação das rodovias estaduais que dão acesso à respectiva cidade. Os números situados nas bordas do campo se referem à porcentagem do VMD total que trafega na respectiva direção. 162

Figura 4.9 – Estrutura espacial e elementos constituintes de uma rede geográfica hipotética. 167

Figura 4.10 – Estrutura espacial de uma rede geográfica de 15 cidades da região de Ribeirão Preto-SP, representada em grafo, construída com base

18 MARCOS CÉSAR FERREIRA

em conexões rodoviárias. As linhas tracejadas se referem às conexões desta rede com outras redes adjacentes. 170

Figura 4.11 – Hierarquia de acessibilidade urbana na rede geográfica da Figura 4.10, de acordo com o valor do índice A em cada nó da rede geográfica (ver Tabela 4.2). 172

Figura 4.12 – Estrutura espacial de uma rede geográfica de dezesseis cidades da região de Bauru-SP, representada em grafo, construída com base em conexões rodoviárias. As linhas tracejadas se referem às conexões desta rede com outras redes adjacentes. 175

Figura 4.13 – Representação, em formato de grafo, da relação entre os números de nós (n) e links (l), os índices α e β, e a estrutura espacial de uma rede geográfica hipotética. Observe de A a D os efeitos do aumento dos valores de α e β na complexidade da rede. 177

Figura 4.14 – Evolução da estrutura espacial da rede ferroviária da região norte de São Paulo entre 1960 (A) e 2008 (B), e dos valores de seus respectivos índices morfológicos. 178

Figura 4.15 – Mapa do índice de interação espacial $I_{i,j}$ entre localidades da rede de Ribeirão Preto-SP, representado em cinco ordens hierárquicas baseadas em valores da matriz de interação espacial (Tabela 4.4). 182

Figura 4.16 – Duas superfícies de isoprobabilidades de destinos (0 a 100%): a primeira para viagens originadas em Rincão; a segunda para viagens originadas em Pradópolis. As linhas de isoprobabilidades foram superpostas à base cartográfica das rodovias do estado de São Paulo (DER, 2008). As duas cidades de origem estão destacadas por quadrados pretos. 187

Figura 5.1 – *Série temporal com tendência a ser estacionária*: (a) taxa de mortalidade por acidentes de transportes em Campinas-SP (por 100 mil). *Séries temporais não estacionárias*: (b) taxa de fecundidade por mulher em Campinas-SP (por mil mulheres entre 15 e 49 anos); (c) total de casos de dengue notificados em São José do Rio Preto no primeiro semestre de 2001. 196

Figura 5.2 – Correlograma da função de autocorrelação temporal $A(k)$ da série de dados de taxa de mortalidade em acidentes de trânsito no município de Campinas-SP, entre 2000 e 2007 (Figura 5.1a). 199

Figura 5.3 – Séries de dados epidemiológicos de casos confirmados de dengue por semana epidemiológica de 2000 e 2001, registrados nas cidades de Barretos-SP e S. José do Rio Preto-SP, e respectivas curvas das funções de autocorrelação temporal. As linhas verticais tracejadas sobre as séries indicam

INICIAÇÃO À ANÁLISE GEOESPACIAL **19**

a posição aproximada dos picos das respectivas séries; a letra D representa a defasagem entre os picos. 200

Figura 5.4 – Difusão espacial do direito ao voto feminino a presidente dos Estados Unidos, entre 1870 e 1919, por estado americano. As isócronas mostram a data em que cada estado adotou esta inovação. 204

Figura 5.5 – Exemplo hipotético de superfície matricial contínua de quantidade de áreas verdes (em metros quadrados) por quadra de um bairro. O valor de cada célula (em negrito) se refere ao total em área verde na quadra; os números localizados na parte externa da matriz identificam as linhas e colunas; as células preenchidas em cinza se referem a duas séries espaciais – uma série norte-sul e outra leste-oeste. 207

Figura 5.6 – Ordens escalares de uma superfície matricial contínua utilizadas para o cálculo de $\rho_{g,h}$ a partir de uma posição X qualquer. 210

Figura 5.7 – Efeito do tamanho do *lag g* (B a E) na distribuição espacial e no número de pares utilizados no cálculo do coeficiente de autocorrelação no sentido norte-sul (ρ_g), tomando-se como referência a superfície matricial contínua da Figura 5.5 (A). 211

Figura 5.8 – Curvas da função de autocorrelação espacial, segundo a direção e a distância (*lag*), obtidas com base em dados da superfície matricial contínua da Figura 5.7 e aplicando-se a Equação 5.4. 212

Figura 5.9 – Distribuição espacial de municípios com casos notificados de dengue em 2001 (em cinza), na microrregião de São José do Rio Preto-SP. 215

Figura 5.10 – Sequenciamento cartográfico binário de municípios da microrregião de São José do Rio Preto-SP com casos notificados de dengue (em cinza), entre janeiro e junho de 2001. 221

Figura 5.11 – Evolução dos valores do escore z_{s-s} em relação ao valor tabulado de $z_{crítico}$, para a distribuição espacial da ocorrência de notificações de dengue em municípios da microrregião de São José do Rio Preto-SP, de janeiro a julho de 2001. 223

Figura 5.12 – Semivariogramas dos dados da superfície matricial contínua de quantidade de áreas verdes, em metros quadrados, por quadra de um bairro (Figura 5.5), em E-W e N-S. 229

Figura 5.13 – Principais modelos de semivariogramas teóricos, suas principais características e respectivas equações que os definem. 231

Figura 5.14 – Ajuste do semivariograma N-S da variável quantidade de áreas verdes, por quadra, para o modelo esférico (Equação 5.18), com base nos dados da superfície da Figura 5.5. 232

Figura 5.15 – Exemplo de uma superfície de dados irregularmente espaçados, ou superfície incompleta. As células em branco correspondem a posições em que os valores da variável são desconhecidos; z_0 é um destes valores desconhecidos da variável Z a ser interpolado. 236

Figura 5.16 – Representação da superfície interpolada pelo algoritmo IQD a partir da matriz da Figura 5.15, em um plano de isolinhas (A) e em perspectiva (B). 238

Figura 5.17 – Representação da superfície interpolada pelo algoritmo da krigagem a partir da matriz da Figura 5.15, em um plano de isolinhas (A) e em perspectiva volumétrica (B). 241

Figura 5.18 – Representação esquemática da distribuição espacial do percentual de matas na costa sudeste do Brasil segundo uma superfície de tendência linear e seus respectivos resíduos positivos e negativos. As isolinhas medem o percentual de matas em parcelas de 2.500 km² de área; as áreas em cinza representam locais onde este porcentual é menor que a média regional. 243

Figura 5.19 – Perfis longitudinais e visão em perspectiva das superfícies de tendência linear, quadrática, cúbica e quártica, e respectivas equações polinomiais que as definem. 245

Figura 5.20 – Superfícies de tendência linear, quadrática, cúbica e respectivas equações polinomiais construídas a partir da superfície matricial contínua da Figura 5.5, que representa a quantidade de áreas verdes, em metros quadrados, por quadra de um bairro hipotético. 247

Figura 5.21 – Mapas dos resíduos positivos e negativos obtidos a partir da subtração entre a superfície dos dados originais e a superfície de tendência linear da Figura 5.20. 248

Figura 5.22 – Superfície de isodistâncias euclidianas construída a partir de uma rede de drenagem (A) e sua representação em 3D (B). 250

Figura 5.23 – Tipos de superfícies de isodistâncias (b), geradas a partir de pontos, linhas e áreas (a), e exemplos correspondentes de superfícies de isodistâncias binárias (c). 252

Figura 5.24 – Exemplos de superfícies de isodistâncias calculadas a partir da hidrografia (A e B) e das escolas de ensino fundamental e médio (C e D), e respectivos valores de σ. 254

INICIAÇÃO À ANÁLISE GEOESPACIAL **21**

Figura 6.1 – Mapa dos limites administrativos dos municípios da região metropolitana de Campinas-SP. 257

Figura 6.2 – Mapas da variável PPC construídos a partir das técnicas de classificação em intervalos iguais (A) e no quartil (B). 260

Figura 6.3 – Mapa da variável PPC construído a partir da técnica de classificação baseada nas quebras naturais existentes na série de valores. 262

Figura 6.4 – Mapa da variável PPC construído a partir da técnica de classificação baseada em intervalos de um desvio padrão $(1,0\sigma)$ medidos a partir da média para a região metropolitana de Campinas. 263

Figura 6.5 – Mapa da variável PPC construído a partir da técnica de classificação baseada em intervalos de desvio padrão medidos a partir da média para a mesorregião do litoral sul paulista. 264

Figura 6.6 – Diagrama dos valores de Q_1 e Q_2 para a variável área plantada com banana em 2007, em municípios da mesorregião do litoral sul paulista. 267

Figura 6.7 – Mapa do quociente locacional (L) das áreas colhidas com banana em municípios da mesorregião do litoral sul paulista, em 2007. 268

Figura 6.8 – Mapa de probabilidade de ocorrência de ao menos um caso de leishmania tegumentar americana (LTA) em municípios da mesorregião do litoral sul paulista, em 2005, segundo a distribuição de Poisson. 272

Figura 6.9 – Sequenciamento da resolução espacial *r(n)* e da quantidade de pixels correspondente a respectiva resolução *n* (de B a I), para a estimativa da dimensão fractal D de uma bacia hidrográfica hipotética (A) pelo método Kolmogorov (*box count*). 279

Figura 6.10 – Reta de regressão linear entre *log n* e *log r(n)* (Tabela 7.9). Este gráfico – também conhecido como gráfico de Richardson (Richardson plot) – mostra a relação entre o número de pixels (*n*) necessários ao preenchimento de uma área, para cada pixel de tamanho (*r*). 280

Figura 6.11 – Mapas de manchas urbanas de quatro cidades do estado de São Paulo, localizadas em diferentes províncias geomorfológicas, respectivas populações municipais em 2009 e valores da dimensão fractal D calculados pela relação perímetro-área. 282

Figura 6.12 – Diagrama de síntese, representando as relações entre a morfologia das manchas urbanas de quatro municípios situados em diferentes províncias geomorfológicas do estado de São Paulo e os valores dos índices *F, L* e *D*. 283

Figura 6.13 – Esquema hipotético de classificação de uma série de dados clinométricos em três classes. 285

Figura 6.14 – Representação gráfica das funções de afinidade booleana (a) e *fuzzy* (b) traçadas com relação à possibilidade (f) de o valor $18,9°$ pertencer a uma das três classes (A, B e C) de inclinação do terreno. 290

Figura 6.15 – Principais tipos de curvas de função de afinidade *fuzzy* (f) e respectivas posições dos parâmetros de inflexão a, b,c,d. 291

Figura 6.16 – Superfície matricial contínua representando as distâncias de cada pixel até um objeto geográfico de referência (A) e o mapa binário (B) representando os pixels situados além e aquém de 100 m. 293

Figura 6.17 – Superfície dos valores da função *fuzzy* (A) e respectivo mapa de *isofuzzys* (B), mostrando a distribuição espacial da possibilidade (f) de um pixel pertencer à classe ≤ 100 m (ver Figura 6.16 e Tabela 6.11). 294

Figura 7.1 – Adaptação da estrutura da matriz geográfica proposta por Berry (1964) ao contexto atual de um sistema de informação geográfica. As setas indicam dois sentidos possíveis de consulta espacial: *consulta espacial por um local L_2*, a partir de valores de um conjunto de características que nele se manifestam (KL_2); *consulta espacial de uma característica C_2*, a partir de sua distribuição em um conjunto de lugares onde ela se manifesta (KC_2); *consulta sobre a correspondência espacial* entre características (KR_c). 300

Figura 7.2 – Mapa do uso e cobertura do solo da alta bacia do rio Iguaçu, Paraná, em 2000. 313

Figura 7.3 – (A) Mapa produzido pela função (KC_i), mostrando a distribuição espacial das áreas urbanizadas, em relação às sub-bacias do alto Iguaçu (B). 314

Figura 7.4 – Mapa de uso e cobertura do solo da sub-bacia do rio Verde, obtido por meio de consulta espacial por lugar (KL_i), mostrando a distribuição espacial de todas as características em um só lugar. 313

Figura 7.5 – Mapa do uso e cobertura do solo de um setor da alta bacia do rio Iguaçu, próximo a Curitiba-PR, em 2000. 315

Figura 7.6 – Mapa geológico da área representada na Figura 7.5. 316

Figura 7.7 – Histogramas de frequência do porcentual de coincidência espacial entre loteamentos (A) e áreas de silvicultura (B), respectivamente, com as unidades geológicas. 306

Figura 7.8 – Aplicação da função de reclassificação de categorias ao mapa de uso e cobertura do solo para a produção do mapa binário da distribuição espacial das áreas industriais. 317

Figura 7.9 – Aplicação da operação de reclassificação ao modelo digital de elevação para construção do mapa hipsométrico em cinco classes de altitude (em metros). 318

Figura 7.10 – Aplicação da operação de sobreposição booleana do tipo OR, aos mapas de uso e cobertura do solo e de unidades geológicas. 319

Figura 7.11 – Aplicação da operação de sobreposição booleana do tipo AND, aos mapas de área urbana média densidade e de unidades geológicas. 320

Figura 7.12 – Distribuição do porcentual em área ocupada por unidade geológica, que coincide com a categoria "área urbana média densidade" (Figura 7.10). 311

Figura 7.13 – Aplicação da operação de sobreposição booleana do tipo AND aos mapas de área urbana média densidade e ao MDE. 321

Figura 7.14 – Aplicação da operação NOT ao mapa de uso e cobertura do solo para exclusão da categoria "área urbana média densidade". 322

Figura 7.15 – Exemplo de consulta espacial baseada em perfil, sobre imagem pancromática do sensor QuickBird. 323

Figura 7.16 – Aplicação da função de distância ao mapa da rede hidrográfica para a construção de uma superfície de isodistâncias. 324

Figura 7.17 – Mapa de isodistâncias euclidianas até as áreas industriais (os polígonos amarelos), elaborado a partir da aplicação da função de distância. 325

Figura 7.18 – Faixa de distâncias até 500 m de estradas, representada segundo a classificação booleana (A) e segundo a classificação contínua – função *fuzzy* (B). 326

Figura 7.19 – Classe de declividades inferiores a 5% representada segundo a classificação booleana (A) e segundo a classificação contínua – função *fuzzy* (B). 327

Figura 7.20 – Mapas de quatro fatores espaciais utilizados na modelagem cartográfica de alocação de áreas à ocupação urbana. 328

Figura 7.21 – Mapa das áreas aptas à ocupação urbana, delimitadas segundo os seguintes critérios espaciais: Declividade ≤ 5%, Distância aos rios ≥ 50 m, Distância a estradas ≤ 500 m e Uso do solo = campos. 325

Quadros

Quadro 1.1 – Escalas de mensuração da informação espacial. 58

Quadro 1.2 – Exemplos de perguntas espaciais que podem dar início a procedimentos de análise geoespacial em SIG e categorias de análise geoespacial a que estão associadas. Na coluna das perguntas espaciais, em itálico, estão destacadas palavras geográficas cujo significado equivale a um mapa. 60

Quadro 1.3 – Categorias de mudanças espaço-tempo observadas em objetos geográficos e respectivos exemplos de perguntas espaço-tempo formuladas a uma base de dados espaciais. 62

Quadro 1.4 – Relações algébricas entre tema, posição espacial e posição temporal (tríade espaço-tempo) e respectivas respostas a consultas espaço--tempo feitas a bases de dados espaciais. 63

Quadro 5.1 – Tipos de relação horizontal presentes em um mapa binário de ocorrência de casos de dengue em municípios e suas principais características de contiguidade. 214

Tabelas

Tabela 2.1 – Valores do produto interno bruto *per capita* (PPC), por município da região metropolitana de Campinas-SP, em 2005. 68

Tabela 2.2 – Valores do produto interno bruto *per capita* (PPC), em ordem crescente de valores, por município da região metropolitana de Campinas--SP, em 2005. 69

Tabela 2.3 – Distribuição de frequência absoluta e relativa, segundo intervalos de classe definidos pela técnica de *Sturges*, para os valores de PPC, em 2005, na região metropolitana de Campinas-SP. 71

Tabela 2.4 – Distribuição de frequência absoluta (f_a), frequência relativa (f_r) e frequência relativa acumulada f_{ra}, segundo intervalos de classe definidos pela técnica da ruptura natural da série de dados, para os valores do PPC, em 2005 na Região Metropolitana de Campinas-SP (ver Figura 2.2). 73

Tabela 2.5 – Número de habitantes por veículo (HV), em 2005, por município da região metropolitana de Campinas. 84

INICIAÇÃO À ANÁLISE GEOESPACIAL   **25**

Tabela 2.6 – Valores da variável padronizada Z para o PIB *per capita* (z_{PPC}) e o número de habitantes por veículo (z_{HV}), segundo município da RMC, em 2005.   85

Tabela 2.7 – Valores do PIB *per capita* (PPC) para os municípios da mesorregião do litoral sul paulista (MRL), em 2005.   87

Tabela 2.8 – Intervalos, limites de classe e frequência absoluta e relativa de municípios por classe, para a variável PPC, na região metropolitana de Campinas (RMC) e na mesorregião litoral sul paulista (MRL).   88

Tabela 2.9 – Valores das medidas de tendência central e de dispersão referentes à distribuição de frequência da variável PPC na região metropolitana de Campinas (RMC) e mesorregião do litoral sul paulista (MRL).   88

Tabela 2.10 – Valores da taxa de médicos (T_{md}) por 10 mil habitantes e do percentual de população urbana (P_u) em municípios da mesorregião do litoral sul paulista, em 2005.   91

Tabela 2.11 – Valores das medidas de tendência central e de dispersão para as variáveis T_{md} e P_u na mesorregião do litoral sul paulista, em 2005.   91

Tabela 2.12 – Resíduos entre os valores observados (V_h) e os estimados (V_{h-e}) por regressão da variável número de veículos por 100 habitantes em municípios da RMC.   98

Tabela 2.13 – Valores críticos de t da distribuição de Student, segundo respectivos graus de liberdade e níveis de significância.   101

Tabela 2.14 – Valores do percentual de transeuntes com nível superior de educação (%SUP) e com renda média mensal acima de R\$ 9.000,00 (> 9.000) e respectivos *ranking* (RK), em ruas de alguns bairros da cidade de São Paulo.   103

Tabela 2.15 – Exemplo de matriz de coeficientes de correlação de Spearman (r_s) entre sete variáveis hipotéticas (A-G).   104

Tabela 2.16 – Matriz de contingência entre categorias de um mapa de uso e cobertura do solo e de um mapa pedológico (solos), relativos à área situada na Depressão Periférica Paulista – valores observados em km^2.   106

Tabela 2.17 – Matriz de contingência entre categorias de uso e cobertura do solo e unidades pedológicas para uma área situada na Depressão Periférica Paulista – valores esperados em km^2.   107

Tabela 2.18 – Porcentuais de áreas observada e esperada para os fragmentos de mata, segundo categorias de declividade do terreno (%) em uma área situada na Depressão Periférica Paulista.   109

Tabela 2.19 – Intervalos de classe e frequência absoluta de dez medidas de comprimento de rio, obtidas por meio de curvímetro em carta topográfica 1:50.000.   111

26 MARCOS CÉSAR FERREIRA

Tabela 2.20 – Valores da probabilidade Y_i estimados pela distribuição normal para as medidas de comprimento de rio realizadas por meio de curvímetro em carta topográfica. 114

Tabela 2.21 – Valores da probabilidade Y_i estimados pela distribuição normal para o PIB *per capita* na mesorregião do litoral sul paulista. 114

Tabela 2.22 – Número de casos de febre maculosa, por ano, confirmados nos municípios de Piracicaba e Americana, entre 1998 e 2007. 116

Tabela 2.23 – Valores de probabilidade de ocorrência de diferentes quantidades de casos de febre maculosa nos municípios de Piracicaba e Americana, segundo a função de distribuição de Poisson. 117

Tabela 3.1 – Valores de R_n estimados a partir da função de análise geoespacial *Distance*, para a distribuição espacial de habitações rurais situadas na Serra da Mantiqueira (Extrema-MG) e na Depressão Periférica Paulista (Piracicaba-SP). 128

Tabela 3.2 – Relação entre a média, a variância, r e o padrão espacial de um mapa de pontos. 130

Tabela 3.3 – Valores da probabilidade de Poisson (p) de ocorrência de diferentes quantidades de pontos por quadrícula de 500x500 m, representando habitações rurais, na Serra da Mantiqueira (Extrema-MG) e na Depressão Periférica Paulista (Piracicaba-SP). 132

Tabela 3.4 – Frequência de municípios com casos notificados de dengue, por mês, por quadrícula de 15´ x 15´, durante a epidemia de dengue de 2001, ocorrida em São José do Rio Preto-SP e respectivos valores de variância σ^2, λ e r. 134

Tabela 3.5 – Coordenadas X e Y de cada ponto localizado no mapa da Figura 3.7 e procedimento para o cálculo do centro médio da nuvem de pontos deste mesmo mapa. 136

Tabela 3.6 – Procedimento para o cálculo do raio padrão (distância padrão) da distribuição de pontos do mapa da Figura 3.7. 138

Tabela 3.7 – Valores das coordenadas geográficas do centro geográfico ponderado, do raio padrão e da velocidade de dispersão, estimados para as sete primeiras quadrissemanas da epidemia de dengue ocorrida na mesorregião de São José do Rio Preto em 2001. 141

Tabela 4.1 – Matriz de conexão binária entre 15 cidades da região de Ribeirão Preto-SP e valores do índice A. A coluna RE indica o número de conexões com redes externas. 169

Tabela 4.2 – Valores do índice de acessibilidade (A), população total residente no município (P), produto interno bruto (PIB), renda *per capita* (RPC), consumo de energia elétrica pelo setor industrial (CEI), tempo decorrido desde a fundação do município (T); e respectivos valores do coeficiente de correlação de Spearman (r_s), para quinze municípios de parte da região de Ribeirão Preto-SP, conectados segundo a rede geográfica da Figura 4.10. 171

Tabela 4.3 – Matriz dos trajetos mais curtos, em rota, entre nós da rede geográfica da Figura 4.11. Os valores estão em quilômetros e foram calculados com base na malha rodoviária de 2008. 174

Tabela 4.4 – Matriz dos valores do índice de interação espacial $I_{i,j}$ para a rede geográfica da região de Ribeirão Preto-SP (Figura 4.10). Os valores de $I_{i,j}$ foram calculados a partir do modelo gravitacional da Equação 4.8; os valores em negrito se referem às conexões diretas, definidas na matriz de conexão binária (Tabela 4.1). 182

Tabela 4.5 – Tempo, em minutos, necessário ao deslocamento entre duas localidades de origem e cinco de destino em uma rede de sete localidades da região de Ribeirão Preto-SP. 185

Tabela 4.6 – População urbana e quantidade de estabelecimentos comerciais, em 2008, em sete localidades da região de Ribeirão Preto-SP. 185

Tabela 4.7 – Valores, em porcentuais, da probabilidade $P_{i,j}$ de uma viagem originar-se em uma localidade i e destinar-se a uma localidade j em uma rede de cidades da região de Ribeirão Preto-SP. Os valores de $P_{i,j}$ foram calculados aplicando-se a Equação 4.10; os valores em negrito se referem a destinos mais prováveis, segundo cada origem. 186

Tabela 4.8 – Valores do índice de interação espacial entre quatro cidades do estado de São Paulo segundo o modelo origem-destino (Equação 4.11) e respectivo potencial de interação (estabelecido apenas com relação às quatro localidades analisadas). 189

Tabela 5.1 – Taxa de mortalidade por acidente de trânsito no município de Campinas-SP, entre 2000 e 2007. 199

Tabela 5.2 – Valores dos parâmetros utilizados no cálculo do coeficiente de autocorrelação espacial da superfície matricial contínua da Figura 5.5 e sua relação com o tamanho dos lag *g* e *h*. 211

Tabela 5.3 – Contagem das junções entre municípios da microrregião de São José do Rio Preto-SP, segundo tipo de relação horizontal de contigui-

28 MARCOS CÉSAR FERREIRA

dade observada no mapa binário de ocorrência de casos de dengue em 2001 (Figura 5.9). 217

Tabela 5.4 – Cálculo da quantidade esperada de contatos por contiguidade (k), entre municípios da microrregião de São José do Rio Preto-SP, conforme dados da Tabela 5.3. 218

Tabela 5.5 – Procedimento utilizado para o cálculo do parâmetro m a partir dos dados da Tabela 5.3. 219

Tabela 5.6 – Ocorrência (S) e não ocorrência (N) de notificações de casos de dengue por município da microrregião de São José do Rio Preto-SP, de janeiro a julho de 2001, e quantidade de junções do tipo SS. 222

Tabela 5.7 – Probabilidade de ocorrência de casos de dengue – $P(s)$; desvio padrão das junções SS (γ_{S-S}); quantidades de junções SS (j_{S-S}) esperadas e observadas e escore z, calculados a partir da Tabela 5.6. 223

Tabela 5.8 – Matriz de contiguidade espacial entre os municípios da microrregião de São José do Rio Preto-SP (ver mapa da Figura 5.9). 227

Tabela 5.9 – Valores dos parâmetros utilizados no algoritmo IQD, para estimativa de z_0 na Figura 5.15. 237

Tabela 5.10 – Matrizes de afastamento entre todos os valores da superfície da Figura 5.15, estimados segundo a distância euclidiana (a) e a função do semivariograma pelo modelo gaussiano (b). 240

Tabela 6.1 – Valores do PIB *per capita* (PPC), em milhares de reais, por município da região metropolitana de Campinas-SP, em 2005. 256

Tabela 6.2 – Valores do produto interno bruto (PIB) *per capita*, em ordem crescente por município da Região Metropolitana de Campinas-SP, em 2005. 258

Tabela 6.3 – Medidas dos intervalos de classe, definidas pela técnica de classificação em intervalos iguais, para os valores de PPC, em 2005, na região metropolitana de Campinas-SP. 259

Tabela 6.4 – Intervalos de classe definidos pela técnica de classificação do quantil para os valores de PPC em 2005, na região metropolitana de Campinas-SP. Neste exemplo, utilizamos o quartil (quatro classes). 260

Tabela 6.5 – Medidas dos intervalos de classe definidos pela técnica de classificação baseada nas quebras naturais existentes na série de valores para a variável PPC, em 2005, na região metropolitana de Campinas-SP. 261

Tabela 6.6 – Quantidade de classes e respectivos intervalos calculados pela técnica de classificação pelo desvio padrão, utilizando-se como referência as medidas $1,0\sigma$ e $0,5\sigma$ para a variável PPC. 263

INICIAÇÃO À ANÁLISE GEOESPACIAL **29**

Tabela 6.7 – Valores de área plantada com banana em 2007 (A_p); área territorial dos municípios da mesorregião do litoral sul paulista (A_t) e respectivos valores do quociente locacional (L) e índice de associação geográfica (G). 266

Tabela 6.8 – Quantidade de casos notificados (k) e esperados (λ) de leishmania tegumentar americana e os respectivos valores de p(X = 1) segundo a distribuição de Poisson para os municípios da mesorregião do litoral sul paulista, em 2005. 271

Tabela 6.9 – Valores de *log r (n)* e *log (n)* para as medidas de resolução e número de pixels dos mapas da Figura 6.9. 280

Tabela 6.10 – Valores do índice de forma (F), da taxa de alongamento (L) e respectivos parâmetros envolvidos em seus cálculos, para as quatro áreas urbanas da Figura 6.11. 283

Tabela 6.11 – Valores da função *fuzzy* (f_i, $X_{\leq 100}$) para cada pixel da Figura 6.16a e das respectivas distâncias até as médias das duas classes do mapa da Figura 6.16b (D_i, $X_{\leq 100}$ e D_i, $X_{>100}$). As médias utilizadas no cálculo foram $X_{\leq 100}$ = 57,55 m e $X_{>100}$ = 113,76 m. 292

Tabela 7.1 – Valores absolutos e relativos de área urbanizada por sub--bacia obtidos por meio da função KC_i, a partir do mapa da Figura 7.3a. As sub-bacias estão ordenadas segundo o porcentual de áreas urbanizadas. A análise geoespacial foi realizada no SIG Idrisi Taiga. 302

Tabela 7.2 – Tabela-síntese, referente ao mapa da Figura 7.4, resultante da aplicação da função KL_i. A análise geoespacial foi realizada no SIG Idrisi Taiga. 303

Tabela 7.3 – Porcentuais de coincidência espacial entre pixels dos mapas de uso e cobertura do solo (Figura 7.5) e de geologia (Figura 7.6) e valores do índice V de Cramer para as categorias de uso e cobertura do solo, calculados a partir da tabulação cruzada. A análise geoespacial foi realizada pelo autor no SIG Idrisi Taiga. 304

Prefácio

Lucia Helena de Oliveira Gerardi[1]

No final dos anos 1960, a Geografia brasileira passou por uma mudança paradigmática e teórico-metodológica importante, conhecida como "revolução teorético-quantitativa". A partir de então, a disciplina passou a incorporar ao repertório analítico recursos técnicos até então inusitados, representados por modelos quantitativos computacionais, além de enriquecer e consolidar no corpo teórico conceitos relativos a localização, distribuição espacial e arranjos espaciais.

Cerca de duas décadas depois, o autor desta obra buscou a graduação em Geografia, trazendo na bagagem intelectual conhecimentos matemáticos adquiridos em disciplinas do ciclo básico do curso de Engenharia Química. Estava definido, assim, o amálgama que moldaria um pesquisador rigoroso do ponto de vista técnico e preciso do ponto de vista teórico. Este livro é o resultado dessa formação e de anos de experiência docente e de pesquisa em cursos de graduação e pós-graduação em Geografia e áreas correlatas.

A preocupação didática do autor é clara, fazendo do livro um manual em que a sequência do conteúdo obedece a uma lógica irreprovável, começando, e isso é importante, com a discussão das origens da análise geoespacial no seio da própria Geografia e chegando a técnicas de modelagem espacial baseadas em SIG. O cuidado didático passa por revisitar a estatística básica

---

1 Professora Assistente-Doutora aposentada do Instituto de Geociências e Ciências Exatas (IGCE), Rio Claro (SP). Editora da revista *Geografia*, da Associação de Geografia Teorética (Ageteo).

descritiva e probabilística, as estatísticas espaciais, os modelos de interação e a autocorrelação espacial por meio de exemplos com dados reais.

Estudantes de graduação, de pós-graduação e pesquisadores em Geografia ou em ciências que tenham o espaço como substrato terão nesta obra condução segura, muito mais que uma iniciação à análise geoespacial.

PRÓLOGO

Cena 1

Em uma madrugada chuvosa, um trabalhador residente em São Paulo acorda às cinco horas, toma rapidamente o café da manhã, dirige-se até o carro, acessa a rua, e, como de costume, faz o mesmo trajeto até o trabalho. Mas, em um desses inúmeros dias, ouve pelo rádio que uma das avenidas de sua habitual rota está totalmente congestionada. A partir desta informação e enquanto dirige, o trabalhador inicia um processo mental analítico para escolher uma rota alternativa, dentre as várias possíveis, que o faça chegar à empresa no mesmo horário de sempre. Para decidir sobre essa nova rota, ele deverá considerar: a nova distância a ser percorrida, o tempo a ser gasto nesse deslocamento, o tipo de zona (comercial, industrial ou residencial) a ser atravessada pelas possíveis rotas, a quantidade de cruzamentos existente em cada rota, em qual das rotas encontrará chuva e em quais rotas ele passará por áreas situadas em fundos de vale e sujeitas a alagamento.

Cena 2

Mais tarde e no mesmo dia, um casal residente nessa mesma cidade obtém financiamento imobiliário e decide pela compra de um apartamento. São inúmeras as opções de imóveis à venda. Para a escolha adequada do local de sua morada em São Paulo o casal deverá levar em conta, além do valor do apartamento, também outros critérios: variação do preço dos apartamentos por bairro, distância do apartamento até a escola dos filhos pequenos, tempo gasto no percurso entre o apartamento e o local de emprego do casal; preferência por um bairro que seja predominantemente residencial e tenha

34 MARCOS CÉSAR FERREIRA

baixo índice de criminalidade; existência de linha de ônibus integrada ao metrô nas proximidades do imóvel – entre outros critérios.

***

Essas duas cenas de um filme urbano descrevem situações comuns pelas quais passam diariamente muitos dos cidadãos residentes em grandes cidades. Os protagonistas têm em comum a angústia de tomar uma decisão complexa, escolhida dentre várias possibilidades oferecidas pelo espaço geográfico. Além de mostrar que a geografia é vivida no cotidiano, as duas cenas mostram também que, para tomar a decisão que lhe seja mais conveniente, nossos protagonistas deverão realizar, primeiramente, uma *análise geoespacial* da cidade. Em ambas as cenas, esta análise se desencadeia a partir de um sistema cerebral composto de informações geográficas representadas internamente como mapas mentais, que induzirão as três personagens a tomar suas decisões.

Em cada cena podemos visualizar uma pergunta espacial. Na primeira, o trabalhador pergunta: *qual a melhor rota a seguir, desde este ponto onde estou até o local do meu trabalho, neste horário de uma segunda feira?* Na segunda, o questionamento seria: *qual é o lugar da cidade que reúne todos esses critérios geográficos adequados à nossa moradia?* A cena 1 é um exemplo clássico de análise de redes, a cena 2 é um exemplo clássico de alocação espacial – duas das técnicas mais importantes da análise geoespacial. Em ambas as situações, a tomada de decisão dependerá da organização espacial de informações geográficas fundamentais, como, a malha viária, o fluxo de veículos, o uso do solo urbano, as condições meteorológicas, a topografia da cidade, a localização das escolas, a distribuição do valor venal dos imóveis, e o mapa das linhas de ônibus urbano, entre outras informações estratégicas.

A análise geoespacial reúne um conjunto de métodos e técnicas quantitativos dedicados à solução destas e de outras perguntas similares, em computador, cujas respostas dependem da organização espacial de informações geográficas em um determinado tempo. Dada à complexidade dos modelos utilizados para dar resposta a estas perguntas, muitas das técnicas de análise geoespacial foram transformadas em linguagem computacional e reunidas posteriormente em sistemas de informação geográfica (SIG). Esse fato geotecnológico contribuiu para a popularização da análise geoespacial realizada em computadores, que atualmente é simplificada pelo termo *geoprocessamento*.

Este livro está estruturado em sete capítulos. No Capítulo 1 apresentamos as bases conceituais e os principais paradigmas da escola espacial da geografia, destacando-a dentre as demais escolas do pensamento geográfico. Nesse mesmo capítulo são discutidos modelos digitais e paradigmas da informação geográfica, compatíveis com o SIG, além de demonstrar como a concepção deste tipo de sistema guarda relação com as técnicas de análise geoespacial praticadas entre 1950 e 1970.

No Capítulo 2 são destacados conceitos básicos de estatística descritiva de dados geográficos e de distribuição de probabilidades. O conteúdo desse capítulo traz vários exemplos práticos e reais de aplicação das medidas de tendência central, medidas de variabilidade e de modelos de regressão linear e correlação entre séries de dados geográficos. As distribuições de probabilidade Normal e de Poisson são também discutidas e exemplificadas, numa abordagem mais simples e objetiva, em contexto didático e voltado aos iniciantes em análise geoespacial. Nesse capítulo, utilizamos como exemplo ilustrativo os dados geográficos referentes ao conjunto de municípios que formavam a região metropolitana de Campinas (RMC), no estado de São Paulo, até 2013. A partir de janeiro de 2014, com a inclusão de Morungaba, a RMC expandiu-se para 20 municípios.

O Capítulo 3 apresenta ao leitor as distribuições espaciais de pontos. Inicialmente, são trazidas ao conhecimento do estudante técnicas clássicas de análise de padrões espaciais de conjuntos geográficos de pontos, incluídas as medidas de centro médio, centro geográfico ponderado e raio padrão. Essas medidas espaciais são avaliadas de duas formas: em um contexto de evolução temporal, para o qual é utilizada como exemplo a difusão regional de uma epidemia de dengue; e em um contexto de diferenciação areal, quando são comparadas distribuições espaciais de escolas públicas e privadas em duas cidades médias paulistas.

Uma introdução aos estudos da interação espacial e das redes geográficas, a partir de modelos clássicos, é o compromisso do conteúdo do Capítulo 4. Nele, iniciamos com a conceituação diferenciada de distância euclidiana, distância em rota e dissimilaridade entre estas duas categorias de distância. A dissimilaridade é discutida a partir do seu significado como fenômeno geográfico de afastamento entre lugares, em função de impedâncias ou barreiras geográficas. Ainda no escopo das distâncias, o conceito de distância espaço-tempo é visto sob a ótica da compressão do espaço no tempo e de suas isócronas resultantes da dicotomia entre diversidade de meios de deslocamento e as barreiras geográficas. Como desdobramento da abordagem distancial, esse capítulo introduz o princípio do descaimento com a distância e suas relações geométricas com a polaridade geográfica e a concentração espacial de atividades. Finalmente, as redes geográficas são contempladas a partir de uma abordagem que associa matrizes de interação, representações espaciais em grafos e índices morfológicos baseados na estrutura espacial das redes.

O Capítulo 5 trata do tema das superfícies sob o ponto de vista da interdependência de eventos geográficos dispostos em séries espaciais. Contrapondo o conceito de série temporal ao de série espacial, e o conceito de dependência temporal ao de dependência espacial, definições de processos estacionários e não estacionários são apresentadas ao leitor, bem como os significados de isotropia e anisotropia de dados geográficos. Estabelecidos esses marcos teóricos, a autocorrelação espacial é estudada a partir de coeficientes de autocorrelação, considerando-se as superfícies contínuas e as superfícies de dados binários – nas quais o índice I de Moran é destacado. Na finalização desse capítulo, são contemplados a interpolação de superfícies, os variogramas e uma pequena introdução à krigagem de dados geográficos.

Reservamos ao Capítulo 6 o tema das distribuições espaciais em áreas, sobretudo, aos mapas estatísticos ou censitários. Julgamos importante inserir aqui uma formalização clara das técnicas de classificação de dados para mapas coropléticos e de seus efeitos na representação de quantidades em mapas. Também ocupam destaque nesse capítulo alguns índices quantitativos baseados em dados areais, como o quociente locacional e o índice de fragmentação. Além desses índices baseados em dados estatísticos, índices morfológicos de objetos geográficos areais foram também contemplados, tais como o índice de forma e a taxa de alongamento. Dedicamos maior detalhamento teórico – embora ainda introdutório – à dimensão fractal, cujo conceito e aplicações mais importantes são vistos a partir da análise da distinção morfológica planar entre manchas urbanas de municípios com quantidades populacionais muito próximas.

Finalmente, o Capítulo 7 dá ao leitor uma visão teórica geral das principais técnicas de modelagem espacial de dados geográficos para SIG. A partir do conceito clássico de matriz geográfica, apresentado por Berry em 1964, o leitor é levado a entender que as técnicas de "cruzamento" entre mapas, em SIG, a que denominamos função de consulta espacial, têm seu arcabouço teórico naquela matriz. A partir de uma base de dados geográfica oficial, contendo inúmeros planos de informação geográfica, apresentamos também, nesse capítulo, as funções de modelagem de mapas mais utilizadas em geoprocessamento, incluídas aquelas mais simples e comuns, baseadas em operadores booleanos e em operadores de distância.

Antes de ler este livro, considere que, em análise geoespacial, *1+2* é muito mais que *3* – pode ser, inclusive, 12, 21, 2 e 1.

1 2

Marcos C. Ferreira,
Campinas, abril de 2014

AGRADECIMENTOS

Inicialmente agradeço à Universidade Estadual de Campinas (Unicamp), pela concessão da Licença Especial de um semestre sabático, fundamental para a conclusão deste livro. Também não posso me esquecer do corpo de funcionários da Biblioteca do Instituto de Geociências da Unicamp e da Biblioteca da Unesp, câmpus de Rio Claro, pela simpatia, atenção e gentileza no atendimento, por ocasião do período em que me dediquei, nestas dependências, à pesquisa bibliográfica de obras clássicas da análise geoespacial. Lembro ainda a Fundação Sistema Estadual de Análise de Dados (Seade), pela disponibilidade, por meio do sítio <www.seade.gov.br>, de informações sobre municípios paulistas, que foram utilizadas como exemplos didáticos e base de dados em várias seções do livro. Agradeço também ao Departamento Estadual de Estradas de Rodagem do Estado de São Paulo (DER-SP), pela cessão, por meio do sítio <www.der.sp.gov.br>, de dados sobre volume de tráfego em rodovias do estado, utilizados como base dos exemplos no capítulo 4 do livro. Iguais agradecimentos são dedicados à Superintendência de Desenvolvimento de Recursos Hídricos e Saneamento Ambiental do Paraná (Sudehrsa), por tornar disponível para *download*, em seu sítio <www.suderhsa.pr.gov.br>, arquivos no formato *shapefile* referentes à bacia do rio Iguaçu – que foram, em parte, utilizados para exemplificar alguns princípios teóricos do Capítulo 7.

1
Bases conceituais e paradigmas da análise geoespacial

Introdução

Boa parte dos novos profissionais que atualmente utilizam um sistema de informação geográfica (SIG) para a solução de problemas de natureza espacial supostamente desconhece o significado de análise geoespacial. Isso porque as novas gerações talvez tenham descoberto o SIG por vias mais rápidas e talvez menos consistentes, tais como:

- *lendo e acessando, pela internet, os manuais dos sistemas;*
- *obtendo pela rede, via* download, *tutoriais de aplicativos;*
- *participando de* chats *sobre o tema, nos quais dicas de uso dos comandos de um SIG são compartilhadas;*
- *participando das feiras dedicadas à venda de produtos de geoprocessamento; ou, ainda,*
- *ter ouvido falar sobre exageros como "o geoprocessamento é a coisa mais importante do momento" e, por isso, concluem que seja preciso se especializar neste campo o mais rápido possível.*

Este mesmo grupo de usuários julga que problemas relacionados a mapas e informações espaciais só podem ser resolvidos com computador. Lembre-se, caro leitor, de que o computador foi inventado por quem não tinha computador e que os primeiros cálculos para o lançamento das cápsulas espaciais russas na década de 1950 foram realizados, na sua maioria, com antigas réguas de cálculo. Da mesma forma, as obras de Machado de Assis foram escritas sem que o escritor conhecesse um editor de texto computadorizado. A questão primordial para a geração do conhecimento não é apenas meio e tecnologia, mas, sobretudo, conteúdo e sabedoria.

Nesta mesma linha de raciocínio, o que um SIG é capaz de fazer digitalmente – e impressiona os que não sabem do que também é capaz a geografia – é o mesmo que alguns geógrafos faziam entre 1950 e 1970, com o auxílio de mapas, cartas, lápis, régua, esquadro, transferidor, borracha, papel milimetrado, papel vegetal: a velha e boa análise geoespacial. Para se tornar um especialista em SIG (e isso não se dá da noite para o dia), é necessário conhecer antes a análise geoespacial. Isso porque os algoritmos residentes em SIG, foram construídos com base em técnicas e modelos de análise geoespacial desenvolvidos, na sua maioria, em meados do século XX. Para um especialista em SIG ou em geoprocessamento, não basta saber apenas como usar os comandos do sistema, mas saber *o que cada comando faria se ele não estivesse no computador*.

Afinal, o que é *análise geoespacial*? Uma definição precisa e acabada para este tema não é tão simples de ser formulada como se pode pensar. Para que tenhamos clara a ideia das reais dimensões dos pressupostos da análise geoespacial, é necessária uma discussão sobre suas origens dentro da própria ciência geográfica; caso contrário, seríamos obrigados a defini-la parcialmente, com restrições, baseando-nos apenas em contextos matemáticos, estatísticos e geométricos da informação espacial.

A análise geoespacial no contexto das escolas do pensamento geográfico

De início, partiremos de um ponto de vista mais abrangente, que contemple as bases científicas da geografia, para posteriormente identificarmos nele a gênese da análise geoespacial como disciplina geográfica. Haggett (1969) nos deixou clara a dificuldade de posicionar a geografia dentro do conhecimento formal. Segundo as palavras deste clássico geógrafo inglês, tal dificuldade se deve, em parte, à "ambivalência natural segundo a qual o geógrafo vê seu objeto de estudo" e, em parte, à dúvida "sobre qual segmento da realidade deve ser estudado pelos geógrafos" (Haggett; Chorley, 1969, p.9). Como esforço para solucionar este impasse originado na base do pensamento geográfico, Haggett nos apresentou uma sistematização das escolas científicas tradicionais da geografia, na qual pudemos localizar aquela que mais diz respeito ao contexto deste livro: a *escola locacional*. Haggett entende que são quatro as principais escolas geográficas tradicionais: a da *diferenciação areal*, a da *paisagem*, a *ecológica* e a *locacional*.

A mais tradicional das escolas, a da *diferenciação espacial*, remonta suas origens ao ensinamento formal grego, quando a "curiosidade básica do homem em conhecer o que existe além da colina, o fez concluir sobre as diferenças existentes no espaço terrestre" (Haggett, 1969, p.10). Talvez a definição mais clássica desta escola seja aquela formulada por Hartshorne (1939), que afirmou ser o objetivo da geografia "descrever, interpretar e ordenar de forma precisa e racional, o caráter variável da superfície terrestre" (p.21). Sack (1974b) atribuiu à escola de diferenciação espacial o sinônimo de escola *corológica*. Segundo este autor, a escola corológica se baseia no conhecimento da Terra por meio do método geográfico de diferenciação e integração areal, o qual se apoia na desigualdade da distribuição dos objetos sobre a Terra. As concepções de *lugar, região específica* e *área* surgiram desta escola geográfica. Sack (1974b, p.441) ressalta que a abordagem corológica contempla "descrições das características de uma região específica [...] sintetizadas a partir de seus componentes e suas relações [...] por meio da combinação entre fenômenos inter-relacionados". Cabe ressaltarmos ainda que as pesquisas cujo recorte espacial e a forma de abordagem se alicercem em *estudos de caso* (cada caso, uma área relativamente homogênea na superfície terrestre) têm influência direta da escola de diferenciação areal.

A *escola da paisagem*, segundo Haggett (1969), é uma alternativa à escola da diferenciação espacial fortemente influenciada por geógrafos germânicos. Dolfuss (1973) definiu o termo *paisagem* como o aspecto visível e diretamente perceptível do espaço. A escola da paisagem entende que o espaço é composto de "elementos geográficos que se articulam uns em relação aos outros; estes elementos podem pertencer ao domínio natural, humano, social ou econômico" (Christofoletti, 1976, p.11). Dentro desta perspectiva surge a distinção entre *paisagem natural* – original preexistente à ocupação antrópica – e a *paisagem cultural*, transformada pela ação humana.

Segundo a *escola ecológica*, a geografia é vista como relação entre o homem e a Terra, ou também como relação entre a sociedade humana e o ambiente físico. A escola ecológica encontrou inicialmente grande eco na geografia

44 MARCOS CÉSAR FERREIRA

francesa, principalmente nas pesquisas de *Vidal de la Blache* (influências do ambiente no homem e o determinismo ambiental); *Max Sorre* (o homem é parte do meio, influências na epidemiologia) e *Jean Brunhes* (a ocupação humana da superfície terrestre é fato ambiental essencial). A partir da visão de Brunhes, a escola ecológica da geografia, de certo modo, contribuiu parcialmente à formação do pensamento ambientalista contemporâneo.

Sob o ponto de vista da *escola locacional*, ainda conforme argumenta Haggett (1969), a geografia é uma ciência da localização e da distribuição espacial que recebeu forte influência da geometria e da topologia do espaço. Sack (1974a) destaca que, no escopo da *escola espacial* (sinônimo por ele atribuído à escola locacional), a *posição* é um argumento empírico para a formulação de perguntas de natureza espacial e para o estabelecimento da noção de *variável espacial*. A geometria está na base da escola locacional e, por isso, esta corrente de pensamento geográfico estabeleceu que o espaço não devesse ser considerado apenas por si só, ou isoladamente, mas segundo a distribuição relativa de objetos em padrões e arranjos espaciais (Ferreira, 2006).

Na obra clássica de Schaefer (1953), encontramos os indícios metodológicos da escola espacial. Para este autor, a abordagem locacional sugere que "o geógrafo deve prestar atenção ao arranjo espacial do fenômeno geográfico e não apenas ao fenômeno em si" (Sack, 1974b, p.447). Coffey (1981) esclarece que a geometria tem influência relevante na escola espacial, uma vez que este paradigma está subjacente às principais propriedades distributivas dos fenômenos geográficos e, assim, esclarece que:

> O espaço, no seu significado métrico e Euclidiano, parece influenciar a distribuição dos fenômenos e das propriedades não espaciais [...]. As propriedades espaciais – como a localização, por exemplo – ao mesmo tempo em que são independentes das propriedades não espaciais, são influenciadas por estas. A natureza ou a intensidade das propriedades não espaciais, por sua vez, são influenciadas pela localização absoluta ou pela localização relativa. (Coffey, 1981, p.37)

Como ilustração de algumas *propriedades não espaciais*, citamos o clima, a demografia, o relevo, a economia, entre outros; como *propriedades espaciais*, lembramos distância, localização, vizinhança e contiguidade, entre outras.

INICIAÇÃO À ANÁLISE GEOESPACIAL   45

A *dependência espacial* é outro paradigma da escola locacional – talvez o mais importante dos que compõem o arcabouço desta corrente de pensamento geográfico. Hepple (1974) mostrou a relação existente entre este paradigma e o conceito de organização espacial, enfatizando que:

> Se as variáveis geográficas forem espacialmente independentes, de tal forma que o valor para uma área não tenha relação como outros valores situados em sua vizinhança [...], então não há ordem espacial ou organização a ser explicada. Se assim for, os conceitos de diferenciação areal e de regiões homogêneas seriam os mais adequados para explicar a localização de um fenômeno [...]. A interdependência espacial está ligada ao coração da Geografia [...]; na Geografia, o que acontece em um lugar não é independente do que acontece em outro. (Hepple, 1974, p.96 e 97)

As teorias sobre a interdependência espacial entre fenômenos e informações geográficas "agrupam uma série de métodos de análise de superfícies, citando-se, por exemplo, a autocorrelação espacial, a análise de superfícies de tendência, os variogramas, além de inúmeros métodos de interpolação para mapas isopléticos" (Ferreira, 2006, p.108). Para melhor esclarecermos conceitualmente os pressupostos da escola espacial ou locacional, utilizaremos como base teórica o trabalho de Sack (1974b), em que são traçadas as principais distinções entre as abordagens das escolas *corológica* e *espacial*, definidas pelo autor como "teses e antíteses em uma dialética geográfica" (Sack, 1974b, p.439).

Esta dicotomia foi destacada por Sack, quando afirmou que "a escola corológica enfatiza a natureza e as relações entre lugares ou regiões específicas e a escola espacial enfatiza o arranjo geométrico de padrões de fenômenos" (Sack, 1974b, p.440). Enquanto abrigam-se, sob a escola corológica, a geografia francesa de *Vidal de la Blache* e a antropogeografia germânica de *Ratzel*, do final do século XIX; na escola locacional reúnem-se disciplinas geográficas cujo conhecimento baseia-se em paradigmas geométricos, como é o caso da *cartografia* e da *análise geoespacial*.

Se, por um lado, a escola corológica ou escola de diferenciação espacial é *ideográfica*, por outro, a escola espacial é *nomotética*. A perspectiva nomotética, segundo nos mostrou Christofoletti (1976), "salienta a generalização, e procura oferecer enunciados que caracterizem e expliquem o funciona-

46 MARCOS CÉSAR FERREIRA

mento dos fenômenos, independentes do tempo e do espaço, favorecendo a aplicação de leis e modelos" (Christofoletti, 1976, p.15). No contexto desta afirmação, e sob a perspectiva geométrica, poderíamos afirmar que o mapa é um exemplo de generalização e de modelo espacial, e as relações entre dados espaciais organizados em mapas seriam regidas por modelos geométricos e leis estatísticas convertidos em comandos de um SIG.

Berry (1964) formulou dois dos conceitos fundamentais da escola locacional, que décadas mais tarde se tornaram modelos para a arquitetura de um SIG: sítio e situação. *Sítio* é um conceito estruturalmente vertical, caracterizado pela sobreposição de atributos corológicos, similar à noção de área geográfica homogênea proposta por Hartshorne (1939). O conceito de sítio, na escola corológica, tem correspondência ao conceito de lugar, pois um sítio pode ser comparado a outros com base na diferenciação areal. Um sítio agrega características temáticas (clima, indústria, transportes, demografia, saúde, entre outras) que se associam com exclusividade em um lugar, o que o torna único e diferente de outros sítios.

O conceito de *situação* é horizontal e permite a representação da "interdependência regional das conexões entre lugares e da interação espacial" (Berry, 1964); é um conceito espacial pleno, geométrico e estabelecido a partir de relações horizontais de vizinhança, distância e contiguidade. Por isso, a situação é o conceito decisivo para a análise geoespacial e modelo fundamental para a construção dos sistemas de informação geográfica. Para Sack (1973), todo sítio dá *substância* a um lugar, enquanto a situação dá a *instância* a este mesmo lugar. Como instância, entende-se a essência geométrica da informação dada tanto pela posição absoluta de cada lugar como pela posição relativa entre lugares, referenciada espacialmente em um plano cartográfico.

Na matriz geográfica de Berry (1964), o *fato geográfico* está localizado na intersecção entre uma linha (ou a série contendo os valores de *todas as características para um só lugar*) e uma coluna (ou a série contendo os valores de *uma só característica para todos os lugares*). O termo *característica* tem significado similar aos de atributo, variável espacial ou de tema. Esses termos são as *substâncias espaciais* de um lugar. Há uma convergência conceitual entre sítio, situação e a matriz geográfica de Berry. O sítio é uma abordagem baseada na análise do fato geográfico a partir de uma série de características de um mesmo lugar – abordagem esta que "se constitui em um inventário locacional ou na geografia dos lugares específicos" (Berry,

INICIAÇÃO À ANÁLISE GEOESPACIAL **47**

1964, p.5). Conforme mostrou Ferreira (2006), esta categoria de análise do fato geográfico exemplifica, em parte, uma abordagem corológica; esta abordagem pode ser exemplificada como um levantamento demográfico e de saúde de um município, segundo as características *população, taxa de mortalidade e número de domicílios coletivos*. Este exemplo, ainda segundo Ferreira (2006), se configura em um inventário por sítio, ou seja, várias características de um mesmo lugar.

Ao adotarmos uma abordagem baseada no levantamento de apenas uma característica para uma série de lugares, daremos prioridade aos arranjos e aos padrões espaciais. Segundo esta abordagem, uma mesma característica é estudada em vários lugares e sua variação espacial é mapeada e analisada na forma de distribuições de arranjos, semelhantes às distribuições de frequências (Berry, 1964, p.5). Não é difícil notarmos que na afirmativa de Berry está implícita a ideia de distribuição espacial em superfícies e mapas. Ferreira (2006) chama a atenção para a grande contribuição teórica que Berry deu ao sistema de informação geográfica, quando o geógrafo americano sugeriu que a complexidade do espaço geográfico poderia ser modelada a partir da ampliação das dimensões das séries de características e das séries de lugares da matriz geográfica. Segundo a interpretação de Ferreira (2006), Berry supôs, em 1964, que poderia existir "uma série composta de todas as características possíveis, registradas para uma série de todos os lugares possíveis", modelo ao qual Berry denominou de "um arquivo de dados geográficos, total e completo" (Berry, 1964, p.6).

Após propor um arquivo matricial que futuramente poderia ser acessado tanto pelo sítio (inventário ou consulta) como pela situação (mapa), Berry finaliza seus anseios afirmando: "se isto é um sonho ou pesadelo, esta é outra questão" (Berry, 1964, p.6, apud Ferreira, 2006). Seria este arquivo gigante, pensado por Berry há quase 50 anos, um SIG? Segundo ainda a interpretação de Ferreira (2006), este sonho ou pesadelo poderia ser a sobreposição de mapas em camadas ou *layers*, onde cada coluna seria um mapa e todas as colunas seriam todos os mapas. Ainda conforme Ferreira (2006), a série de todas as colunas corresponderia a mapas sobrepostos, e, a série de todas as linhas, a mapas codificados em grades *raster*, nos quais cada célula representaria um sítio.

Berry (1964) mostrou que quando tomamos como referência o arranjo espacial de uma característica (uma coluna) em todos os lugares (todas as

48 MARCOS CÉSAR FERREIRA

linhas), estamos diante da abordagem de distribuição espacial. Quando impomos um limite espacial à análise, definindo apenas um lugar (linha) e variamos as características presentes neste lugar, estamos frente a uma abordagem de inventário locacional baseada na combinação de variáveis espaciais de um mesmo lugar. Originam-se nesta última abordagem as operações de *query* construídas a partir da lógica *booleana*.

Como foi exposto acima, é possível notarmos na escola locacional da geografia as sementes da análise geoespacial, que posteriormente foi automatizada em sistemas de informação geográfica. A análise geoespacial emergiu na geografia por ocasião do movimento de renovação científica denominado genericamente de *geografia quantitativa*, iniciado por geógrafos americanos de Chicago e Washington entre 1957 e 1960 (Burton, 1963). O choque metodológico entre a descrição qualitativa da escola da paisagem e introdução da visão analítico-quantitativa da escola espacial, ocorrido em meados do século XX, foi descrito por Christofoletti (1976):

> Com a modernização ligada ao desenvolvimento urbano e industrial, intensificou-se o grau de transformação dos meios naturais, e os elementos localizados no espaço refletem um conjunto organizado. Esses elementos da organização espacial, que constituem as bases das estruturas espaciais, são resultantes de decisões e fluxos. A noção de paisagem tornou-se insatisfatória para preencher os requisitos do paradigma contemporâneo da Geografia, sendo substituída pela noção de sistema espacial ou organização espacial [...]. A estrutura espacial de uma distribuição representa a localização de cada elemento relativamente à localização de cada um dos outros, e, a localização de cada elemento relativamente a todos os outros. (Abler; Adams; Gould, 1971, p.60, apud Christofoletti, 1976, p.12 e 13)

A análise geoespacial – que para Berry e Marble (1968) era sinônimo de geografia quantitativa – teve suas bases conceituais delineadas por Bunge (1966). Entretanto, foi o sueco Hägerstrand (1968) que ofereceu uma primeira aproximação ao conceito, ao se referir à análise geoespacial como "um tipo de análise quantitativa recentemente incorporada à geografia, baseada em um estudo aprofundado dos padrões de pontos, linhas, áreas e superfícies, dispostos em mapas e definidos por coordenadas espaciais" (Hägerstrand, 1968, p.69). O termo análise geoespacial tem sido utilizado também como significado de *mapemática* (Berry, 1996), o qual integra técnicas de análise numérica de mapas, cartografia temática e o sistema de informação geográfica (Ferreira, 2006).

Gatrell (1983) contextualizou a análise geoespacial em relação a três temas fundamentais: *arranjo espacial, processos espaço-tempo* e *predição ou modelagem espacial*. Por *arranjo espacial*, o autor entende o padrão locacional dos objetos (pontos, linhas e áreas), ou seja, a configuração espacial de cidades, estradas, indústrias, e assim por diante. Os *processos espaço-tempo* se constituem na modelagem das modificações sofridas pelos arranjos espaciais em razão do movimento e da interação espacial. Gatrell (1983) destaca ainda que é possível estudar os processos espaciais sem, contudo, associá-los necessariamente ao tempo. Neste caso, subentende-se que o autor faz referência à estatística espacial. Já como *predição espacial*, a análise geoespacial buscaria identificar e modelar arranjos espaciais futuros com base em mecanismos desencadeadores de processos e na construção de cenários baseados em evoluções observadas no passado.

Apesar do potencial metodológico emanado da análise geoespacial, capaz de instrumentalizar o geógrafo no estudo de formas espaciais complexas, produzidas pela sociedade atual, e de suas consequências ambientais, alguns acadêmicos da geografia brasileira entendem equivocadamente que a análise geoespacial é apenas um conjunto de técnicas estatísticas de análise de dados espaciais. Infelizmente, esse desprezo dado à análise geoespacial teve como consequência principal a evasão parcial do uso do SIG na pesquisa geográfica brasileira.

Procurar as origens e as bases do pensamento espacial na geografia é tarefa fundamental neste momento, uma vez que as pesquisas contemporâneas que adotam instrumentais geotecnológicos têm tentado mostrar, equivocadamente, que o SIG nasceu dentro do SIG (Ferreira, 2006). É sempre oportuno lembrarmos mais uma vez que muitos dos algoritmos de análise geoespacial para SIG baseiam-se em paradigmas da escola espacial da geografia anglo-saxônica dos meados do século XX.

Ferreira (2006) lembra que "as ideias mais importantes da escola espacial geográfica, da qual descendem os SIG, foram construídas em um momento em que os computadores eram conhecidos como *cérebros eletrônicos*". Continua ainda o autor destacando que, neste contexto, sem os computadores que temos hoje, Berry estabeleceu em 1964 as bases conceituais das funções de análise geoespacial (ou comandos) de um SIG.

Paradigmas e modelos para a informatização geográfica em SIG

Uma pesquisa que utiliza um método geográfico e tenha parte de seu desenvolvimento realizado em um sistema de informação geográfica, parte do pressuposto de que o espaço geográfico *real* foi transformado em um modelo de espaço geográfico *digital*. Neste sentido, ao serem reconstruídas digitalmente em um SIG, as informações espaciais são transformadas por meio de dois modelos sequenciais: o *modelo gráfico* e o *modelo digital*. O modelo gráfico da informação espacial constitui-se em um processo de codificação baseado em símbolos gráficos, segundo o qual, o espaço geográfico real é reescrito de acordo com a gramática gráfica dos mapas temáticos. Ainda neste modelo gráfico, a informação espacial sofre alterações matemáticas e geométricas que permitem que ela tenha seu tamanho modificado em proporções escalares, ajustadas à curvatura terrestre por meio de uma projeção cartográfica. Se os limites deste modelo gráfico são desenhados com base em linhas divisórias de unidades territoriais ou de unidades naturais, denominamos tal modelo de *mapa*. Se tais limites são matemáticos e abstratos, definidos segundo linhas de coordenadas, o denominamos de *carta*.

Após a construção do modelo gráfico, é necessária nova mudança conceitual para que a informação espacial seja compatível com os algoritmos de análise geoespacial para SIG. Este novo modelo é o digital. O modelo digital – ou segunda instância de modelagem da realidade geográfica em computador – constitui-se na transformação do modelo gráfico em um modelo numérico compatível com um SIG, por meio de um processo genericamente denominado de *digitalização*. Nesta modelagem digital da informação espacial dois paradigmas são considerados na representação digital do espaço: os *campos contínuos* e os *objetos exatos* (Goodchild, 1992). Em *campos contínuos*, o espaço geográfico é reconstruído em meio digital como uma superfície contínua que representa a distribuição espacial de uma variável. O paradigma dos *objetos exatos* estabelece que o espaço geográfico seja reconstruído no computador como um plano que contém objetos geométricos como pontos, linhas e polígonos.

Além das distinções morfológicas entre ambos os paradigmas, outro fator diferencial entre eles é a maneira como se dá a segmentação ou a separação entre informações espaciais vizinhas. No paradigma do campo contínuo, a segmentação entre os valores é suave e gradativa, coincidindo com mudanças reais das variáveis contínuas observadas na realidade terrestre. Nas palavras de Burrough e Frank (1995):

> o espaço geográfico, representado em objetos exatos se trata de uma associação entre entidades geométricas planas, interconectadas (ou não) e únicas [...]; os campos contínuos se referem a superfícies complexas que podem ser interpoladas e modeladas por equações diferenciais parciais.

Essas equações diferenciais nos permitem modelar, em uma superfície, taxas de variação entre valores de uma mesma variável que estejam afastados entre si a um determinado grau de vizinhança (passo ou *lag*). Por exemplo, o diferencial lateral primário (1ª derivada) das altitudes é a inclinação, o diferencial lateral secundário (2ª derivada) da inclinação é a orientação das encostas.

Uma representação digital baseada no paradigma dos objetos exatos apresenta segmentação fixa entre atributos, conhecida com exatidão. Em razão disso, um mapa construído sob tal paradigma utiliza figuras geométricas euclidianas clássicas como ponto, linha e polígono; mapas digitais de uso e ocupação do solo, mapas geomorfológicos, geológicos, hidrográficos, rodoviários, de perímetros urbanos, de formações florestais e os zoneamentos urbanos, entre outros, seguem o paradigma dos objetos exatos. Ferreira exemplifica que os mapas digitais construídos segundo o princípio dos campos contínuos "estão associados a superfícies probabilísticas, representadas por isolinhas, funções matemáticas e redes triangulares produzidas ou simuladas por meio de interpolações numéricas" (Ferreira, 2006, p.116).

Um mapa digital concebido de acordo com o paradigma dos campos contínuos se constitui em uma população de pontos aos quais estão associados valores que variam de acordo com a posição espacial destes. Podemos citar como exemplos deste tipo de representação digital os mapas de isolinhas (isotermas, isoietas, isóbaras, isoípsas), os mapas de concentração de poluentes no ar, de concentração de minerais em rochas, de poluentes em corpos hídricos, entre outros. Todos estes produtos podem ser também representados como superfícies matriciais contínuas (modelos digitais de elevação – MDE). Burrough e Frank (1995) reiteram que as pesquisas baseadas em objetos exatos tendem a exigir uma definição de suas questões espaciais com maior objetividade. Em função de trabalharem com unidades discretas e lógicas para execução de cálculos exatos, não toleram incertezas e, portanto, tendem a adotar uma visão mais determinista da realidade geográfica.

Já as pesquisas que adotam o princípio dos campos contínuos estão abertas a questões mais complexas e inexatas, aceitando que erros são inevitáveis, mas podem ser estimados e reduzidos. Por não adotarem uma visão determinista do espaço, abordam-no do ponto de vista probabilístico, evitando, desta maneira, medir os fenômenos geográficos, não apenas em rígidos intervalos de classe (lógica booleana), mas também segundo a lógica *fuzzy*. Para ambos os paradigmas, existirão limitações responsáveis por erros incorporados à análise geoespacial em ambiente de SIG. Os objetos gerados por discretização de superfícies (como a classificação em intervalos fixos) incorporam perdas de informação, uma vez que alguns elementos presentes no espaço geográfico podem não ser compatíveis com a representação de objetos geradas pela discretização (Haining, 1990).

Outro questionamento associado ao paradigma dos objetos exatos é o fato de que os objetos geográficos são abstrações espaciais que contêm, pelo menos, duas formas de incertezas:

- *a classificação da informação espacial em categorias é feita, muitas vezes, com base em intervalos numéricos e qualitativos subjetivos; e*
- *os objetos poligonais não são tão exatos e puros como parecem no mapa. Contêm variações em suas características que aumentam do centro para suas fronteiras, onde a incerteza é maior.*

As limitações dos mapas de superfícies, construídos com base no paradigma dos campos contínuos, devem-se a variações existentes na densidade e no espaçamento entre pontos amostrais utilizados para interpolação de superfícies (Haining, 1990). Citamos adiante outras limitações dos campos contínuos e os erros mais comuns a eles relacionados:

- *erros de uniformidade espacial (anisotropia) que interferem na estimativa da variância espacial e da autocorrelação;*
- *erros devidos a resíduos gerados em processos de interpolação; e*
- *quando dois ou mais mapas são combinados em uma operação de sobreposição, por exemplo, erros gerados na interpolação de um mapa são transferidos para outros mapas da base de dados do SIG.*

Categorias de cognição da informação espacial

É sempre pertinente lembrarmos ao leitor que busca no geoprocessamento soluções para questões de pesquisas geográficas que o SIG é, antes de qualquer coisa, um ambiente de interação homem-máquina. Nesta interação, o fator muito importante é a maneira como o ser humano *apreende* a informação espacial, pois é este humano que fará a seleção das informações espaciais do espaço geográfico real e as transformará em informações espaciais digitais segundo um dos paradigmas discutidos na seção anterior. Por isso, a *cognição* da informação espacial deve ser um dos pontos de partida da análise geoespacial.

Ao abordar o sistema de informação geográfica segundo uma perspectiva humanista, Mark e Freundschub caracterizaram a informação sob a ótica do processo cognitivo espacial humano, considerando suas "implicações na interação homem-computador, envolvendo *softwares* geográficos" (Mark; Freundschub, 1995, p.51). Para estes autores, a cognição da informação espacial pode ser dividida em três tipos: a *cognição factual*, a *baseada em mapas mentais* e a *topológica*. A cognição *factual* se baseia na simples configuração descritiva e isolada dos fatos geográficos. Os mesmos autores nos dão exemplos claros deste tipo de cognição espacial, transcritos a seguir:

> Fatos referentes a objetos geográficos (localização, tamanho e população), tais como, "Camberra é a capital da Austrália" ou "Indonésia é o único país asiático cortado pelo Equador", são exemplos típicos de conhecimento factual da informação espacial. Estes fatos podem ser conhecidos até por uma pessoa que não consiga identificar a Austrália ou a Indonésia, em um mapa-múndi [...]. Este tipo de informação espacial é adquirido normalmente por meio de livros, jornais, televisão ou comunicação pessoal. (Mark; Freundschub, 1995, p.52)

A cognição baseada em *mapas mentais* depende da habilidade que a pessoa tem em traçar seu caminho de um lugar para outro. Nesta categoria cognitiva, as informações espaciais são obtidas a partir de um conhecimento abstraído e obtido por meio da navegação em um determinado espaço, ou pelo movimento entre dois ou mais pontos localizados neste espaço. Um marco concreto de referência espacial – como uma edificação, uma placa ou

54   MARCOS CÉSAR FERREIRA

um morro –, ao ser observado no espaço onde ocorre o movimento, induz-
-nos à tomada de decisão com relação a ações de sentido e de direção de
deslocamento. Para Kuipers (1978, apud Mark; Freundschub, 1995), "a
cognição espacial baseada em mapas mentais ou motossensorial é um conjunto de pares *visão-ação* [...] quando o ambiente oferece um determinado
número de pistas visuais (*visão*) e sensoriais, o viajante pode tomar alguma
iniciativa (*ação*) como mudança de rota, por exemplo". Essa categoria de
cognição espacial é a que utilizamos para a navegação cotidiana nas grandes
cidades. A visão de um marco de referência urbano (o *supermercado*) nos
leva a adotar um movimento roteador baseado em uma ação espacial, como
virar à direita e depois virar à esquerda.

A terceira categoria de cognição espacial, a *topológica,* ou conhecimento
configurativo do espaço geográfico, utiliza um modelo abstrato para posicionamento dos objetos geográficos. Este modelo, que se apoia em pressupostos da geometria Euclidiana, é o *mapa cartográfico* – termo também
utilizado por Muehrcke (1986) para diferenciá-lo de *mapa mental*. Um dos
elementos básicos deste tipo de cognição espacial é a *topologia*, cuja definição é ilustrada abaixo nas próprias palavras de Mark e Freundschub:

> A topologia pode ser caracterizada pelas direções e pelas distâncias entre
> os nós de uma rede [...], pelos ângulos das junções entre as estradas, pela
> orientação, escala e localização de um lugar em relação a outros, e pelas
> coordenadas de latitude e longitude. A topologia permite que uma pessoa
> estime as distâncias e as direções absolutas entre pontos conhecidos [...].
> (Mark; Freundschub, 1995, p.52)

O mapa cartográfico é uma síntese geométrica do conhecer topológico
do espaço, uma vez que é construído segundo posições, distâncias e direções dadas por um sistema de coordenadas espaciais.

Indo mais além, Mark e Freundschub (1995) associaram as três categorias de cognição a diferentes fontes de informação espacial. Três categorias
foram propostas por eles: espaço *sensorial direto*, espaço *pictórico* e espaço
transperceptivo. Os *espaços sensoriais diretos* são aqueles percebidos pelo sistema sensorial e pelo sistema motor; é a fonte mais primitiva de informação
espacial, a primeira a atingir nossa mente. Esta categoria de espaço "é definida como a primeira instância de contato e interação corporal [...]. O corpo
sólido, em movimento é fundamental para o espaço sensorial direto" (Mark;

Freundschub, 1995, p.54). Já os *espaços pictóricos* baseiam-se na percepção visual. Mark argumenta que "o sistema visual coleta campos de brilhos relativos em diferentes canais eletromagnéticos da retina e os converte em sensações perceptivas de alto nível, no córtex".

Dentre estas categorias de fontes de informação espacial, a mais importante para a análise geoespacial é o *espaço transperceptivo*, um tipo de espaço que "não pode ser observado apenas de um só ponto de vista" (Kuipers, 1978, p.129, apud Mark; Freundschub, 1995). Entende-se este espaço de dimensões supra-humanas como aquele que transcende os níveis sensoriais e pictóricos diretos, por conter em sua magnitude, grandes superfícies que não podem ser vistas em síntese na sua totalidade. A única forma de conhecermos este espaço integralmente é por meio da reconstrução geométrica e projetada de uma só vez, para que possa conter, nesta representação, todos seus objetos espaciais.

O espaço transperceptivo só pode ser conhecido a partir de modelos que o integrem ao espaço pictórico, ou seja, na forma de imagem percebida remotamente. Esta percepção remota e imagética do espaço transperceptivo possibilita a redução da sua magnitude e de sua complexidade de forma a produzir uma síntese espacial. A esta síntese espacial denominamos de mapa, imagem orbital ou fotografia aérea. O espaço transperceptivo é uma das fontes primárias de cognição espacial humana da informação, além de ser a mais utilizada em análise geoespacial realizada em SIG.

Propriedades da informação espacial

A definição de *informação espacial* em um contexto geográfico é tarefa complexa, seja em razão da estrutura geométrica sob a qual é construída esta informação, seja pela frequente confusão com o termo *informação geográfica*. Cabe, inicialmente, buscarmos uma diferenciação mais precisa entre *informação geográfica* e *informação espacial*. A informação geográfica se caracteriza pelo fato de proporcionar a um atributo locacional *o vínculo com algum sistema de referência* baseado em coordenadas geográficas ou em coordenadas de projeção cartográfica. Trata-se, portanto, de uma informação *georreferenciada*. Quando dizemos que a população urbana de Campinas, em 2008, era estimada em 1.061.290 de habitantes (Seade, 2008), temos aí uma informação geográfica. Isso porque o dado 1.061.290 está vinculado

56 MARCOS CÉSAR FERREIRA

à latitude sul 22°53'20" e à longitude oeste 47°04'40" – o endereço mundial do centro urbano de Campinas no sistema de coordenadas geográficas.

Entretanto, *nem toda informação geográfica é espacial*. A espacialidade pode ser uma das propriedades da informação geográfica, mas não obrigatoriamente. Existe informação espacial que não é geográfica, informação geográfica que é espacial e informação que não é espacial e tampouco geográfica. A espacialidade é, sobretudo, uma propriedade de *dependência* e *influência* entre vizinhos. Utilizaremos a estatística para ilustrar esta importante característica da informação espacial. Primeiramente, devemos acreditar que o espaço geográfico seja composto de uma série quase infinita (a depender da escala) de unidades onde ocorrem eventos ou são realizadas observações de eventos geográficos, os quais podem ou não apresentar a propriedade da espacialidade. Regiões, municípios ou pontos, nos quais determinada variável está distribuída, podem ou não apresentar dependência espacial entre si com relação aos valores desta variável.

Se o valor da variável em um dado município não está relacionado ao valor desta mesma variável em municípios vizinhos, ela apresenta independência espacial entre estes locais, sendo, portanto, variável geográfica, mas não espacial. Em termos geográficos, podemos, por exemplo, assumir que o *evento 1* seja a ocorrência de um caso de dengue (*variável*) em um município A (*lugar*) e o *evento 2* seja a ocorrência de um caso de dengue em um município B, vizinho a A. Se ocorre dengue em A e em B, dizemos que poderá haver dependência espacial entre os eventos-lugares, e se caso houver, estes eventos serão informações espaciais. Caso contrário, assumiremos que não há dependência entre os eventos e, portanto, a informação será geográfica, mas não espacial.

Peuquet (1994) ampliou o conceito de informação espacial ao decompô-lo em três eixos: o temático (*o quê*), o geométrico (*onde*) e o temporal (*quando*). O eixo geométrico e o eixo temporal nos dizem que a informação espacial existe em uma perspectiva de *tempo* e *espaço* indissociáveis; tempo e espaço não podem estar separados quando trabalhamos com informações espaciais, pois em cada distribuição espacial recortada em determinada fração do tempo um espaço particular será construído. Para perguntarmos *o que* existe em um mapa, devemos saber antes *onde* está e *quando* ocorreu; para questionarmos *onde está*, é necessário sabermos também sobre *o que* arguimos e *quando* é o recorte do questionamento; por fim, se buscamos saber *quando* ocorreu o fato, devemos partir *de que* se trata o fato e *onde* ele está.

A informação espacial organiza-se de forma *espacialmente agregada* e de forma *espacialmente coerente* (Berry, 1987). A informação espacialmente agregada está estruturada segundo uma *tabela de atributos* que diz respeito aos objetos geográficos distribuídos no mapa. Já a informação *espacialmente coerente* está estruturada em planos de informação sobrepostos (*layers*), intrinsecamente referenciados em um mesmo sistema de coordenadas. Nestes planos de variáveis espacialmente distribuídas, a informação mostra coerência entre o valor da variável (atributo) e sua localização em sistemas de referência locacionais. Referimo-nos aqui tanto a mapas temáticos como a superfícies numéricas. No caso das superfícies, é o próprio atributo que se distribui, georreferenciado no espaço, em pequenas unidades de amostragem (células ou pixels). A informação espacial contempla tanto o *atributo temático*, que lhe dá quantidade e qualidade, quanto o *atributo locacional*, que lhe proporciona endereçamento em grades de posições espaciais.

Escalas de mensuração da informação espacial

Podemos agrupar a informação espacial em duas escalas genéricas de mensuração: a *qualitativa* e a *quantitativa*. A escala qualitativa nos informa sobre *o que* (ou tipo de objeto) existe em um dado lugar, por exemplo, *cidades, lagos, rios, florestas, áreas agrícolas*, entre outros. Cabe à escala quantitativa nos informar sobre diferenças entre categorias de magnitudes atribuídas a objetos (*quanto*), tais como densidade, distância, declividade, refletância, área, entre outras medidas. Para melhor compreendermos a complexidade do espaço, devemos ampliar a simples dicotomia entre qualidades e quantidades incorporando quatro escalas, mais detalhadas, de mensuração da informação (Quadro 1.1): a *nominal*, associada à informação qualitativa, e três outras quantitativas: *ordinal, intervalar e relacional*.

A escala *nominal* é a mais simples, correspondendo estritamente a categorias qualitativas ou tipologias. Neste caso, a informação é considerada relativamente homogênea, não existindo, portanto, variações entre valores de atributos geográficos dentro de uma mesma classe, mas apenas diferenças entre classes. Tal condição é frequentemente utilizada também para fracionarmos informações ambientais em objetos exatos, como, por exemplo, tipos de uso e cobertura do solo. Quando a informação não pode ser diferenciada em classes de tipos distintos, por se referir a atributos hierárquicos relativos, a informação deve ser mensurada em escala *ordinal* ou hierárquica. Este tipo de escala é caracterizado por dois tipos de relação inequacional entre classes: *maior que* e *menor que*. Neste caso, entretanto, não há especificação sobre *quanto* uma categoria é maior ou menor que outra. Podemos citar, como exemplos, a classificação de tipos de solo quanto à susceptibilidade à erosão; a classificação hierárquica urbana ou das vias de circulação, segundo a capacidade de fluxo de veículos.

Quadro 1.1 – Escalas de mensuração da informação espacial.

Escala de mensuração	Tipo de relação entre informações	Exemplos
Nominal	*Equacional* Classe A = Classe B Classe A ≠ Classe B	Tipos de formação florestal (*mata, cerrado, campo*) Tipos de uso do solo (*comercial, residencial, industrial*)
Ordinal	*Inequacional* Classe A > Classe B Classe A < Classe B	Hierarquia urbana (*metrópole, centro regional, cidade média, cidade pequena*) Intensidade de impacto (*alto, intermediário, baixo*)
Intervalar	*Inequacional* Classe A > Classe B Classe A < Classe B *Intervalar escalar* Classe A = [0 – 2%] Classe B = [2 – 4%]	Níveis de cinza [0 – 255] Inclinação de encostas [0 – 90°] Exposição de vertentes [0 – 360°] Faixa salarial [R\$ 500 – R\$ 1.000]
Relacional	*Inequacional* Classe A > Classe B Classe A < Classe B *Intervalar escalar* Classe A : [0 – 2%] Classe B: [2 – 4%] *Razão entre escalas distintas* Classe A/Classe B	Densidade de população (*hab/km²*) Produção agrícola (*ton/ha*) Escoamento fluvial (*m³/s/km²*) Renda *per capita* (R\$/*habitante*) Redes e fluxos (*veículos/minuto*)

Fonte: modificado de Muhercke (1986).

A escala de mensuração *intervalar* permite que duas classes sejam diferenciadas com base em intervalos numéricos. Tais intervalos são muitas vezes arbitrários, pois são definidos a partir do recorte de uma escala contínua de valores de uma variável geográfica. Tal é o caso dos intervalos de classes altimétricas de cartas hipsométricas, cujos limites são estabelecidos segundo padrões arbitrários ou, em um nível menos subjetivo, por meio da análise do histograma de frequência dos valores.

A escala de mensuração mais sofisticada é a *relacional*, pois permite que novos grupos ou categorias sejam construídos a partir da razão ou da proporção entre valores de atributos medidos em escalas quantitativas distintas. Esta característica amplia as possibilidades da espacialização da informação em mapas, incorporando a estes medidas de densidades e fluxos. Como exemplos de medidas oriundas da escala relacional, citamos: densidade de população, densidade de drenagem, fluxo fluvial, fluxo veicular e taxa de incidência de casos de uma doença, entre outras.

As perguntas espaciais

Outra importante propriedade da informação espacial é sua associação direta a *perguntas espaciais* cujas respostas dependem da relação entre objetos e valores situados em diferentes planos de informação e entre objetos e valores situados em um mesmo plano de informação. Muitas das etapas de análise geoespacial realizadas em um contexto de SIG são iniciadas a partir de perguntas espaciais construídas com sintaxe própria e adaptadas à solução de problemas de natureza espacial, no formato de mapas. As perguntas espaciais podem ser agrupadas em categorias de acordo com as técnicas de análise geoespacial envolvidas na construção destas perguntas e encadeadas na combinação sequencial de comandos de um SIG (Quadro 1.2).

As perguntas espaciais exemplificadas no Quadro 1.2 foram construídas em um contexto de investigação adaptado à área de epidemiologia espacial. Contudo, podemos ajustá-las a outros contextos de pesquisa geográfica, substituindo a palavra *tema* de cada pergunta (por exemplo, "casos de dengue"). A formulação de uma pergunta espacial e seu uso em sistemas de informação geográfica exige algumas habilidades específicas do pesquisador, já ressaltadas por Nyerges e Golledge (1987):

- *dominar conceitos espaciais básicos como distribuição, localização, padrão, associação, hierarquia, redes e forma;*
- *orientar espacialmente o pensamento, com o objetivo de intuir, observar, definir, associar, comparar e interpolar eventos espaciais;*
- *entender de que maneira os eventos espaciais ocorrem ou arranjam-se no espaço;*
- *decifrar as relações espaciais existentes entre pessoas, lugares e ambientes.*

60 MARCOS CÉSAR FERREIRA

Quadro 1.2 – Exemplos de perguntas espaciais que podem dar início a procedimentos de análise geoespacial em SIG e categorias de análise geoespacial a que estão associadas. Na coluna das perguntas espaciais, em itálico, estão destacadas palavras geográficas cujo significado equivale a um mapa.

Pergunta espacial	Categoria de análise geoespacial				
	Localização	Distribuição	Associação	Interação	Mudança
Onde ocorrem casos de dengue?	X				
Até que distância deste local os casos de dengue ocorrem?		X			
Existe *regularidade na distribuição espacial* dos casos de dengue em São Paulo?		X			
Por que o *padrão espacial da distribuição* dos casos de dengue exibe regularidade?			X		
Que tipo de *distribuição* estatística se ajusta à *ocorrência* de casos de dengue no Brasil?		X			
Onde estão os limites da ocorrência de casos de dengue?	X	X			
Por que seus *limites restringem* sua distribuição?	X		X		
Que variáveis socioeconômicas estão *associadas espacialmente* aos casos de dengue em São Paulo?			X		
Os casos de dengue *ocorrem agrupados em regiões ou clusters de* municípios?	X	X			
Por que os casos de dengue estão *espacialmente associados* à alta taxa de ocupação domiciliar urbana?			X		
Os casos de dengue *sempre ocorreram* neste mesmo *lugar*?					X
Por que os casos de dengue têm se *espalhado* com esta *tendência espacial* no oeste de São Paulo?				X	X

A tríade espaço-tempo

É tradição na análise geoespacial assumirmos que o espaço geográfico pode ser modelado como uma coleção de pontos nos quais, em um determinado tempo, ocorre um valor para cada atributo. A complexidade digital deste espaço composto de objetos, valores, atributos e tempo distintos foi modelada por Goodchild (1992) por meio da *função de observação espacial* (f_o). Esta função atua em cada ponto no espaço-tempo (x, y, t), na forma de um vetor que assume valores específicos segundo cada um dos n atributos locacionais $a_1, a_2.........a_n$ registrados nos pontos. Os atributos $a_1, a_2.........a_n$ constituem-se em mapas sobrepostos em uma pilha de camadas geográficas que incluem, além dos mapas, as imagens orbitais de sensoriamento remoto. Como mostra a estrutura da função f_o, cada posição no espaço-tempo é única e individualizada de acordo com a integração vertical de múltiplos atributos, formando assim a *totalidade da paisagem a um dado tempo*. A função f_o pode ser reescrita da seguinte forma:

$$f(x, y, z) = (a_1, a_2, a_3, a_4.........a_n)$$

A função f_o tem como propósito integrar a totalidade espaço-tempo em um só lugar, incorporando a dimensão temporal às variáveis espaciais (atributos). No entanto, por razões de praticidade, este todo é segmentado em planos sobrepostos que expressam individualmente atributos particulares formadores da paisagem, tais como a *geologia*, a *demografia*, a *temperatura do ar*, a *criminalidade*, o *uso do solo*, entre outros. A integração vertical n-dimensional na posição x, y e no tempo t, dada por f_o, resulta na interação espacial multitemática entre planos. Em análise geoespacial, f_o é um modelo teórico adequado à realização de consultas espaciais que envolvam operadores aritméticos e booleanos; o resultado destas operações são, em geral, novos mapas, tabelas, gráficos ou relatórios.

Muito embora a função f_o considere o tempo como variável do espaço geográfico, a maioria das abordagens para análise geoespacial disponível para SIG considera o espaço temporalmente estático. O trabalho de Peuquet (1994) é uma importante referência teórica para este tema, pois fornece soluções teóricas necessárias à abordagem espaço-tempo em SIG. Discutiremos a seguir as proposições desta autora que, sob nosso ponto de vista, devem ser adotadas quando modelamos a informação espacial sob

62 MARCOS CÉSAR FERREIRA

perspectiva cronológica. Peuquet (1994) propôs um modelo de representação e de modelagem espaçotemporal em SIG denominado *tríade espaçotemporal*, no qual a informação geográfica pode ser representada em três eixos fatoriais: *onde, o que* e *quando*.

Para que possamos discutir o modelo de Peuquet (1994), é necessário lembrarmos, primeiramente, dos pressupostos apresentados por Langran (1994), sobre os quais Peuquet se apoiou para construir a tríade. Segundo Lagran, existem três tipos de evolução espaço-tempo da informação: *evolução física ocorrida no objeto em um determinado intervalo de tempo; evolução na distribuição espacial e na substituição entre objetos em um determinado intervalo de tempo; e evolução nas relações temporais entre fenômenos geográficos múltiplos*. Para cada tipo de evolução uma *pergunta espaço-tempo* específica pode ser formulada (Quadro 1.3).

Quadro 1.3 – Categorias de mudanças espaço-tempo observadas em objetos geográficos e respectivos exemplos de perguntas espaço-tempo formuladas a uma base de dados espaciais.

Tipo de mudança espaço-tempo	*Exemplo de pergunta espaço-tempo*
Mudanças físicas do objeto com o passar do tempo	Qual foi a alteração na quantidade de área de cerrados, no estado de Goiás, entre 1980 e 2009? O meandro fluvial situado a jusante do rio Pardo sofreu processo de migração nos últimos 20 anos?
Mudanças na distribuição espacial e na substituição de objetos com passar do tempo	Quais áreas da bacia hidrográfica do rio Araguaia eram cobertas por cerrado em janeiro de 1980 e, em 2010, estão cobertas por agricultura de soja? Quais são as diferenças entre a distribuição espacial dos reservatórios na bacia hidrográfica do rio Tietê em 1962 e em 2009?
Mudanças nas relações temporais entre múltiplos fenômenos geográficos com o passar do tempo	Após a instalação de usinas de açúcar e álcool na bacia hidrográfica do rio São José dos Dourados, em que áreas situadas a até 100 m dos canais fluviais os fragmentos de cobertura vegetal original foram substituídos por cultura canavieira?

O paradigma da tríade espaço-tempo é, na realidade, uma ampliação da dualidade objeto exato e campo contínuo. No modelo de objetos a informação é armazenada segundo a cláusula *o que* e, no modelo de campos, o armazenamento se dá em relação a *onde*. A esta dualidade, o paradigma da tríade incorpora a condição *tempo*, dada pela cláusula *quando* (Peuquet, 1994). Neste contexto, as perguntas espaciais ganham maior dinâmica, extensão e profundidade de análise onde se mesclam os recortes *que, quando* e *onde*; os limites do conceito geométrico de *posição espacial* de um atributo

INICIAÇÃO À ANÁLISE GEOESPACIAL   **63**

são ampliados pelo conceito de *posição cronológica*. O Quadro 1.4 sintetiza algumas possibilidades de respostas geradas a partir do uso da tríade espaço-tempo na análise geoespacial materializadas em forma de álgebra simples estruturadas por meio de *perguntas espaço-tempo*.

Quadro 1.4 – Relações algébricas entre tema, posição espacial e posição temporal (tríade espaço-tempo) e respectivas respostas a consultas espaço-tempo feitas a bases de dados espaciais.

Álgebra espaço-tempo	*Resposta à álgebra espaço-tempo*
O quê = quando + onde	Mostra que objeto (*o que*) está localizado em determinada posição espacial (*onde*) e em uma posição temporal (*quando*).
Onde = quando + o quê	Mostra que posição ou posições espaciais (*onde*) ocupa um objeto (*o que*), em determinada posição temporal (*quando*).
Quando = onde + o quê	Mostra a posição ou as posições temporais (*quando*) que um objeto (*o que*) ocupou, em uma ou mais posições temporais (*onde*).

Fonte: modificado de Peuquet (1994).

2
Princípios básicos de estatística para análise de dados geográficos

Introdução

Por mais antagônico que pareça, podemos dizer que a estatística é, sobretudo, uma *ciência da incerteza*. Quando optamos por utilizá-la, ou quando com ela nos deparamos em alguma etapa da pesquisa geográfica, talvez seja porque não estejamos totalmente seguros com relação ao conhecimento do todo – ou, então, não tenhamos total certeza das características quantitativas do nosso objeto de estudo. A estatística descritiva parte de um pressuposto surpreendente: de que não é possível se conhecer com segurança e exatidão *o todo* que estudamos; de que, pelo contrário, só o saberemos de maneira *provável*; e de que em toda certeza há um *resíduo* de inexatidão.

Este nível de desordem existente nos dados (e principalmente nos dados geográficos) é o que chamamos *entropia*. Nada tão entrópico como os mapas, as distribuições espaciais, o território e as regiões. A entropia nos dá, sobretudo, incerteza. Incerteza, por exemplo, de querer saber sobre o oceano, mas tendo à mão apenas alguns copos de sua água; de conhecer o deserto, mas a partir de alguns punhados de suas areias; de compreender a cidade por meio de uma amostra de suas casas; e porque não de entender uma região tendo como evidência parte de seus municípios. Não há dúvida de que estes exemplos carregam consigo certo grau de incerteza (mas que bom que assim seja – a dúvida é parte da aventura do conhecimento). Se, na maioria das vezes, só nos restam *amostras* e *fragmentos* da totalidade quase infinita do espaço, é com eles que devemos seguir em frente.

É oportuno, entretanto, destacarmos que as ferramentas da estatística não são as únicas a contribuírem com o conhecimento do espaço geográfico – sobretudo de sua componente social. Contudo, lembramos que o mote deste livro é a análise geoespacial e sua relação direta com o *geoprocessamento*. Como a análise geoespacial se apoia também em modelos quantitativos e geométricos, os números e a geometria serão por um bom tempo nossos companheiros neste livro; por isso, a estatística pode ser extremamente útil a uma parte da comunidade de pesquisadores geógrafos, principalmente a que trabalha com análise geoespacial ou com mapas.

A imagem cartográfica de um território é fluída e tem diferentes formas organizacionais que dependem da escala na qual a contemplamos. A cada nova escala de abordagem do espaço geográfico, um mundo novo de objetos e relações espaciais se descortina nos mapas. Como a extensão e a composição exata do espaço geográfico e de suas relações espaciais jamais serão sabidas com precisão, é conveniente que conheçamos alguns conceitos estatísticos simples que serão úteis futuramente à análise geoespacial. Os conceitos estatísticos discutidos neste capítulo, no âmbito da ciência geográfica, são apenas introdutórios, embora sejam apresentados com o detalhamento necessário a um estudo inicial sobre distribuições espaciais.

Distribuição de frequência de uma variável geográfica

A seguir, adentramos ao universo da incerteza dos dados geográficos, amparados por alguns conceitos básicos da estatística descritiva. Como foi dito anteriormente, a estatística descritiva se preocupa, inclusive, em *inferir* sobre um todo a partir de medidas de uma ou mais *características* ou *atributos* que descrevem este todo. Esta suposição ou estimativa é feita a partir de um conjunto de entidades unitárias formadoras do todo, às quais denominamos *amostras*. Se uma imagem digital de sensoriamento remoto é um todo, cada *pixel* é uma unidade amostral deste todo, o *nível de cinza* deste pixel em uma determinada faixa do espectro eletromagnético é um dos atributos desta imagem e o *valor do nível de cinza* é a medida deste atributo.

Se, no mapa, uma cidade é o todo, cada um de seus bairros é uma unidade amostral; a população aí residente é um dos seus atributos; a quantidade de pessoas residentes é uma medida deste atributo. Se a região administrativa é o todo, o município é uma de suas unidades amostrais; a renda *per capita* do município é um dos seus atributos; a quantidade em renda *per capita* do município é o valor deste atributo. Estes conceitos podem ser formalizados utilizando-se terminologias comuns à estatística, tais como:

- *População total*. É o que se denomina de todo. Constitui-se na área de interesse ou no conjunto maior de análise. O tamanho da população, isto é, o número total de elementos, pode ser infinito, finito e conhecido ou finito e desconhecido. Ex.: uma região R.
- *Elemento*. É a menor unidade da qual é formado o todo. Também denominado de unidade de observação ou caso. Ex.: um município da região R.
- *Amostra*. Trata-se de um conjunto de elementos selecionados ou extraídos da população total. As amostras são utilizadas quando a população é infinita ou muito grande, situação que torna quase impossível se trabalhar com todos os elementos que formam a população total. Neste caso, a população total é inferida a partir de informações obtidas de amostras que compõem a população amostral. Ex.: um conjunto de dez municípios escolhidos na região R, composta de cem municípios.
- *Variável*. É uma característica ou atributo descritor de um elemento da população. A variável é uma propriedade da população, que se pode medir por meio dos elementos, cujo valor varia de elemento a elemento da população. Ex.: a renda *per capita* de um município situado na região R.
- *Distribuição*. Consiste em uma série de dados que associa cada elemento da população ao valor de uma variável. Geralmente, uma distribuição é representada por meio de linguagem gráfica: os diagramas de frequência relativa (histograma) e de frequência acumulada. Nestes diagramas é possível observar a quantidade relativa ou absoluta de elementos que têm valores localizados em determinados intervalos de valores (classes) da variável. A curva de uma distribuição pode ser representada por uma função matemática denominada *função de distribuição*.

Tomemos como exemplo inicial de universo de análise, os dezenove municípios que compõem a região metropolitana de Campinas-SP (RMC).

68 MARCOS CÉSAR FERREIRA

Neste caso, *a RMC se constitui na população total*, aqui considerada finita e conhecida, e cada município *um elemento desta população*. Escolhemos como variável para caracterização dos elementos (municípios) o *produto interno bruto per capita* (PPC) para o ano de 2005 (Tabelas 2.1 e 2.2).

Tabela 2.1 – Valores do produto interno bruto *per capita* (PPC), por município da região metropolitana de Campinas-SP, em 2005.

Município	PPC (em mil reais)
Americana	21,5
Artur Nogueira	7,1
Campinas	19,7
Cosmópolis	10,9
Engenheiro Coelho	9,4
Holambra	38,7
Hortolândia	14,6
Indaiatuba	19,4
Itatiba	20,9
Jaguariúna	89,5
Monte Mor	17,1
Nova Odessa	17,7
Paulínia	106,1
Pedreira	10,3
Santa Bárbara do Oeste	13,5
Santo Antônio de Posse	13,2
Sumaré	20,8
Valinhos	23,4
Vinhedo	42,1

Fonte: Seade (2008).

A Tabela 2.1 nos informa, em ordem alfabética, como a variável *PPC* pode assumir diferentes valores locacionais e, por isso, pode distribuir-se geograficamente de forma desigual, a depender de cada uma das dezenove unidades de observação da RMC. Para melhor entendermos a distribuição desta variável, reorganizamos os dados da Tabela 2.1 na Tabela 2.2 – que dispõe a relação dos municípios em *ordem numérica dos valores inteiros da variável*, e não em *ordem alfabética* como os dados originais da Tabela 2.1.

Tabela 2.2 – Valores do produto interno bruto *per capita* (PPC), em ordem crescente de valores, por município da região metropolitana de Campinas-SP, em 2005.

Município	PPC (em mil reais)
Artur Nogueira	7
Engenheiro Coelho	9
Pedreira	10
Cosmópolis	11
Santo Antônio de Posse	13
Santa Bárbara do Oeste	13
Hortolândia	15
Monte Mor	17
Nova Odessa	18
Indaiatuba	19
Campinas	20
Sumaré	21
Itatiba	21
Americana	22
Valinhos	23
Holambra	39
Vinhedo	42
Jaguariúna	90
Paulínia	106

Fonte: Seade (2008).

Em seguida, para identificarmos como se distribui a série de todos os valores da variável *PPC* na RMC, de acordo com faixas numéricas, agrupamos os valores da Tabela 2.3 em classes segmentadas por *intervalos* de valores de *PPC*. Com este procedimento, passamos a conhecer a *distribuição de frequência dos valores da variável PPC*. Sabemos que qualquer processo de classificação é parcialmente arbitrário, principalmente no que se refere à escolha do número ideal de classes (k), segundo o qual a série completa dos dados originais será segmentada. É senso comum entre os estatísticos que k não deve ser inferior a cinco (generalização excessiva) nem tampouco superior a 20 (fragmentação excessiva). Para evitarmos qualquer subjetividade na escolha do valor de k, podemos utilizar, por ora, a *técnica de Sturges*, que relaciona o número de elementos (n) da amostra (o número de municípios da RMC, ou seja, *19*), ao número de classes a ser estimado (Equação 2.1):

$$k = 1 + 3,3 \ (log_{10} \ n) \tag{2.1}$$

70 MARCOS CÉSAR FERREIRA

Substituindo-se n por 19 na Equação 2.1, o número de classes a ser estimado será:

$$k = 1 + 3,3 \ (log_{10} \ 19)$$
$$k = 1 + 3,3 \ (1,28) \ \text{ou}$$
$$k = 5,224$$

Neste caso, podemos aproximar o valor $5,224$ para cinco classes ($k = 5$). Em seguida, calculamos a amplitude dos dados (A) subtraindo o valor mínimo do valor máximo da série de dados da variável PPC (Equação 2.2):

$$A = PPC_{MAX} - PPC_{MIN} \ ou \ A = 106 - 7$$
$$A = 99 \ ou \ R\$ \ 99 \ mil. \tag{2.2}$$

Conhecido o valor da amplitude A da série de dados, determinamos em seguida a largura (Δ) de cada classe por meio da Equação 2.3:

$$\Delta = A \ / \ k$$
$$\Delta = 99 \ / \ 5 \tag{2.3}$$
$$\Delta = 19,8 \ ou \ R\$ \ 19,8 \ mil$$

Desta forma, dizemos que a série composta de 19 observações da variável PPC foi fragmentada em cinco classes ($k = 5$), sendo que cada um delas tem largura de R\$ 19,8 mil (Δ = R\$ 19,8mil). A partir dessas informações, encontramos os limites inferiores e superiores de cada classe, bastando, para isso, somarmos progressivamente o valor $19,8$ a partir do menor valor da série de dados da Tabela 2.2. Veja a sequência:

Classe I	limite inferior = 7,1
	limite superior = 7,1+19,8 = 26,9
Classe II	limite inferior = 26,9
	limite superior = 26,9+19,8 = 46,7

Seguimos este procedimento até que seja determinado o limite superior da quinta classe.

A Tabela 2.3 apresenta os valores dos limites das classes e as frequências absoluta e relativa de municípios em cada uma das cinco classes de PPC. Notamos nesta tabela que quase 80% dos valores da variável estudada estão concentrados no intervalo $R\$ \ 7,1$-$R\$ \ 26,9 \ mil$, o que indica forte assimetria

INICIAÇÃO À ANÁLISE GEOESPACIAL **71**

na distribuição dos valores da variável PPC entre os municípios da RMC (Figura 2.1). Percebemos também que em duas classes não ocorrem quaisquer valores da série original do PPC (entre *R$ 47 e R$ 66 mil* e entre *R$ 67 e R$ 86 mil*). Tais classes são denominadas *classes vazias*.

Tabela 2.3 – Distribuição de frequência absoluta e relativa, segundo intervalos de classe definidos pela técnica de *Sturges*, para os valores de PPC, em 2005, na região metropolitana de Campinas-SP.

Classe	Intervalo	Frequência absoluta	Frequência relativa (%)
I	7 – 26	15	79,95
II	27 – 46	2	10,52
III	47 – 66	0	0,0
IV	67 – 86	0	0,0
V	87 – 106	2	10,52
Total		**19**	**100,00**

Uma das formas gráficas mais adequadas à representação da distribuição de frequência de dados é o agrupamento desses valores em uma *série de intervalos discretos* (classes), dispostos em um diagrama de barras verticais denominado *histograma de frequência*. Com base neste diagrama, é possível visualizarmos a *distribuição de frequência* de uma variável e lermos rapidamente a concentração de determinados valores da variável em uma ou mais classes. A Figura 2.1 mostra o histograma correspondente aos dados da Tabela 2.3. Este histograma apresenta forte *distorção* na distribuição de frequência dos valores da variável, pois aproximadamente 90% dos municípios da RMC se inserem nas classes I e II.

O principal fator que contribui para a distribuição irregular dos valores no histograma da Figura 2.1 são os altos valores de *PPC* nos municípios de Jaguariúna (indústrias de alta tecnologia) e Paulínia (indústrias químicas, petroquímicas). Por outro lado, em municípios cujo *PIB* provém em menor proporção de atividades industriais – como Engenheiro Coelho e Artur Nogueira –, os valores de *PPC* ocupam no histograma e na Tabela 2.2 patamares inferiores aos demais municípios da região.

A quantidade de classes e o valor da amplitude dos intervalos das respectivas classes dependem da técnica utilizada para a classificação da série de dados da variável geográfica. A técnica de *Sturges*, a mais comum em estatística, nos dá o número de classes a partir do critério dos *intervalos iguais* para todas as classes.

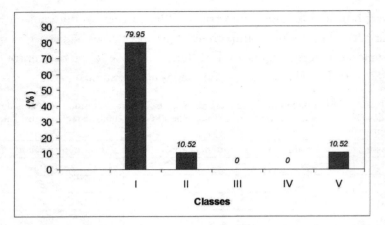

Figura 2.1 – Histograma de frequência relativa da variável PPC, em 2005, na região metropolitana de Campinas, construído pela técnica de classificação de Sturges.

Entretanto, existem outras técnicas classificatórias muito úteis, inclusive para a construção de legenda de mapas coropléticos. Dentre estas técnicas, destacamos a baseada em *intervalos irregulares*, isto é, cada classe tem largura diferente das demais. Nesta técnica, os intervalos são delimitados por *rupturas naturais* existentes na série de valores da variável, sendo que a quantidade e o intervalo das classes são conhecidos posteriormente à construção do diagrama da Figura 2.2. As linhas tracejadas horizontais da Figura 2.2 identificam os limites naturais entre as classes, os quais são traçados paralelamente ao eixo x, exatamente onde se posicionam as mudanças mais bruscas nos "degraus" das barras verticais do diagrama. Esta técnica classificatória é considerada "natural" porque reflete a variabilidade real existente entre os valores da variável nas diferentes unidades geográficas de observação do PPC. Por meio desta técnica, foi possível dividirmos a série de valores do PPC em cinco classes (Tabela 2.4).

Contudo, quando utilizamos a técnica de classificação pelas rupturas naturais, não temos controle nem podemos escolher, *a priori*, a quantidade de classes (k). Esta técnica é alternativa à de Sturges e eficiente quando não queremos trabalhar com classes vazias. A principal característica do histograma de frequência relativa é o fato de este possibilitar a visualização do espalhamento dos valores locacionais da variável em torno de um ponto central da distribuição. Este ponto é calculado por meio das três medidas de tendência central – *média, mediana* e *moda* (ver próxima seção). Se desejarmos conhecer a proporção de municípios para os quais os respectivos valores de uma variável estejam situados abaixo de um determinado valor de referência – conhecido como *percentil* (P%) –, deveremos utilizar o *histograma de frequência relativa acumulada* (Figura 2.3).

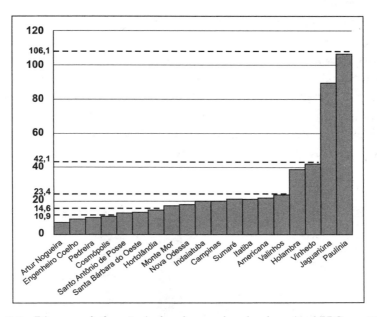

Figura 2.2 – Diagrama de frequência de valores ordenados da variável PPC, em 2005, da região metropolitana de Campinas, utilizado para a aplicação da técnica de classificação baseada na ruptura natural da série de dados (linhas tracejadas).

Tabela 2.4 – Distribuição de frequência absoluta (f_a), frequência relativa (f_r) e frequência relativa acumulada f_{ra}, segundo intervalos de classe definidos pela técnica da ruptura natural da série de dados, para os valores do PPC, em 2005 na Região Metropolitana de Campinas-SP (ver Figura 2.2).

Classe	Intervalo (em mil reais)	f_a	f_r (%)	f_{ra} (%)
I	7,1 – 10,9	4	21,05	21,05
II	10,9 – 14,6	3	15,78	36,83
III	14,6 – 23,4	8	42,10	78,93
IV	23,4 – 42,1	2	10,52	89,45
V	42,1 – 106,1	2	10,52	100,00[1]
	Total	19	100,00	

[1] *Valor aproximado.*

Observe, primeiramente, a Tabela 2.4 onde estão dispostos os valores de frequência relativa acumulada (f_{ra}) para a variável PPC. O cálculo da f_{ra} é muito simples: o primeiro valor da coluna f_{ra} da Tabela 2.4 é a frequência relativa da classe I (21,05); o segundo valor é resultado da soma do valor de f_{ra} da classe I ao valor de f_{ra} da classe II, ou seja, 21,05+15,78=36,83; e assim, sucessivamente, até se completar 100%. Para a construção do histograma de frequência relativa acumulada, fracionamos os dados em intervalos de classe calculados por meio da técnica de classificação de Sturges. O *percentil* (*P*%) será o valor abaixo do qual está situada uma determinada proporção total das medidas da variável, predefinida pelo pesquisador. Por exemplo, se o percentual considerado é o de 20%, a notação será $P_{20\%}$. No histograma da Figura 2.3 teremos $P_{21,05\%}$=R$ 9,0 mil e $P_{78,93\%}$=R$ 19,0 mil. Esses dados indicam que em *20%* dos municípios da RMC o valor do *PPC* era de no máximo *R$ 9,0 mil*, e em 80% deles de até *R$ 19,0 mil*. Os valores *9,0* e *19,0 mil* correspondem, respectivamente, às médias das classes *7,1-10,9* e *14,6-23,4*.

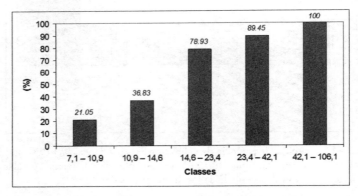

Figura 2.3 – Histograma de frequência acumulada, segundo classes da variável PPC (em mil R$), em 2005, na região metropolitana de Campinas.

Os histogramas de frequência relativa e de frequência relativa acumulada podem ser construídos também na forma de linhas contínuas. A interpretação da *forma dos histogramas* em linhas contínuas é uma etapa indispensável e importante para entendermos como se comporta a distribuição uma variável em um conjunto de unidades geográficas. Uma vez interpretado o histograma de uma região ou de um conjunto de unidades geográficas, podemos compará-lo ao histograma de outra região e, assim, formularmos hipóteses acerca da similaridade ou da dissimilaridade regionais entre ambas.

A Figura 2.4 apresenta os principais tipos de histogramas de frequência relativa e acumulada, diferenciados segundo a *morfologia* de suas curvas:

INICIAÇÃO À ANÁLISE GEOESPACIAL   75

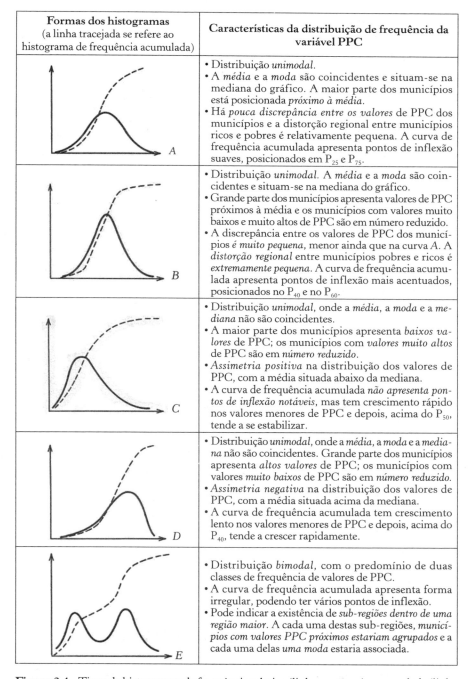

Formas dos histogramas (a linha tracejada se refere ao histograma de frequência acumulada)	Características da distribuição de frequência da variável PPC
A	• Distribuição *unimodal*. • A *média* e a *moda* são coincidentes e situam-se na mediana do gráfico. A maior parte dos municípios está posicionada *próximo à média*. • Há *pouca discrepância entre os valores* de PPC dos municípios e a distorção regional entre municípios ricos e pobres é relativamente pequena. A curva de frequência acumulada apresenta pontos de inflexão suaves, posicionados em P_{25} e P_{75}.
B	• Distribuição *unimodal*. A *média* e a *moda* são coincidentes e situam-se na mediana do gráfico. • Grande parte dos municípios apresenta valores de PPC próximos à média e os municípios com valores muito baixos e muito altos de PPC são em número reduzido. • A discrepância entre os valores de PPC dos municípios é *muito pequena*, menor ainda que na curva A. A *distorção regional* entre municípios pobres e ricos é *extremamente pequena*. A curva de frequência acumulada apresenta pontos de inflexão mais acentuados, posicionados no P_{40} e no P_{60}.
C	• Distribuição *unimodal*, onde a *média*, a *moda* e a *mediana* não são coincidentes. • A maior parte dos municípios apresenta *baixos valores* de PPC; os municípios com *valores muito altos* de PPC são em *número reduzido*. • *Assimetria positiva* na distribuição dos valores de PPC, com a média situada abaixo da mediana. • A curva de frequência acumulada *não apresenta pontos de inflexão notáveis*, mas tem crescimento rápido nos valores menores de PPC e depois, acima do P_{50}, tende a se estabilizar.
D	• Distribuição *unimodal*, onde a *média*, a *moda* e a *mediana* não são coincidentes. Grande parte dos municípios apresenta *altos valores* de PPC; os municípios com valores *muito baixos* de PPC são em *número reduzido*. • *Assimetria negativa* na distribuição dos valores de PPC, com a média situada acima da mediana. • A curva de frequência acumulada tem crescimento lento nos valores menores de PPC e depois, acima do P_{40}, tende a crescer rapidamente.
E	• Distribuição *bimodal*, com o predomínio de duas classes de frequência de valores de PPC. • A curva de frequência acumulada apresenta forma irregular, podendo ter vários pontos de inflexão. • Pode indicar a existência de *sub-regiões dentro de uma região maior*. A cada uma destas sub-regiões, *municípios com valores PPC próximos estariam agrupados* e a cada uma delas *uma moda* estaria associada.

Figura 2.4 – Tipos de histogramas de frequência relativa (linha contínua) e acumulada (linha tracejada) e respectivas características. As curvas foram adaptadas de Clark e Hosking (1986).

Para cada histograma da Figura 2.4 mostraremos as características teóricas da distribuição de dados, tomando-se como exemplo a variável *PPC*, proveniente de populações de diferentes regiões hipotéticas. A interpretação que sugerimos para os histogramas da Figura 2.4 fundamenta-se apenas em características morfológicas extraídas *visualmente* destes, o que de certa maneira podem ser subjetivas.

Quando os histogramas são bem distintos, como é o caso daqueles discriminados na Figura 2.4 pelas letras *C*, *D* e *E*, o grau de subjetividade é menor. Mas não é sempre assim, pois muitas vezes duas regiões podem apresentar histogramas com diferenças morfológicas muito tênues, impossíveis de serem percebidas apenas visualmente. Por isso, para a individualização mais precisa entre duas ou mais curvas de distribuição de uma mesma variável provenientes de populações geográficas distintas, devem ser utilizados também *parâmetros estatísticos descritivos* da distribuição. Estes parâmetros medem *a variabilidade* e a *tendência central* de uma distribuição (Figura 2.5).

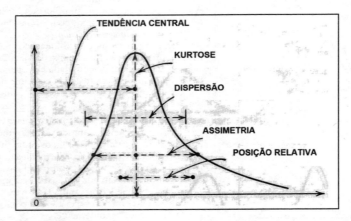

Figura 2.5 – Posicionamento gráfico das medidas estatísticas de tendência central e de variabilidade, em um histograma de frequência padrão.
Fonte: modificado de Clark e Hosking (1986).

Medidas de tendência central e de dispersão

Diversas medidas estatísticas podem ser empregadas na análise de histogramas de frequência relacionados a distribuições de valores de uma variável. Estas medidas, além de reduzir a subjetividade que pode ocorrer na interpretação visual da forma dos histogramas, permitem a comparação entre *duas ou mais distribuições em um conjunto de unidades geográficas, ou uma distribuição em dois ou mais conjuntos de unidades geográficas*. As medidas estatísticas utilizadas para a avaliação de distribuições baseadas em apenas um atributo da população dividem-se em duas categorias: as medidas de *tendência central* e as medidas de *variabilidade*.

Medidas de tendência central

Estas medidas têm como objetivo determinar o *ponto central* de uma distribuição e, a partir dela, avaliar *distorções* ou *irregularidades* existentes na frequência de valores em cada uma das classes de dados. São três as medidas de tendência central: *média aritmética, moda* e *mediana*.

a) Média aritmética ($\overline{X}$)
Esta medida reflete o efeito dos valores extremos da distribuição. O seu valor geralmente é diferente de qualquer outro da série original dos dados. Seu cálculo é realizado de forma simples, por meio da seguinte relação:

$$\overline{X} = \frac{1}{n}\sum_{i=1}^{n} x_i \qquad (2.4)$$

onde x_i é um valor i da série de dados e n é a quantidade total de valores da série de dados. No nosso exemplo, a variável *PPC* foi medida em 19 municípios da RMC ($n=19$). Substituindo-se os dados da Tabela 2.1 na Equação 2.4, obtemos o seguinte valor para a média: $\overline{X} = 27,15$ ou R\$ 27.150.

Ao contrário da moda e da mediana, a média utiliza a totalidade dos dados da distribuição e não apenas o valor mais frequente (no caso da moda), ou a metade da quantidade valores (no caso da mediana). Além disso, para o cálculo da média, os dados não necessitam estar organizados em ordem crescente (como acontece com as duas outras medidas de tendência central). A média aritmética, quando utilizada na análise de séries de dados geográficos, permite posicionar cada uma das localidades, das quais provêm os valores da variável, em relação a um valor central (a média), o qual reflete a tendência do conjunto maior ou região. Desta forma, podemos comparar os valores do *PPC* de dois municípios, tomando-se como

78   MARCOS CÉSAR FERREIRA

referencial a *média* de toda a região e não o valor absoluto de cada um deles. Assim, sob o ponto de vista de uma variável geográfica, cada unidade geográfica é individualizada segundo seu *afastamento em relação à média*. Se escolhermos outra variável, a posição desta mesma unidade geográfica em relação à tendência central certamente será outra.

b) Moda (Mo)

Muitas vezes queremos conhecer o valor que mais "aparece" na série de dados de uma distribuição, isto é, o *valor mais frequente*. Este valor é denominado *moda (Mo)*. Podemos dizer que esta medida de tendência central tem o significado de *valor mais provável* ou valor *mais esperado* de ocorrer na distribuição. Contudo, quando trabalhamos com séries de dados muito extensas, não é difícil concluirmos que muitos valores serão candidatos à moda. Neste caso específico, o valor escolhido como moda terá baixa frequência. Por isso, quando comparada à média, a moda pode apresentar maiores limitações como indicador de tendência central desta distribuição. Por exemplo, ao analisarmos os dados da Tabela 2.2, constataremos que os valores *R$ 13 mil* e *R$ 21 mil* são os que mais aparecem na série de dados da variável PPC. Entretanto, a frequência de ambos é baixa ($f = 2$), já que aparecem apenas duas vezes na distribuição. Entretanto, a moda tem a propriedade de ser um valor *que existe* na série de dados, enquanto a média é um *valor artificial*, estimado, que não faz parte do conjunto dos dados originais. Esta propriedade da moda faz com que ela seja de grande utilidade em geografia, principalmente na análise de distribuições espaciais de variáveis em mapas.

Para evitarmos valores de moda com baixa frequência, devemos trabalhar com a *classe modal* – intervalo em que os dados da distribuição são mais frequentes. Tomando-se como exemplo os dados da variável PPC na RMC, observamos que a classe modal pode ser tanto o intervalo *[7-26]* como o intervalo *[14-23]* (ver Tabelas 2.3 e 2.4). Isso nos mostra que a estimativa do valor da moda segundo o método da classe modal sofre influência da técnica utilizada para a classificação dos dados. Mas, de qualquer maneira, o intervalo *[14-23]* está contido no intervalo maior *[7-26]*, o que nos autoriza a dizer que esta classe modal é a mais adequada. Para determinarmos o valor mais exato da classe modal, calculamos o ponto médio da classe, somando-se o limite inferior ao limite superior desta, dividindo-se o resultado por dois. Logo, o valor da moda para a variável PPC na Região Metropolitana de Campinas em 2005 é: $(7+26)/2=16,5$, ou $Mo=R\$ 16.500$.

c) Mediana (Md)

Dentre as medidas de tendência central, a *mediana (Md)* é talvez a mais simples de ser calculada. Ao organizarmos os dados de uma distribuição, em ordem crescente, a mediana estará localizada no *ponto médio* – posição onde, acima ou abaixo dela, se encontra a metade dos dados. Como exemplo, utilizaremos os dados da variável PPC organizados na Tabela 2.2. Sabendo-se que a série contém dados sobre 19 municípios, a mediana será o valor localizado a 50% das extremidades da série $\left(\dfrac{19}{2}\right)$, isto é, na posição $9,5$. Aproximamos o valor $9,5$ para 10 e, em seguida, contamos os valores na ordem crescente, até atingirmos a $10^{\underline{a}}$ posição, onde estará o valor da mediana:

*7, 9, 10, 11, 13, 13, 15, 17, 18, **19**, 20, 21, 21, 22, 23, 39, 42, 109.*

Portanto, a mediana da distribuição da variável PPC na região metropolitana de Campinas, para os dados de 2005, é $Md=19$. É possível também identificarmos o valor exato da mediana, mantendo o valor da posição $9,5$. Para isso, interpolamos um valor entre *18* e *19* (onde estaria o *9,5*). Assim, teremos *(18+19)/2*, ou $Md=18,5$. A principal aplicação da mediana está na avaliação do grau de *assimetria da distribuição* de frequência. Uma distribuição será simétrica se a *mediana coincidir com a média e com a moda* (ver curvas das Figuras 2.4a e 2.4b). No exemplo do PIB *per capita* temos uma distribuição assimétrica, pois $Md=18,5$; $Mo=16,5$; $e \overline{X}=27,1$.

Medidas de variabilidade ou de dispersão

Este conjunto de medidas visa caracterizar uma distribuição de frequência segundo o *grau de espalhamento dos dados* no histograma. Observe a diferença entre a forma das curvas das Figuras 2.4a e 2.4b. Embora os histogramas destas figuras sejam parecidos quanto às posições da média e da moda, não o são quanto ao espalhamento dos dados, uma vez que a curva da Figura 2.4b atinge até os extremos do eixo x. São cinco as medidas de dispersão mais utilizadas em geografia: *amplitude (a), desvio padrão (σ), coeficiente de variação (cv), coeficiente de assimetria (S) e kurtose (k)*.

a) Amplitude (A)

A mais simples dentre as medidas de dispersão é a *amplitude* (A) dos dados, definida como a diferença entre o maior e o menor valor da distribuição:

$$A = x_{max} - x_{min} \qquad (2.5)$$

A amplitude permite que saibamos o quão distante estão entre si os extremos da distribuição. Contudo, ela não nos dá pistas sobre a quantidade de valores situada nestes extremos ou próximos deles. Uma distribuição pode apresentar grande amplitude, mesmo que tenha apenas um valor extremamente alto e um valor extremamente baixo. Para o nosso exemplo da distribuição da variável PPC na RMC, o valor de A é 99,0:

$$A = 106,1 - 7,1$$
$$A = 99,0$$

b) Desvio padrão (σ)

A principal limitação do uso da amplitude dos dados como medida de variabilidade é o fato de ela não considerar qualquer medida de tendência central. O *desvio padrão* (σ), por outro lado, mostra, para cada valor da distribuição, o seu *afastamento em relação à média aritmética*. Por isso, pelo desvio padrão é possível sabermos o quão diferente é cada valor individual em relação à tendência central de toda a distribuição. O cálculo de σ é realizado por meio da seguinte relação:

$$\sigma = \frac{1}{n} \sum_{i=1}^{n} (x_i - \overline{X})^2 \qquad (2.6)$$

onde x_i é valor da variável no *i-ésimo* elemento da distribuição; por exemplo, se i=1 (o município de Americana, na Tabela 2.1), então $x_i = 21,5$; $\overline{X}$ é a média aritmética dos valores de PPC (27,1); n é o número total de observações. No caso de Americana, na Equação 2.6, o termo $x_i - \overline{X}$ será 21,5-27,1 = -5,6. Para a eliminação dos valores negativos, o termo $x_i - \overline{X}$ é elevado à potência 2: $-5,6^2 = 31,36$. Este procedimento é repetido somando-se o resultado ao seu sucessor, até o último município da série (de $i = 1$ até $i = 19$). Aplicando-se a Equação 2.6 aos dados da Tabela 2.1, encontramos um valor de $\sigma = 25,86$, ou R$ 25.860. Isso significa que o PPC da região posiciona-se a uma distância média de *R$ 25.860* até a média regional.

Ao subtrairmos o valor do desvio padrão da média ($27,1$-$25,86$=$1,24$), determinamos o limite inferior; ao adicionarmos o desvio padrão à média ($27,1$+$25,86$=$52,96$), encontramos o limite superior. Ao compararmos o intervalo [$1,24$-$52,96$] aos valores de PPC da RMC apresentados na Tabela 2.1, constataremos que dos 19 municípios apenas dois situam-se fora deste intervalo: Jaguariúna e Paulínia. Em razão dos altos valores de *PPC* nestes dois municípios ($89,5$ e $106,1$, respectivamente), podemos dizer que se afastam muito do desvio médio esperado para a região. Os referidos municípios apresentam particularidades econômicas e industriais que os posicionam na extremidade superior da distribuição e, por isso, à grande distância da tendência central da região, que é de $27,1$.

c) Coeficiente de variação (CV)

O desvio padrão é uma medida de dispersão expressa em unidades idênticas às da média. No nosso exemplo, a unidade do desvio padrão e da média é *mil reais*. Mas, se desejamos estimar a variabilidade da distribuição a partir de uma medida adimensional, podemos empregar o *coeficiente de variação (CV)*. Este coeficiente mostra a proporção do desvio padrão (σ) em relação à média ($\overline{X}$) da distribuição. O seu cálculo é extremamente simples:

$$CV = \left(\frac{\sigma}{\overline{X}}\right)100 \qquad (2.7)$$

Calculando-se *CV* para os dados da distribuição da variável PPC, obtemos o seguinte valor:

$$CV = \frac{25,8}{27,1}$$

$$CV = 0,9520$$

$$\text{ou } 95,20\%$$

Este resultado mostra que há uma *grande dispersão nos dados* da distribuição da variável PPC na RMC, principalmente em razão dos valores apresentados por Jaguariúna e Paulínia. Em outras palavras, o valor desvio padrão é aproximadamente 95% da média. Em análise geoespacial de dados geográficos, a dispersão dos valores de uma distribuição é, muitas vezes, *mais importante que a média*, pois a variabilidade dos dados é um indicador do grau de heterogeneidade geográfica e do balanço entre *concentração e*

82　MARCOS CÉSAR FERREIRA

dispersão espacial dos dados. Essas propriedades, estimadas a partir da assimetria dos histogramas de distribuição de frequência, são fundamentais em operações de geoprocessamento.

Observe as curvas das Figuras 2.4a a 2.4d. As diferenças morfológicas entre elas podem ser resumidas, objetivamente, com base em duas medidas de dispersão de uma distribuição de frequência: o *coeficiente de assimetria* (ou *skewness*) e a *kurtose* (Figura 2.5).

d) Coeficiente de assimetria (S)

O *coeficiente de assimetria de Pearson* (S) sintetiza em apenas um valor numérico a intensidade da distorção da distribuição em torno da média e da mediana (Figura 2.5). O cálculo desta medida pode ser realizado pela Equação 2.8:

$$S = 3.\left(\frac{\overline{X} - Md}{\sigma} \right) \qquad (2.8)$$

onde $\overline{X}$ é a média aritmética, Md é a mediana e σ é o desvio padrão. Calculamos a seguir o coeficiente de assimetria da distribuição da variável PPC na RMC. Para tanto, recuperamos as seguintes medidas de tendência central e de dispersão já calculadas anteriormente:

$$\overline{X} = 27,1$$
$$Md = 19,5$$
$$\sigma = 25,86$$

Ao substituir estes valores na Equação 2.8 teremos:

$$S = 3.\left(\frac{27,1 - 19,5}{25,8} \right)$$
$$ou$$
$$S = 0,881$$

Os valores de S podem ser *positivos* ou *negativos*. Quando $S > 0$, a assimetria se localiza *à esquerda* do centro do histograma (Figura 2.4c), e quando $S < 0$, a assimetria se localiza à *direita* do centro do histograma (Figura 2.4d). Portanto, é fácil concluirmos que se $S = 0$ a distribuição será simétrica. No nosso exemplo, como $S = 0,881$, então a distribuição da variável PPC é positivamente assimétrica (observe a Figura 2.1).

e) Kurtose (kt)

Diferente da assimetria, que é uma *medida de dispersão horizontal* da distribuição, a *kurtose* (kt) é uma *medida de dispersão vertical* que estima o *grau de achatamento* da curva do histograma (Figura 2.5), revelando se o histograma é "protuberante" ou "espalhado". Para calcularmos a kurtose utilizamos a Equação 2.9.

$$kt = \frac{\left(\sum_{i=1}^{n} (x_i - \overline{X})^4 / n \right)}{(\sigma^2)^2} - 3 \qquad (2.9)$$

Quando $kt < 0$, a curva da distribuição tem forma *mais achatada*, quando $kt > 0$, ela tem forma *mais pontiaguda* ou protuberante, como um pico (Figura 2.4b). Mas se $kt = 0$, a distribuição assume forma semelhante à de um sino perfeito, característico da distribuição normal (Figura 2.4a). A kurtose calculada para a variável *PPC*, pela Equação 2.9, resulta em $kt = 3,422$, indicando alta frequência de ocorrências de valores em uma determinada classe da variável.

Relações entre distribuições de frequência

Padronização de variáveis (Z)

Quando comparamos duas ou mais distribuições de frequência de variáveis diferentes, ou quando queremos determinar a posição relativa entre duas unidades amostrais em uma mesma distribuição, não é adequado utilizarmos os valores originais destas distribuições. Como dados de distribuições diferentes podem ter também unidades de medida diferentes, esta situação limitaria a comparação entre variáveis distintas. Por exemplo, os valores da variável PPC (*106,1; 89,5; 42,1; 38,7 e 23,4*), ao serem organizados em forma hierárquica, seriam ordenados, respectivamente, segundo a sequência *1, 2, 3, 4 e 5*, mesmo havendo distâncias significativas entre seus valores absolutos. Este problema acontece, por exemplo, quando queremos comparar *duas ou mais unidades geográficas segundo uma mesma distribuição (I); ou duas ou mais distribuições em uma mesma unidade geográfica (II)*.

No caso I, considerando-se apenas a distribuição da variável *PPC*, podemos comparar o município de Sumaré (*PPC* = 20,8), ao de Vinhedo (*PPC* = 42,1). Para o caso II, comparamos os valores de duas distribuições, *PIB per capita* (*PPC* = 20,8) e *número de habitantes por veículo* (*HV* = 3,25) para uma mesma localidade (Sumaré) (Tabela 2.5). Para removermos a interferência das escalas e das unidades de medida, devemos padronizar as variáveis ajustando-se os valores das suas séries às respectivas médias e aos desvios padrão das distribuições.

Tabela 2.5 – Número de habitantes por veículo (HV), em 2005, por município da região metropolitana de Campinas.

Município	HV
Americana	2,10
Artur Nogueira	2,62
Campinas	2,12
Cosmópolis	2,67
Engenheiro Coelho	3,38
Holambra	1,97
Hortolândia	4,80
Indaiatuba	2,32
Jaguariúna	1,77
Itatiba	2,45
Monte Mor	4,15
Nova Odessa	2,22
Paulínia	1,85
Pedreira	2,27
Santa Bárbara d'Oeste	2,48
Santo Antônio de Posse	3,29
Sumaré	3,25
Valinhos	1,86
Vinhedo	1,92
	$\overline{X}$ = **2,604**
	σ = **0,825**

Fonte: Seade (2008).

A padronização de um valor x_i da série de dados geográficos é feita por meio da transformação deste x_i em *um escore* z_i, utilizando-se a Equação 2.10:

$$z_i = \frac{x_i - \overline{X}}{\sigma} \qquad (2.10)$$

INICIAÇÃO À ANÁLISE GEOESPACIAL **85**

Aplicando-se a relação acima, ao caso de Sumaré, teremos:

- *para a variável PPC:* $z_i = (20,8 - 27,1)/25,8$, *ou* $z_i = -0,243$
- *para a variável HV:* $z_i = (3,25 - 2,6)/0,82$, *ou* $z_i = 0,792$.

O escore z_i pode variar de $-3,0$ a $3,0$. Valores negativos de z_i indicam que o valor da variável na unidade geográfica x_i está abaixo da média regional; valores positivos revelam o contrário, que x_i se posiciona acima da média regional. Quando $z_i = 0$, x_i é exatamente igual à média regional. Charre (1995) comenta que quando muitas variáveis são comparadas entre si, a variável padronizada z_i é mais eficiente para se posicionar quantitativamente uma unidade geográfica em relação ao contexto regional. Desta forma, os resultados de z_i obtidos para Sumaré indicam que o município é relativamente mais pobre que a média regional ($z_{PPC} < 0$) e tem maior número de pessoas que não possuem veículo ($z_{HV} > 0$). A Tabela 2.6 mostra os valores de z_i calculados para as variáveis *PPC* (z_{PPC}) e *HV* (z_{HV}) para os municípios da região metropolitana de Campinas.

Tabela 2.6 – Valores da variável padronizada Z para o PIB *per capita* (z_{PPC}) e o número de habitantes por veículo (z_{HV}), segundo município da RMC, em 2005.

Município	PPC	HV	z_{PPC}	z_{HV}
Americana	21,5	2,10	**-0,21**	**-0,61**
Artur Nogueira	7,1	2,62	**-0,77**	**0,02**
Campinas	19,7	2,12	**-0,28**	**-0,58**
Cosmópolis	10,9	2,67	**-0,62**	**0,08**
Eng. Coelho	9,4	3,38	**-0,68**	**0,95**
Holambra	38,7	1,97	**0,45**	**-0,76**
Hortolândia	14,6	4,80	**-0,48**	**2,68**
Indaiatuba	19,4	2,32	**-0,29**	**-0,34**
Itatiba	20,9	2,45	**-0,24**	**-0,18**
Jaguariúna	89,5	1,77	**2,41**	**-1,01**
Monte Mor	17,1	4,15	**-0,38**	**1,89**
Nova Odessa	17,7	2,22	**-0,36**	**-0,46**
Paulínia	106,1	1,85	**3,06**	**-0,91**
Pedreira	10,3	2,27	**-0,65**	**-0,40**
Sta. B. d'Oeste	13,5	2,48	**-0,52**	**-0,14**
Sto. A. de Posse	13,2	3,29	**-0,53**	**0,84**
Sumaré	20,8	3,25	**-0,24**	**0,79**
Valinhos	23,4	1,86	**-0,14**	**-0,90**
Vinhedo	42,1	1,92	**0,58**	**-0,82**

86 MARCOS CÉSAR FERREIRA

Comparação entre diferentes conjuntos de unidades geográficas a partir de medidas de tendência central e de dispersão

Os parâmetros descritivos até aqui apresentados são, de certa forma, até muito simples, em face da complexidade dos demais temas de interesse da estatística. Todavia, são ferramentas muito úteis quando as utilizamos em uma abordagem geográfica da diferenciação e integração areal. Como exemplo de aplicação desta categoria de abordagem, selecionamos duas regiões do estado de São Paulo: a RMC, com dezenove municípios, e a mesorregião litoral sul paulista, com dezessete municípios.

Na Tabela 2.7 estão dispostos os valores da variável PIB *per capita* em 2005 para a mesorregião do litoral sul (MRL); e na Tabela 2.1, para a RMC. Em cada um desses conjuntos de unidades geográficas, analisaremos, à luz das medidas de tendência central e de dispersão, como se comporta em diferentes regiões a distribuição de frequência de uma mesma variável. Ressaltamos que qualquer divisão regional é passível de discussão metodológica e depende de inúmeros fatores – que aqui não serão tratados – tais como:

- *variáveis utilizadas para o agrupamento das unidades espaciais;*
- *técnica de regionalização adotada;*
- *método geográfico de abordagem regional;*
- *quadro físico-geográfico;*
- *recorte histórico, entre outros.*

Os dois conjuntos de unidades geográficas (MRL e RMC) foram escolhidos ao acaso, com o objetivo de utilizá-los como populações amostrais de dados geográficos e apresentar um exemplo de aplicação dos conceitos básicos de análise de distribuições. Para analisarmos comparativamente o comportamento da distribuição da variável *PPC* nas duas populações regionais, devemos agrupar os dados originais das distribuições, em classes.

Para a classificação dos dados em intervalos, utilizamos a Equação 2.1; os dados correspondentes aos valores de k, do limite superior e inferior das classes, e os dados sobre a quantidade de municípios inseridos em cada classe, para as duas regiões, são apresentados na Tabela 2.8. Como ambas as regiões possuem quantidades de municípios muito próximas, ao substituirmos os respectivos valores de n na Equação 2.1, as quantidades de classes resultantes (k) serão também muito próximas ($k = 5,21$ para a RMC, e $k = 5,06$ para a MRL). Para efeitos práticos, em ambos os casos aproxima-

INICIAÇÃO À ANÁLISE GEOESPACIAL **87**

mos o valor de k para 5. As Figuras 2.6a e 2.6b mostram, respectivamente, os histogramas de frequência relativa da variável PPC na RMC e na MRL. Na Tabela 2.9, encontram-se disponíveis os valores das medidas de tendência central e de dispersão para a variável PPC nas duas regiões exemplificadas. Os dados da Tabela 2.9 se constituem em um resumo estatístico descritivo que nos permite confrontar as particularidades de cada região com relação à distribuição de frequência do PIB *per capita*.

Tabela 2.7 – Valores do PIB *per capita* (PPC) para os municípios da mesorregião do litoral sul paulista (MRL), em 2005.

Município	PPC (mil reais)
Barra do Turvo	3,3
Cajati	9,4
Cananeia	5,1
Eldorado	5,2
Iguape	6,5
Ilha Comprida	7,4
Itanhaém	6,3
Itariri	4,4
Jacupiranga	5,8
Juquiá	4,4
Miracatu	4,7
Mongaguá	6,1
Pariquera-Açu	5,3
Pedro de Toledo	4,8
Peruíbe	6,4
Registro	6,8
Sete Barras	5,2

Fonte: Seade (2008).

Primeiramente, tomemos como referência as medidas de tendência central. Pela *média,* podemos constatar que a RMC, com $\overline{X} = 27,1$ *mil*, é a que possui renda mais elevada – aproximadamente cinco vezes superior à média da MRL ($\overline{X} = 5,7$ *mil*). A *moda* nos revela que o PIB *per capita* mais esperado na RMC está em torno de *R$ 16,5 mil*, enquanto na MRL é apenas próximo de *R$ 5,2 mil*. É digno destacarmos ainda na MRL a proximidade entre os valores da moda, média e mediana, fato que indica maior simetria na distribuição, sugerindo que esta região, quando comparada à RMC, é mais homogênea com relação à distribuição do PIB *per capita*.

88 MARCOS CÉSAR FERREIRA

Tabela 2.8 – Intervalos, limites de classe e frequência absoluta e relativa de municípios por classe, para a variável PPC, na região metropolitana de Campinas (RMC) e na mesorregião litoral sul paulista (MRL).

Região	Classe	x_{min}	$x_{máx}$	f_{ab}	f_r
RMC	I	7,0	26,8	15	78,95
	II	27,9	46,7	2	10,52
	III	47,8	67,6	0	0,0
	IV	67,7	87,5	0	0,0
	V	87,6	107,4	2	10,52
MRL	I	3,3	4,5	3	17,64
	II	4,6	5,8	7	41,17
	III	5,9	7,1	5	23,80
	IV	7,2	8,4	1	5,88
	V	8,4	9,6	1	5,88

Tabela 2.9 – Valores das medidas de tendência central e de dispersão referentes à distribuição de frequência da variável PPC na região metropolitana de Campinas (RMC) e mesorregião do litoral sul paulista (MRL).

	Medidas de tendência central			Medidas de dispersão			
	$\overline{X}$	Mo	Md	σ	CV	S	Kt
RMC	27,1	16,5	18,5	25,8	0,95	0,88	3,42
MRL	5,7	5,20	5,3	1,40	0,24	0,87	0,63

As medidas de dispersão nos dão conta das grandes diferenças entre os graus de homogeneidade das regiões. Por exemplo, com relação ao desvio padrão, observamos que enquanto na RMC esta medida indica um valor de *R$ 25,8 mil*, na MRL o desvio é de apenas *R$ 1,40 mil*. Se na RMC há elevada diversidade intermunicipal no PIB *per capita*, na MRL há, relativamente, menor diferenciação entre os municípios segundo esta variável. Tal situação é confirmada quando comparamos os coeficientes de variação, que na RMC é de *95%* e, na MRL é bem menor, *24%*. Em síntese, estas medidas estatísticas confirmam que a mesorregião do litoral sul paulista é mais pobre e homogênea, já que o PPC médio é baixo ($\overline{X}$ *=5,71*) e, ao mesmo tempo, há pequena variabilidade nos valores da renda; na MRL, a maioria dos municípios tem PPC baixos e próximos à média (σ*=1,4 mil* e *CV=0,24*).

Se, com relação à assimetria da distribuição, as duas regiões apresentam assimetrias positivas e muito semelhantes (*S = 0,88* e *S = 0,87*), não é o que ocorre com a medida de *kurtose*. Neste aspecto, a RMC possui histograma mais protuberante e concentrado (menos achatado), indicando uma concentração polarizada em determinados valores ($kt=3,42$); a MRL se diferencia claramente da RMC, pois mostra distribuição com maior achatamento do histograma de frequência ($kt=0,63$), o que indica distribuição *mais equitativa e equilibrada* dos dados, com *menor polarização* municipal em determinados intervalos de classe de PPC.

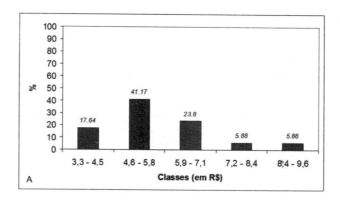

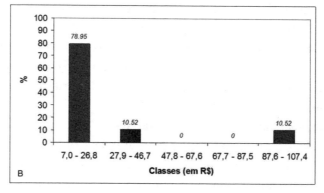

Figura 2.6 – Histogramas de frequência relativa da variável PPC na mesorregião do litoral sul paulista (A) e na região metropolitana de Campinas (B).

Comparação entre diferentes variáveis para um mesmo conjunto de unidades geográficas, a partir de medidas de tendência central e de dispersão

A segunda abordagem de interpretação geográfica das medidas de tendência central e de dispersão é a avaliação de *diferentes distribuições* de variáveis em um *mesmo conjunto* de unidades geográficas. Neste caso, pode-se

90 MARCOS CÉSAR FERREIRA

escolher uma região ou qualquer outra população amostral geograficamente estruturada, tais como bairros, bacias hidrográficas, quadras de um bairro, entre outros. A Tabela 2.10 apresenta dados sobre duas variáveis medidas na mesorregião do litoral sul paulista: *taxa de médicos por 10 mil habitantes* (T_{md}) e *porcentual de população urbana* (P_u). Seguindo-se os mesmos procedimentos adotados na seção anterior, quando construímos histogramas de frequência relativa para a variável PPC para duas regiões, elaboramos agora dois histogramas – um para a variável T_{md} e outra para a variável P_u. Em seguida, para estes dados, aplicamos os mesmos procedimentos para o cálculo das medidas de tendência central e de dispersão (Tabela 2.11).

Analisando-se conjuntamente as informações dos histogramas das Figuras 2.7a e 2.7b, e da Tabela 2.11, notamos que em uma mesma população de unidades geográficas duas distribuições de variáveis podem apresentar comportamentos bem distintos. Tomando-se como referencial as medidas de dispersão da variável T_{md}, observa-se que esta distribuição é positivamente assimétrica ($S = 0,52$), indicando que o pico do histograma está localizado abaixo da mediana – ou, ainda que a maioria dos municípios tem baixo número de médicos em relação à população total. Como o desvio padrão para esta distribuição é alto ($\sigma = 12,77$), isso nos faz crer que ocorram também, na mesma região, municípios onde esta taxa é relativamente alta. Esta particularidade é expressa pelo coeficiente de variação, que atinge valores próximos a 100% ($CV = 0,99$ ou 99%).

A maior polarização geográfica da variável T_{md} é confirmada pelo valor da kurtose ($kt = 1,36$), associado a histogramas com maior concentração de valores em classes situadas abaixo da mediana ($S>0$) (Figura 2.7a). No entanto, quando analisamos a distribuição da variável P_u, encontramos situação oposta; chama-nos a atenção a kurtose negativa ($kt = -1,36$), indicador de menor polarização geográfica da variável. Em aproximadamente 41% dos municípios ($11,76+11,76+17,64$), a população urbana é inferior a 70% (Figura 2.7b). É digno se destacar ainda o baixo valor do coeficiente de variação ($CV = 0,28$ ou 28%), o que denota maior homogeneidade regional na distribuição espacial da proporção de população urbana nos municípios, se comparada à distribuição espacial da taxa de médicos por habitante. Ainda no que toca à dispersão regional, é notável, inclusive, o valor da assimetria ($S = -0,82$), que aponta para o predomínio de municípios com porcentual de população urbana acima da mediana regional.

INICIAÇÃO À ANÁLISE GEOESPACIAL **91**

Como pudemos observar, interessa mais à análise geoespacial as medidas de dispersão, e não propriamente as medidas de tendência central; isso porque a diferenciação areal e a estrutura espacial, sintetizadas pelas medidas de dispersão, são propriedades instigantes e motivadoras de investigações geográficas. É fato também que as medidas de tendência central nos auxiliam muito quando queremos comparar diferentes escalas geográficas com base nos valores de uma mesma variável. Por exemplo, qual o significado, em relação à média do estado de São Paulo, do valor 12,95 médicos por 10 mil habitantes ou de uma proporção média de população urbana da ordem de 75%?

Tabela 2.10 – Valores da taxa de médicos (T_{md}) por 10 mil habitantes e do percentual de população urbana (P_u) em municípios da mesorregião do litoral sul paulista, em 2005.

Município	T_{md}	P_u (%)
Barra do Turvo	2,21	56,43
Cajati	1,51	24,21
Cananeia	5,46	13,95
Eldorado	3,38	47,30
Iguape	7,61	18,58
Ilha Comprida	5,48	0,00
Itanhaém	29,17	1,02
Itariri	21,81	45,00
Jacupiranga	4,80	37,69
Juquiá	2,01	34,38
Miracatu	3,35	45,0
Mongaguá	16,57	37,0
Pariquera-Açu	6,93	2,76
Pedro de Toledo	0,68	28,82
Peruíbe	6,05	17,90
Registro	21,05	18,08
Sete Barras	4,55	65,95

Fonte: Seade (2008).

Tabela 2.11 – Valores das medidas de tendência central e de dispersão para as variáveis T_{md} e P_u na mesorregião do litoral sul paulista, em 2005.

	Medidas de tendência central			Medidas de dispersão			
Variável	$\overline{X}$	Mo	Md	σ	CV	S	kt
T_{md}	12,95	2,85	10,73	12,77	0,99	0,52	1,36
P_u	75,74	86,82	81,42	20,87	0,28	−0,82	−1,10

As respostas para essas indagações exigem o confronto dos valores dessas médias a contextos espaciais de magnitude escalar mais ampla, por exemplo, à unidade da federação à qual pertence a região analisada. Desta forma, comparando-se as médias regionais citadas na Tabela 2.11 (*12,95 e 75%*) às respectivas médias para o estado de São Paulo, constata-se que a taxa de médicos média do estado paulista é de *21,36* por 10 mil habitantes, enquanto a média estadual da proporção de população urbana é de *93,85%*.

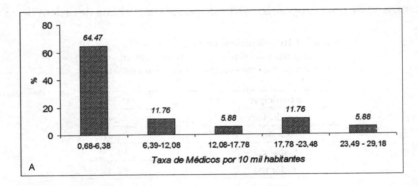

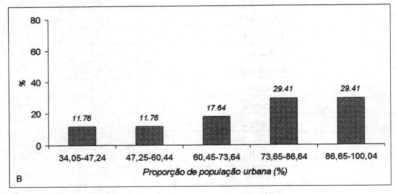

Figura 2.7 – Histograma de distribuição de frequência relativa, das variáveis taxa de médicos por 10 mil habitantes T_{md} (A) e proporção de população urbana P_u (B) na mesorregião do litoral sul paulista, em 2005.

Com base nesses indicadores de tendência central, fica claro que, em relação ao esperado para o estado, a mesorregião do litoral sul paulista é menos urbanizada (*75,74%* contra *93,85%* do estado) e possui menor acessibilidade ao atendimento médico ($\overline{X}$=*12,95 médicos por 10 mil*, diante $\overline{X}$=*21,36 médicos por 10 mil* do estado). Entretanto, não devemos nos esquecer de que, em razão do grau de diferenciação espacial inerente às populações geográficas, sempre haverá ao menos uma unidade espacial local onde os valores das duas variáveis citadas superarão a média esperada para um universo escalar mais amplo.

Coeficientes de correlação

É possível que em determinadas fases da pesquisa geográfica queiramos saber se duas ou mais variáveis medidas em uma mesma população têm alguma relação ou associação entre si. A identificação do grau de dependência entre duas variáveis pode ser de grande auxílio à formulação de hipóteses sobre a dependência espacial entre fenômenos geográficos ou até sobre relações causa-efeito entre fenômenos naturais. Algumas relações entre variáveis geográficas já são clássicas e de conhecimento geral em geografia, como, entre outras:

- *temperatura do ar* e *altitude*;
- *valor venal de um terreno* e *distância a vias de circulação com grande fluxo de veículos*;
- *área da bacia hidrográfica* e *vazão do rio principal*; e
- *grau de mecanização agrícola* e *inclinação do terreno*.

O grau de relação entre duas variáveis pode ser estimado a partir de coeficientes numéricos que nos indicam *se há relação entre ambas* e qual *a intensidade e a significância desta relação*. Em geografia são utilizados quatro indicadores para a avaliação do grau de associação entre duas variáveis:

- *coeficiente de correlação de Pearson* (r_p);
- *coeficiente de correlação de Spearman* (r_s);
- *Qui-quadrado* (X^2); e
- *Teste de Kolmogorov-Smirnov*.

a) Coeficiente de correlação linear de Pearson (r)

O uso do coeficiente de correlação linear de Pearson (r) é adequado quando queremos avaliar a dependência entre variáveis contínuas, isto é, variáveis cujos valores são expressos em números reais. São exemplos de variáveis contínuas: índice de inflação (4,5%), taxa de urbanização (93,85%), taxa de desemprego (9,8%), PIB *per capita* (R$ 17,7 mil), entre outras.

O princípio do cálculo do coeficiente de correlação de Pearson baseia-se na regressão linear entre uma série de dados X e outra série de dados Y, formalmente representadas como $X = (x_1, x_2, x_3....x_n)$ e $Y = (y_1, y_2, y_3....y_n)$. Os pares (x_n, y_n) são pontos localizados em um *gráfico de dispersão* (ou plano de espalhamento) entre X e Y. A partir da disposição de todos os pares (x_n, y_n) no plano, uma reta é ajustada por meio de interpolação, realizada com base na nuvem formada por todos pontos (x_n, y_n). A equação desta reta estabelecerá a relação matemática entre as variáveis X e Y, por meio de uma função linear de primeiro grau $Y = f(X)$. Na função $Y = f(X)$, dizemos que Y é a *variável dependente* (os seus valores resultam da variação nos valores de X) e X é a *variável independente*. A equação da reta que define a função $Y = f(X)$, tem a seguinte forma:

$$Y = a X + b + e$$

O coeficiente *b* é o ponto onde a reta *toca o eixo Y*, e o coeficiente *a* é o *ângulo de inclinação* da reta. Considerando-se uma unidade geográfica *i*, podemos reescrever a equação acima relacionando os valores de Y_i e X_i como segue:

$$Y_i = a X_i + b + \varepsilon_i \qquad (2.10)$$

onde ε_i é o erro referente à unidade *i*. Considere as variáveis PIB *per capita* (PPC) e número de veículos por 100 habitantes (V_h). Supondo que a variável V_h seja função de PPC (mas não exclusivamente), na Equação 2.10 podemos então substituir Y por V_h e X por *PPC*. Dessa forma, estabelecemos que:

$$V_h = a (PPC) + b \qquad (2.11)$$

onde *a* e *b* são constantes, representando, respectivamente, o ângulo da reta com o eixo X e o ponto onde a reta toca o eixo Y. Este será o modelo de dependência linear entre as variáveis citadas.

A primeira etapa da análise de regressão linear é a disposição dos pares (x_n, y_n) em um diagrama de dispersão. No diagrama da Figura 2.8 estão representados, no eixo X, os valores de *PPC* e, no eixo Y, os valores de V_h. Cada município *i* da RMC é um ponto do diagrama, posicionado segundo os valores de cada par $(V_{h(i)}, PPC_{(i)})$. Por exemplo, o município de Americana está posicionado em $(53,8;21,5)$ e Artur Nogueira em $(44,2;7,1)$. A distribuição dos pontos no diagrama da Figura 2.8 nos permite visualizar um arranjo bidimensional no posicionamento dos municípios com relação aos eixos das duas variáveis.

Na posição superior direita do diagrama estão localizados municípios com altos valores de renda *per capita* e com altos índices de veículos por habitante, como Jaguariúna e Paulínia. Na porção diagonalmente oposta do diagrama (inferior-esquerda) estão municípios com baixos valores de renda *per capita* e de número de veículos em relação à população. Neste grupo aparecem *Hortolândia, Monte Mor, Engenheiro Coelho, Santo Antônio de Posse* e *Sumaré*. A disposição dos pontos no diagrama e sua relação com os valores das variáveis nos permitem supor que as duas variáveis são *positivamente relacionadas*. Dizemos que há uma relação positiva quando qualquer incremento de valor na variável X resulta em um incremento no valor da variável do eixo Y.

Entretanto, esta conclusão, embora amparada pela análise visual do diagrama, é subjetiva. Necessitamos de uma figura geométrica e de um parâmetro quantitativo que nos deem, com maior precisão, informações sobre o grau de dependência entre estas variáveis. O instrumento geométrico é a *reta de regressão* e o parâmetro quantitativo é o *coeficiente de regressão* (r). A reta traçada na Figura 2.8 está localizada no gráfico de tal forma a se ajustar geometricamente a todas as posições dos pontos; poucos são os pontos coincidentes à reta, pois a maioria está localizada a uma determinada *distância* dela. A esta distância denominamos *desvio* (D). Por exemplo, apenas Jaguariúna (JAG), Cosmópolis (COS) e Itatiba (ITA) se posicionam o mais próximo possível da reta sugerida.

Hortolândia e Valinhos estão a uma distância máxima da referida reta. Estes desvios podem ser calculados tanto no sentido *horizontal* (medidos pelo afastamento do ponto à reta segundo a variável PPC) como no *vertical* (medidos pelo afastamento segundo a variável VH). Se um determinado ponto estiver abaixo da reta, terá *desvio negativo*; se estiver acima da reta, terá *desvio positivo*. Em termos geográficos, podemos entender a medida do desvio de uma dada unidade espacial também como um indicador de *singularidade* desta unidade em relação ao que se espera do conjunto regional dos dados. Esta particularidade do desvio é base para a compreensão do conceito de *resíduo* – um parâmetro de extrema importância na análise geoespacial. O resíduo é útil como indicador de identidade de um ou mais lugares que não se ajustam ao modelo regional proposto pela reta de regressão. Se para a estatística o resíduo é um ruído, para a análise geoespacial, ele é informação. Vejamos, como exemplo, o cálculo do desvio D_i para Hortolândia, segundo a variável V_h:

$$V_{h(i)} = 24,6$$
$$V_{h\text{-}reta} = 43,0$$
$$D_i = 24,6\text{-}43,0 \text{ ou}$$
$$d_i = -18,4$$

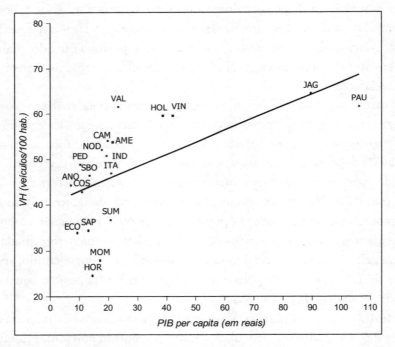

Figura 2.8 – Diagrama de dispersão dos valores das variáveis PIB *per capita* e número de veículos por 100 habitantes (VH) para municípios da região metropolitana de Campinas, em 2005, e traçado da reta de regressão.

Siglas: AME – Americana; ANO – Artur Nogueira; CAM – Campinas; COS – Cosmópolis; ECO – Engenheiro Coelho; HOL – Holambra; HOR – Hortolândia; IND – Indaiatuba; ITA – Itapira; JAG – Jaguariúna; MOM – Monte Mor; NOD – Nova Odessa; PAU – Paulínia; PED – Pedreira; SBO – Santa Bárbara d'Oeste; SAP – Santo Antônio de Posse; SUM – Sumaré; VAL – Valinhos; VIN – Vinhedo.

O termo i se refere a uma determinada unidade geográfica; $V_{h(i)}$ é o número de veículos por 100 habitantes e $V_{h\text{-}reta}$ é o valor da variável V_h na reta de regressão. $V_{h\text{-}reta}$ é definido pela interseção entre uma linha traçada paralelamente ao eixo Y desde o ponto de Hortolândia até a reta de regressão. Se repetirmos este procedimento para as demais 18 unidades espaciais da RMC, elevarmos à segunda potência cada d calculado (para que os desvios se tornem sempre positivos), e somarmos todos os valores de d^2, teremos como resultado o *erro médio da regressão*. Esta técnica é conhecida como critério dos *mínimos quadrados*. Quanto maior for d, maior será o erro da regressão, ou seja, a reta de regressão estará menos ajustada em relação à disposição de todos os pontos. A equação da reta ajustada aos pontos da Figura 2.8 é a seguinte:

$$Y = 40,28 + 0,26\ X$$

ou

$$V_h = 40,28 + 0,26\ PPC$$

Ao aplicarmos a equação acima a um município em particular (Campinas, com $PPC = 19,7$), obteremos o valor de V_h estimado $(V_{h\text{-}e})$ de:

$$V_{h\text{-}e} = 40,28 + 0,26\ (19,7)$$
$$V_{h\text{-}e} = 40,28 + 5,12$$

ou

$$V_{h\text{-}e} = 45,4$$

Note que o valor de $V_{h\text{-}e}$ calculado para Campinas $(45,4)$ é diferente do valor observado $(54,1)$. Esta diferença é denominada de *resíduo* ε_i. O resíduo ε_i do valor estimado $(V_{h\text{-}e})$ para Campinas é calculado a partir da subtração entre o valor observado e o valor estimado pelo cálculo acima (ver Equação 2.12).

$$\varepsilon_i = V_{h(i)} - V_{h\text{-}e} \qquad\qquad (2.12)$$

Substituindo-se os valores para o caso de Campinas, teremos:

$$\varepsilon_i = 54,1 - 45,4$$

ou

$$\varepsilon_i = 8,7$$

Os dados da Tabela 2.12 mostram os valores dos resíduos para cada município da RMC calculados a partir da Equação 2.12.

Tabela 2.12 – Resíduos entre os valores observados (V_h) e os estimados (V_{h-e}) por regressão da variável número de veículos por 100 habitantes em municípios da RMC.

Município	V_h	V_{h-e}	ε_i
Nova Odessa	64,5	44,9	19,6
Sta. Bárb. d'Oeste	61,7	43,8	17,9
Itatiba	61,7	45,7	16,0
Holambra	59,5	50,3	9,2
Pedreira	52,1	43,0	9,1
Campinas	54,1	45,4	8,7
Americana	53,8	45,9	7,9
Indaiatuba	50,8	45,3	5,5
Sto. Ant. de Posse	48,8	43,7	5,1
Artur Nogueira	44,2	42,1	2,1
Monte Mor	46,1	44,7	1,4
Sumaré	46,3	45,7	0,6
Cosmópolis	427	43,1	-0,4
Engenheiro Coelho	33,9	42,7	-8,8
Valinhos	34,5	46,4	-11,9
Vinhedo	36,6	51,2	-14,6
Jaguariúna	47,6	63,6	-16,0
Hortolândia	24,6	44,1	-19,5
Paulínia	27,9	67,9	-40,0

O coeficiente de regressão linear de Pearson (r_p) é calculado por meio da Equação 2.13:

$$r_p = \frac{\sum_{j=1}^{m} \sum_{i=1}^{n}(x_i - \overline{X}_i)(y_i - \overline{X}_j)}{\sum_{i=1}^{n} \sqrt{(x_i - \overline{X}_i)^2} \sqrt{(y_i - \overline{X}_j)^2}} \qquad (2.13)$$

onde:

x_i é o valor de *PPC* no município i;

y_i é o valor de V_h no município i;

$\overline{X}_i$ e $\overline{X}_j$ são, respectivamente, a média dos valores de PPC e de V_h.

Aplicando-se a Equação 2.13 aos dados da Tabela 2.6, determinamos o valor do coeficiente de regressão: $r_p = 0,602$ – aproximadamente $0,6$. Mas qual é o significado deste número? Há uma relação entre o valor de r_s e o ângulo formado entre a reta de regressão e o eixo da variável X (Figura 2.8). Este ângulo nos dirá se a dependência entre as variáveis é alta ou baixa, e se ela é diretamente ou inversamente proporcional. Quando $r_s = -1,0$ dizemos que há correlação negativa perfeita entre duas variáveis; neste caso, à medida que aumenta o valor de X, o valor de Y decresce na mesma proporção. Quando $r_s = 1,0$ há uma correlação positiva perfeita entre as variáveis.

Para simplificarmos o significado de r_s, podemos agrupar seus valores em sete categorias:

Intervalos de r_s	Magnitude da correlação
$0,1 < r_s < 0,4$	fracamente positiva
$0,4 < r_s < 0,8$	moderadamente positiva
$0,8 < r_s < 1,0$	altamente positiva
$-0,2 < r_s < -0,4$	fracamente negativa
$-0,4 < r_s < -0,8$	moderadamente negativa
$-0,8 < r_s < -1,0$	altamente negativa
$r_s = 0$	não há correlação

É importante destacarmos algumas propriedades do coeficiente r_s regressão linear, apresentadas por Clark e Rosking (1986), expostas a seguir. Tais propriedades em muito contribuem para a interpretação crítica do significado deste coeficiente, quando utilizado para avaliação da dependência entre variáveis geográficas:

- o quadrado do coeficiente de correlação (r^2), denominado coeficiente de determinação, indica a proporção da associação entre as variáveis, explicada pela linha de regressão. Normalmente, este coeficiente é expresso em unidades percentuais e o valor $1 - r^2$ mostra a proporção não explicada. No exemplo da regressão entre as variáveis V_h e PPC ($r_s = 0,602$), r^2 será de 0,362 ou 36,2%. Portanto, a associação entre as variáveis não explicadas pela reta é de $1 - 0,362 = 0,638$, ou 63,8%;
- antes de julgarmos se as variáveis são correlacionadas ou não, é necessário sabermos se r_s é significativamente diferente de zero (ou seja, significativamente diferente da não correlação). Esta significância é determinada por meio de testes estatísticos tais como, Teste t de Student, Teste F e Anova ("Analysis of Variance");
- a significância do valor de r_s depende do tamanho da amostra. Um coeficiente $r_s = 0,602$ pode não ser significante para uma amostra de 19 unidades, mas poderá ser para uma amostra de 190 unidades;
- como o coeficiente r_s é uma medida de dependência linear, o fato de r_s estar próximo de zero não significa que não haja correlação entre as variáveis; pode ser que o modelo linear não seja o mais adequado para

avaliarmos a dependência entre as variáveis geográficas, mas, sim, os modelos de regressão logarítmica ou exponencial.

A seguir, mostraremos como utilizar o teste t *de Student* para a avaliação do nível de significância do coeficiente de correlação entre as variáveis V_h e *PPC* para a região metropolitana de Campinas. Primeiramente, formulamos duas hipóteses sobre r_s (H_0 e H_1) (Gerardi; Silva, 1981):

- H_0: o valor do coeficiente de correlação ocorreu por acaso.
- H_1: o valor do coeficiente de correlação é maior do que se poderia esperar, caso acontecesse por acaso.

Para o teste dessas hipóteses, utilizamos a distribuição t de Student com *n-2 graus de liberdade*. Entende-se por graus de liberdade (*gl*) o número total de amostras utilizadas para a obtenção dos dados das variáveis da regressão – no exemplo da RMC, *gl* = 19 – 2. A Equação 2.14 estabelece as relações entre os parâmetros envolvidos no cálculo da função t:

$$t = \frac{r \sqrt{n-2}}{\sqrt{\left(1-r_s^2\right)}} \qquad (2.14)$$

onde n é o número de amostras. Substituindo-se os valores na equação, teremos:

$t = 0,602 \ (19 - 2)^{0,5} / (1 - 0,602^2)^{0,5}$
$t = 0,602 \ (17)^{0,5} / (0,637)^{0,5}$
$t = 0,602. \ 4,12 / 0,798$
$t = 3,10.$

Em seguida comparamos o valor t *calculado* aos valores críticos da distribuição t de *Student* para diversos graus de liberdade. Estes valores estão disponíveis na maioria dos livros básicos de estatística na forma de uma tabela padrão. O valor de t calculado deve ser confrontado aos valores desta tabela padrão (Tabela 2.13). Procuramos na tabela um valor menor ou igual ao t calculado e observamos em seguida o valor do nível de significância correspondente a este valor tabulado. Para consultarmos a tabela, procedemos da seguinte maneira:

a) na coluna gl (graus de liberdade) localizamos o valor **gl = 17 (n-2 graus)**;
b) na linha correspondente ao **gl = 17** localizamos um valor de t imediatamente menor ou igual ao t calculado. Como o valor de t calcu-

lado é **3,10**, então o valor de t imediatamente menor ou igual a ele, ou seja, **2,898**;

c) identificado este valor na tabela, encontramos no cabeçalho da mesma coluna o valor correspondente ao nível de significância, ou seja: α = **0,005**;

d) subtraímos de 1 o nível de significância e encontramos o valor correspondente ao intervalo de confiança: 1–0,005 = 0,995 ou **99,5%**.

Pela Tabela 2.13 podemos rejeitar a hipótese H_0, aceitar a hipótese H_1 e afirmar que o valor obtido para coeficiente de correlação ($r_s = 0,602$) é significativo dentro de um intervalo de confiança de 99,5%.

Tabela 2.13 – Valores críticos de t da distribuição de Student, segundo respectivos graus de liberdade e níveis de significância.[1]

gl	Nível de significância							
	0,25	0,10	0,05	0,025	0,01	0,005	0,0025	0,001
1	1,000	3,078	6,314	12,71	31,82	63,66	127,3	318,3
2	0,816	1,886	2,920	4,303	6,965	9,925	14,09	22,33
3	0,765	1,638	2,353	3,182	4,541	5,841	7,453	10,21
4	0,741	1,533	2,132	2,776	3,747	4,604	5,598	7,173
5	0,727	1,476	2,015	2,571	3,365	4,032	4,773	5,894
6	0,718	1,440	1,943	2,447	3,143	3,707	4,317	5,208
7	0,711	1,415	1,895	2,365	2,998	3,499	4,029	4,785
8	0,706	1,397	1,860	2,306	2,896	3,355	3,833	4,501
9	0,703	1,383	1,833	2,262	2,821	3,250	3,690	4,297
10	0,700	1,372	1,812	2,228	2,764	3,169	3,581	4,144
11	0,697	1,363	1,796	2,201	2,718	3,106	3,497	4,025
12	0,695	1,356	1,782	2,179	2,681	3,055	3,428	3,930
13	0,694	1,350	1,771	2,160	2,650	3,012	3,372	3,852
14	0,692	1,345	1,761	2,145	2,624	2,977	3,326	3,787
15	0,691	1,341	1,753	2,131	2,602	2,947	3,286	3,733
16	0,690	1,337	1,746	2,120	2,583	2,921	3,252	3,686
17	0,689	1,333	1,740	2,110	2,567	**2,898**	3,222	3,646
18	0,688	1,330	1,734	2,101	2,552	2,878	3,197	3,610
19	0,688	1,328	1,729	2,093	2,539	2,861	3,174	3,579
20	0,687	1,325	1,725	2,086	2,528	2,845	3,153	3,552

Fonte: adaptado de Barbetta (2006).
[1] A base desta tabela foi adaptada para valores até o grau de liberdade 20, e para ser utilizada como exemplo didático no contexto da região metropolitana de Campinas (gl = 19). Para graus de liberdades superiores a 20, consultar tabelas completas em obras clássicas de estatística.

102 MARCOS CÉSAR FERREIRA

b) Coeficiente de correlação de Spearman (r_s)

Uma alternativa para estimarmos a relação entre duas variáveis geográficas é a utilização do *coeficiente de correlação de Spearman* (r_s) – medida baseada na ordenação (*ranking*) dos valores das duas variáveis. Diferente do coeficiente de correlação de Pearson, que mede a dependência entre duas variáveis contínuas a partir dos dados brutos, o coeficiente de Spearman o faz a partir da *ordem hierárquica dos valores* das variáveis. Por isso, também é conhecido como coeficiente de correlação ordinal. É uma medida de correlação mais simples de se calcular – embora seja menos precisa que a correlação de Pearson. Contudo, o coeficiente r_s permite estimar se duas variáveis estão *associadas*, sem necessariamente que uma delas seja estimada a partir da outra por meio de um modelo linear (reta de regressão). O princípio básico do cálculo de r_s é a organização dos valores das duas variáveis em *ordem crescente* ou *decrescente* substituindo-se cada valor original por um número inteiro que indique a posição hierárquica deste mesmo valor. A Tabela 2.14 contém dados sobre pesquisa realizada com transeuntes das ruas da cidade de São Paulo, e, posteriormente, totalizados por bairro (Gazeta Mercantil, 2003). Nesta mesma pesquisa foram coletados dados sobre duas variáveis: *porcentual de pedestres com nível superior de ensino* (%SUP) e o *porcentual de pedestres com renda mensal acima de R$ 9.000,00* (> 9.000). Utilizaremos estas duas variáveis para mostrar, na prática, o procedimento para o cálculo de r_s.

Para o cálculo do coeficiente de correlação de Spearman, primeiramente ordenamos os dados (*RK*) das variáveis %SUP e > 9.000. O resultado é apresentado na Tabela 2.14. A maior simplicidade do cálculo do coeficiente de Spearman está no fato de não ser necessário reconstruir a reta de regressão. O valor de r_s é calculado com facilidade pela Equação 2.15:

$$r_s = 1 - \frac{6\sum d^2}{\left(n(n-1)(n+1)\right)} \qquad (2.15)$$

onde n é o número de unidades de observação; d^2 é o quadrado da diferença entre *ranking* das duas variáveis em uma mesma unidade geográfica, e $\Sigma\, d^2$ é a soma destas diferenças. Por exemplo, a diferença entre *rankings* em Brasilândia é $(15-15)^2$, ou 0 (*zero*) e em Campo Limpo é de $(18-17)^2$ ou 1 (Tabela 2.14). Calculamos as diferenças para todos os bairros, e depois as somamos,

Tabela 2.14 – Valores do percentual de transeuntes com nível superior de educação (%SUP) e com renda média mensal acima de R$ 9.000,00 (> 9.000) e respectivos *ranking* (RK), em ruas de alguns bairros da cidade de São Paulo.

Bairro	%SUP	RK	>9.000	RK	d²
Brasilândia	8,03	15	0,49	15	0
Campo Limpo	5,52	18	0,43	17	1
Itaim Bibi	6,0	17	0,49	16	1
Itaquera	5,43	19	0,30	19	0
Jabaquara	11,1	10	1,16	9	1
Mooca	17,0	6	1,7	6	0
Morumbi	17,57	5	2,86	3	4
Penha	10,03	12	0,97	12	0
Perdizes	26,08	2	4,35	2	0
Pirituba	8,48	14	0,61	14	0
Rio Pequeno	9,73	13	1,40	8	25
Santa Cecília	21,03	3	2,36	4	1
Santana	14,71	7	1,65	7	0
Sapopemba	6,35	16	0,31	18	4
Sé	17,77	4	1,8	5	1
Vila Carrão	11,02	11	1,06	11	0
Vila Maria	11,14	9	1,16	10	1
Vila Mariana	26,11	1	4,56	1	0
Vila Prudente	12,63	8	0,97	13	25

Fonte: adaptado de Gazeta Mercantil (2003).

o que resultará em *64*. Substituindo-se os dados da Tabela 2.14 na Equação 2.15, obteremos o valor de r_s:

$$r_s = 1 - \frac{6.64}{19.18.20}$$

$$r_s = 1 - \frac{384}{6.840}$$

$$r_s = 1 - 0,0056$$

$$ou$$

$$r_s = 0,944$$

Este cálculo indica que há correlação positiva de $r_s = 0,944$ entre *renda mensal elevada* e *maior número de anos de escolaridade*. Mesmo que este fato não seja inédito, o trouxemos aqui com objetivos didáticos de aperfeiçoar a compreensão do conceito de correlação ordinal.

Em geografia, o coeficiente de Spearman é muitas vezes mais útil que o coeficiente de Pearson. Exceto em pesquisas climatológicas, em que se pode estimar a temperatura em função da altitude, ou em pesquisas hidrológicas, quando se estima a vazão fluvial a partir da precipitação, raramente é conveniente utilizarmos um modelo linear de regressão. O coeficiente de Spearman permite identificar em um conjunto de variáveis geográficas aquelas que estão *mais associadas entre si*. Um procedimento eficiente para avaliar o grau de associação entre um conjunto de variáveis medidas em unidades geográficas é a construção da *matriz de correlação*. Nesta representação, nas linhas e nas colunas, posicionamos os nomes das variáveis e, em cada elemento da matriz, posicionamos o valor do coeficiente de correlação referente à intersecção entre a *variável-linha* e a *variável-coluna*.

A Tabela 2.15 se constitui em um exemplo hipotético de matriz de coeficientes de correlação, em que são confrontadas sete variáveis geográficas quaisquer (*A...G*). A disposição dos coeficientes em forma de matriz facilita a leitura comparativa entre seus diversos valores, de tal forma que possibilite visualizarmos as correlações mais importantes e suas respectivas variáveis. No exemplo simulado na Tabela 2.15, as variáveis *C* e *B* são as *mais correlacionadas positivamente entre si*, e as variáveis *G* e *F* as *mais correlacionadas negativamente entre si*. Esta matriz de correlação é dividida em duas matrizes triangulares: uma situada acima e outra abaixo da diagonal. Os coeficientes de correlação devem ser dispostos apenas em uma das duas matrizes triangulares, já que são semelhantes. Por isso, em uma delas os elementos da matriz devem ser mantidos em branco. Por motivos óbvios, na diagonal da matriz de correlação os valores de r_s são iguais a 1. Uma alternativa eficiente para melhorar a leitura da matriz, quando a quantidade de variáveis é muito grande, é organizá-la de tal forma que as variáveis com maior correlação entre si posicionem-se à esquerda da matriz.

Tabela 2.15 – Exemplo de matriz de coeficientes de correlação de Spearman (r_s) entre sete variáveis hipotéticas (A-G).

	A	B	C	D	E	F	G
A	1,0						
B	0,67	1,0					
C	0,34	0,96	1,0				
D	–0,83	–0,05	0,08	1,0			
E	0,91	0,77	0,65	0,11	1,0		
F	–0,54	0,39	–0,71	0,03	0,84	1,0	
G	–0,01	–0,49	0,88	–0,69	0,72	–0,89	1,0

INICIAÇÃO À ANÁLISE GEOESPACIAL 105

Medidas de associação entre variáveis nominais e ordenadas

Quando temos a necessidade de conhecer a correlação entre *variáveis nominais* (medida em categorias identificadas por nomes ou qualidades), fica impraticável o uso dos coeficientes de correlação de Pearson e Spearman, já que estes se destinam a variáveis quantitativas. Como saber então qual o grau de correlação entre tipos de formações florestais e tipos de solo, ou, ainda, entre a inclinação do terreno (clinometria) e as categorias de uso e cobertura do solo? Para responder a estas perguntas, podemos utilizar um dos seguintes testes de dependência entre variáveis nominais: o *teste do qui-quadrado* – útil quando as duas variáveis são nominais – e o *teste de Kolmogorov-Smirnov*, adequado a situações em que uma variável é ordinal e a outra nominal (Taylor, 1977; Agresti, 1984).

a) Teste do qui-quadrado

Antes de passarmos à conceituação do teste do qui-quadrado, é necessário que conheçamos o significado de *matriz de contingência*. Na matriz de contingência, as categorias de uma variável nominal A posicionam-se nas linhas e as categorias de uma variável nominal B nas colunas (Everitt, 1977). Observe na Tabela 2.16 um exemplo de matriz de contingência entre categorias de uso e cobertura do solo (colunas), e categorias de um mapa pedológico com os tipos de solo da mesma área (linhas). Os valores totais posicionados na última linha correspondem à área total de cada categoria do mapa de uso e cobertura do solo; os valores posicionados verticalmente na última coluna à direita da tabela se referem à área total de cada categoria do mapa de solos. Em cada elemento desta matriz está registrado o total de área comum à categoria posicionada na linha e à categoria posicionada na coluna.

A área comum corresponde à quantidade de superfície onde coincidem, em um mesmo local, duas categorias de mapas distintos. Por exemplo, na matriz de contingência da Tabela 2.16, a intersecção da coluna 4 com a linha 5 (148 ha) informa que dos 159 ha de silvicultura existentes na região (coluna 4, linha 11), 148 ha ocorrem em solo do tipo *Ne* (neossolos). A interseção da coluna 5 com a linha 7 (23 ha) revela que dos 26.842 ha de pastagens, somente 23 ha coincidem com o solo do tipo *TE* (terra roxa estruturada). Na matriz da Tabela 2.16, encontramos os valores observados (v_o) calculados por meio da sobreposição do mapa do uso e cobertura do solo ao mapa

106 MARCOS CÉSAR FERREIRA

pedológico. Compare a matriz da Tabela 2.16 à matriz da Tabela 2.17, que registra os valores esperados (v_e), caso os dois mapas não fossem dependentes. Se os mapas fossem realmente independentes, a proporção entre as áreas totais da última coluna deveria ser idêntica à proporção das áreas de interseções entre todas as categorias dos dois mapas.

Tabela 2.16 – Matriz de contingência entre categorias de um mapa de uso e cobertura do solo e de um mapa pedológico (solos), relativos à área situada na Depressão Periférica Paulista – valores observados em km².

		Uso e Cobertura do Solo						
		Matas	Silvicultura	Pastagem	Cana--de--açúcar	Culturas anuais	Lagos	Área urbana	Área total (ha)
	LVe	248	0	181	418	7	446	0	1.300
	Hi	7	0	44	5	0	0	0	56
	LVa	59	4	399	394	0	0	0	855
SOLOS	Ne	2.419	148	10.020	5.915	80	1	1.957	20.541
	PVa	3.402	5	11.902	7.198	5	2	78	22.591
	TE	10	0	23	67	0	0	0	100
	Li	191	0	296	37	0	0	0	525
	Ca	3.653	2	2.472	1.134	4	2	13	7.281
	LR	516	0	1.505	1.201	2	55	1	3.280
	Área Total (ha)	10.506	159	26.842	16.370	97	506	2.050	56.529

Note que os totais das áreas de ambas as matrizes são os mesmos. A proporção da unidade pedológica *LVe* em relação a toda a área mapeada é $1.300/56.529 = 0,022997$ ou $2,29\%$. Se o tipo de solo não exercesse influência no uso e cobertura, seria de se esperar que o valor da interseção entre a linha 2 e a coluna 2 da Tabela 2.17 fosse igual a $0,022997 \times 10.506 = 241,60$ – ou, aproximadamente, *242 ha*. Isso significa que a área esperada para a associação entre *Matas e LVe* é de $v_e = 242\ km^2$ (Tabela 2.17).

Contudo, o valor observado empiricamente para esta associação foi $v_o = 248\ km^2$ (Tabela 2.16). Outro exemplo: a proporção da categoria *Litossolo* (*Li*) em relação ao total da região é $525/56.529 = 0,0092872$ ou $0,92\%$. Com base neste valor, estimamos a área esperada de mata em solo tipo *Li*, ou seja, $0,0092872 \times 10.506 = 97,57$, *ou* 98 km²; comparando-se as matrizes, constatamos que enquanto o valor esperado é de *98 ha,* o observado é de *191 ha.* Note também que sempre haverá uma diferença entre os valores

Tabela 2.17 – Matriz de contingência entre categorias de uso e cobertura do solo e unidades pedológicas para uma área situada na Depressão Periférica Paulista – valores esperados em km².

	Matas	Silvi-cultura	Pasta-gem	Cana--de--açúcar	Culturas anuais	Lagos	Área urbana	Área total (em ha)
LVe	242	4	617	376	2	12	47	**1.300**
Hi	10	0	27	16	0	1	2	**56**
LVa	158	2	403	246	1	8	31	**855**
TE	3.814	57	9.744	5.942	35	184	744	**20.541**
PVa	4.192	63	10.710	6.532	39	202	818	**22.591**
Ne	19	0	47	29	0	1	4	**100**
Li	98	1	249	152	1	5	19	**525**
Ca	1.345	20	3.436	2.095	12	65	262	**7.281**
LR	610	9	1.557	950	6	29	119	**3.280**
Área total (ha)	**10.506**	**158**	**26.842**	**16.370**	**97**	**506**	**2.050**	**56.529**

observados (v_o) e os valores esperados (v_e). O teste do *qui-quadrado* (X^2) (Equação 2.16) leva em conta esta diferença para a avaliação do grau de dependência entre duas variáveis nominais:

$$X^2 = \sum \frac{\left(v_o - v_e\right)^2}{v_e} \qquad (2.16)$$

O primeiro termo desta soma, o par *LVe – Mata*, é calculado como segue:

$$X^2 = (248 - 242)^2 / 240$$
$$X^2 = 36 / 240$$
$$X^2 = 0,15$$

Como segundo termo da soma, selecionamos o par *Li – Mata*:

$$X^2 = (191 - 98)^2 / 96$$
$$X^2 = 8649 / 98$$
$$X^2 = 88,26$$

Para os dois pares acima, a soma será $0,15 + 88,26$. Como as matrizes de valores observados e esperados têm 9 linhas x 7 colunas, a soma será desenvolvida para 9x7 = 63 pares $v_o - v_e$. Aplicando-se a Equação 2.16 a todos os pares, obteremos para a matriz de contingência solos-vegetação um valor

108 MARCOS CÉSAR FERREIRA

de $X^2 = 26.489$. Em seguida, comparamos este valor aos valores críticos tabulados para o teste do qui-quadrado, que estão disponíveis em tabelas de estatística. Para isso, consideramos $n - 1$ graus de liberdade (gl); como são 63 pares, $n = 63$ e $n - 1 = 62$; outro parâmetro a ser levado em conta para a consulta da tabela é o nível de significância (α), em geral, opta-se por $\alpha = 0,05$ (Taylor, 1977). A partir dos valores $gl = 62$ e $\alpha = 0,05$, consultamos a tabela em Fisher e Yates (1971) e identificamos o valor de $X^2_{crítico}$ situado na interseção entre os valores 62 e $0,05$. Encontramos assim $X^2_{crítico} = 85,96$.

Para que seja rejeitada a hipótese H_o (o mapa de uso e cobertura do solo e o mapa pedológico não apresentam dependência), o valor encontrado de $X^2 = 26.489$ deve ser maior que o sugerido pela tabela ($X^2_{crítico} = 85,96$). Como, em nosso exemplo, $X^2 > X^2_{crítico}$, rejeitamos a hipótese H_o e aceitamos a hipótese H_1: há relação de dependência entre o mapa de uso e cobertura do solo e o mapa pedológico.

b) Teste de Kolmogorov-Smirnov

Suponha que queiramos avaliar se a distribuição espacial de fragmentos florestais está associada à inclinação do terreno, considerando-se a mesma área-teste de onde provêm os dados da Tabela 2.17. Construímos então uma tabela de contingência, em que nas linhas estejam as classes de inclinação do terreno (em %) e, nas colunas, os valores observados e esperados para a proporção de matas (Tabela 2.18). Para o cálculo do percentual esperado, foi utilizado o mesmo procedimento descrito para o teste do qui-quadrado. O valor do teste de Kolmogorov-Smirnov é calculado com base na diferença máxima (D) entre a proporção observada v_o e a proporção estimada v_e (Taylor, 1977):

$$D = \max(v_o - v_e) \qquad (2.17)$$

No exemplo da Tabela 2.18, o maior valor calculado para D é $28,52$, observado na classe onde a inclinação do terreno é superior a 30%. Isso indica que a quantidade de fragmentos florestais existentes em locais com grande inclinação do terreno é muito superior à esperada, caso considerássemos a proporção observada em toda a área mapeada. Tal constatação pode ser explicada pela concordância entre limitações na mecanização agrícola neste tipo de terreno e as restrições impostas pela legislação ambiental. Estes dois fatores teriam contribuído para a preservação de alguns dos últimos fragmentos no estado de São Paulo. Consultando-se a tabela dos valores críticos para o teste Kolmogorov-Smirnov (Taylor, 1977, p.340), com $\alpha = 0,05$ e $gl = 5$, o valor crítico para D será de $0,565$. Como o D calculado $(28,52)$ é superior ao D-*crítico* tabulado $(0,565)$, rejeitamos a hipótese H_o, aceitamos a hipótese H_1 e afirmamos que a distribuição dos fragmentos florestais está relacionada à inclinação do terreno.

Tabela 2.18 – Porcentuais de áreas observada e esperada para os fragmentos de mata, segundo categorias de declividade do terreno (%) em uma área situada na Depressão Periférica Paulista.

Classes de declividade	% Matas (observado)	% Matas (esperado)	D
0 – 2,5 %	32,95	20,42	**12,53**
2,5 – 5,0 %	0,34	0,41	**–0,06**
5,0 – 10,0 %	2,94	4,26	**–1,32**
10,0 – 15,0 %	5,06	5,52	**–0,46**
15,0 – 30,0 %	23,90	11,87	**12,04**
> 30,0 %	34,80	6,28	**28,52**

Funções de probabilidade

Os histogramas de frequência da Figura 2.7 podem ser interpretados também sob a perspectiva de uma *Função de Probabilidade Normal*. Todos sabem que uma função consiste da relação entre duas ou mais variáveis definida por meio de uma equação do tipo $Y = f(x)$. No caso dos histogramas da Figura 2.7, a variável X é medida em intervalos de classe e a variável Y é a frequência de observações que ocorre em cada um dos intervalos de classe. Por exemplo, o histograma da Figura 2.7a informa que a *probabilidade* de o PIB *per capita* ser igual a R$ 16,9 mil – valor situado no ponto médio entre R$ 7 mil e R$ 26 mil – é de aproximadamente 78%. Tal como uma função $Y = f(X)$, a função de probabilidade tem como domínio (eixo X) os *valores da variável* e como imagem (eixo Y) a *probabilidade* da ocorrência de cada um desses valores. A variável X, denominada de *variável aleatória*, pode assumir inúmeros valores $x_1, x_2, x_3, \ldots x_n$. Formalmente, expressamos a variável aleatória da seguinte maneira: $X = (x_1, x_2, x_3, \ldots x_n)$. No caso da variável aleatória PPC, dizemos então que $PPC = (7,1;\ 9,4;\ 10,3;\ 13,2;\ldots 106,1)$.

As *variáveis aleatórias discretas* têm valores medidos em números inteiros ou em intervalos de classe. São exemplos: o número de casos de uma epidemia, a população residente em um bairro ou a quantidade de acidentes

110 MARCOS CÉSAR FERREIRA

ocorridos em uma rodovia. Já as *variáveis aleatórias contínuas* são aquelas com valores medidos por números reais. Citamos como exemplo as seguintes variáveis: densidade populacional, PIB *per capita* e temperatura média do ar, entre outras. Uma função de probabilidade associa um valor da variável aleatória X a uma probabilidade P de este valor ocorrer, sendo P um número real pertencente ao intervalo $[0, 1]$. Associando-se as definições de função $Y = f(X)$ e de variável aleatória $X=(x_1, x_2, x_3, \ldots x_n)$, podemos representar uma função de probabilidade da seguinte maneira:

$$Y = p(X = x_i) \qquad (2.18)$$

onde x_i é um valor qualquer assumido pela variável aleatória X. No caso da variável aleatória PPC na região metropolitana de Campinas, a probabilidade de a variável PPC ser igual a R$ 16,9 mil é de 78%, então escrevemos que:

$$0,78 = p(PPC=16,9)$$

Segundo Clark e Hosking (1986), dentre as funções de probabilidade mais utilizadas em geografia estão a função Normal – ou *distribuição Normal* – e a função de Poisson – ou *distribuição de Poisson*. A função de probabilidade Normal é mais adequada a variáveis aleatórias contínuas, a de Poisson a variáveis aleatórias discretas.

Função de probabilidade Normal

A função de probabilidade Normal é a mais conhecida e uma das mais utilizadas em estatística. Em geografia, suas aplicações encontram maiores restrições que a função de Poisson. É identificada também como função que descreve o padrão de erros de medida em torno de uma média (*função gaussiana*) (Figura 2.4a). O'Brien (1992) destaca as seguintes propriedades como as mais importantes da distribuição normal: *a simetria em torno da média, os valores idênticos (ou muito próximos) das medidas de tendência central (média, mediana, moda) e a curva com formato semelhante ao de um sino.*

Considere que em uma aula de cartografia um grupo de dez alunos realiza medidas de comprimento de um rio em uma carta topográfica 1:50.000, pelo antigo método manual do curvímetro. Por razões óbvias – seja devido à precisão do instrumento ou à destreza de cada aluno durante o ato da medida –, os resultados das medidas serão diferentes entre si. Entretanto, como a medida efetuada por um aluno não influencia a medida efetuado por outro –

INICIAÇÃO À ANÁLISE GEOESPACIAL **111**

isto é, *os eventos são independentes entre si* –, espera-se que as quantidades de valores de comprimento do rio, situadas acima e abaixo da média, sejam muito parecidas. Caso contrário, isto é, se a maioria das medidas resultasse em valores acima da média ou abaixo da média, algo *anormal* estaria acontecendo. Neste exercício hipotético de medidas cartográficas, os dez resultados obtidos foram os seguintes: 21,8 km; 20,3 km; 20,9 km; 19,6 km; 20,2 km; 19,7 km; 21,1 km; 19,0 km; 20,4 km e 20,5 km. Esta série de dados foi então classificada por meio da técnica de Sturges ($k = 5$ e $\Delta = 0,56$) e os resultados dispostos na Tabela 2.19.

Tabela 2.19 – Intervalos de classe e frequência absoluta de dez medidas de comprimento de rio, obtidas por meio de curvímetro em carta topográfica 1:50.000.

Intervalo de classe (km)	Frequência absoluta
19,0 – 19,5	1
19,5 – 20,1	2
20,1 – 20,6	4
20,6 – 21,2	2
21,2 – 21,8	1

Para a distribuição dos valores da Tabela 2.19, as medidas de tendência central são as seguintes: $\overline{X} = 20,35\ km$; $Mo = 20,35\ km$; e $Md = 20,30\ km$. Esta proximidade dos valores da média, moda e mediana é um dos indicadores de *normalidade* da distribuição de frequência das medidas cartográficas de comprimento de rio. Para confirmarmos se uma população de dados geográficos se ajusta ao modelo de distribuição Normal devemos encontrar respostas *afirmativas* para as seguintes perguntas (Clark; Hosking, 1986):

- A média, a mediana e a moda coincidem?
- A forma gráfica da distribuição apresenta simetria com pico na posição da média e pontos de inflexão a aproximadamente 1 desvio padrão medido a partir da média?
- Os coeficientes de assimetria e de kurtose são aproximadamente iguais a zero?

No nosso exemplo todas as condições acima foram satisfeitas. Para o cálculo dessas medidas, consulte a seção "Medidas de variabilidade ou dispersão".

A curva de uma função de distribuição normal é construída a partir de uma equação que relaciona a variável aleatória a uma probabilidade. Para cada valor x_i da variável aleatória *comprimento do rio*, a função de probabilidade transformará este x_i em Y_i posicionado na curva da Figura 2.9a. A equação que rege a curva normal é relativamente complexa aos não familiarizados com a linguagem matemática. Contudo, julgamos necessária sua apresentação para o melhor entendimento do significado desta distribuição e da sua utilização em alguns casos específicos de dados geográficos.

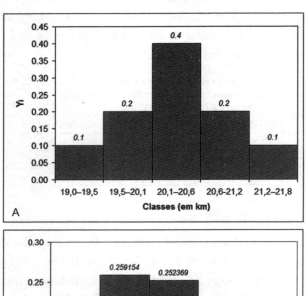

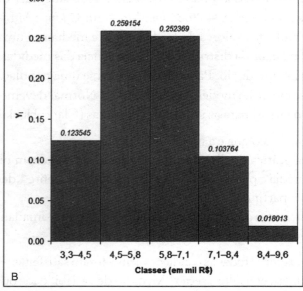

Figura 2.9 – Função de probabilidade normal (Y_i) para as medidas de comprimento de rio realizadas por meio de um curvímetro em carta topográfica 1:50.000 (A) e para a variável PPC em municípios da mesorregião do litoral sul paulista (B).

A função Y_i é expressa em relação à média e ao desvio padrão, com base na Equação 2.19 (Clark; Hosking, 1986):

$$Y_i = \left(\frac{1}{\sigma\sqrt{2\pi}} \right) e^{\frac{-(x-\overline{X})^2}{2\sigma^2}}$$ (2.19)

onde $e = 2,7183$; $\pi = 3,1416$.

A Tabela 2.20 mostra os valores de Y_i calculados para os dados da Tabela 2.19 aplicando-se a Equação 2.19. Pela Tabela 2.20, podemos concluir que o valor mais provável do comprimento do rio esteja entre $20,1$ e $20,6$ km, ou, mais precisamente, em $20,35$ km, com probabilidade $Y_i = 0,495888$. Quando trabalhamos com uma série de dados geográficos que não se ajusta ao modelo de distribuição normal, é possível aproximarmos esta série à normalidade. Para isso, aplicamos à série dos dados originais transformações matemáticas simples como $y = log\ x$ ou $y = 1/x$. Assim, se nosso exemplo não seguisse as condições de normalidade, os dados poderiam ser transformados segundo a função $y = log\ x$, da seguinte maneira: para $x_i = 21,8$ o $log\ x_i = 1,338$; para $x_i = 20,3$ o $log\ x_i = 1,307$; e assim por diante. Os novos valores calculados formarão o domínio da função de probabilidade normal (eixo X).

Analisando-se as medidas de tendência central e de dispersão para a variável PPC na mesorregião litoral sul paulista, observamos que esta se aproxima da normalidade. Isso porque a média, a moda e a mediana têm valores relativamente próximos (respectivamente, $5,71$; $5,20$ e $5,30$) e os coeficientes de simetria e de kurtose são relativamente baixos, próximos de zero ($0,87$ e $0,63$). Embora a distribuição da variável PPC não siga, *exatamente*, os predicados de uma distribuição normal, podemos adotá-la como exemplo de aplicação, sendo possível calcularmos também as respectivas probabilidades Y_i para a mesorregião do litoral sul paulista (Tabela 2.21). Os dados de Y_i da Tabela 2.21 mostram que os valores situados entre R\$ 4,5 e R\$ 5,8 *mil* são os mais prováveis de ocorrer na mesorregião do litoral sul paulista, pois $Y_i = 0,259154$ (Figura 2.10b).

114 MARCOS CÉSAR FERREIRA

Tabela 2.20 – Valores da probabilidade Y_i estimados pela distribuição normal para as medidas de comprimento de rio realizadas por meio de curvímetro em carta topográfica.

Intervalo de classe (em km)	Ponto médio da classe	Probabilidade Y_i
19,0 – 19,5	19,25	0,194724
19,5 – 20,1	19,80	0,392548
20,1 – 20,6	20,35	0,495888
20,6 – 21,2	20,90	0,392548
21,2 – 21,8	21,50	0,178515

Tabela 2.21 – Valores da probabilidade Y_i estimados pela distribuição normal para o PIB *per capita* na mesorregião do litoral sul paulista.

Intervalo de classe (em mil reais)	Ponto médio da classe	Probabilidade Y_i
3,3 – 4,5	3,9	0,123545
4,5 – 5,8	5,1	0,259154
5,8 – 7,1	6,4	0,252369
7,1 – 8,4	7,7	0,103764
8,4 – 9,6	9,0	0,018013

Função de probabilidade de Poisson

A principal restrição ao uso da distribuição Normal em análise geoespacial está no fato de que os valores médios podem ser menos frequentes que os situados fora da mediana, isto é, os valores situados próximos à média não necessariamente têm maior ocorrência na distribuição (Charre, 1995). Esta propriedade indica que há *diferenciação espacial* entre as unidades geográficas amostrais, já que a maioria dos valores não tende a um valor central. Por outro lado, quanto mais a distribuição de uma variável geográfica se aproxima da normalidade, maiores serão as chances de não haver *organização espacial significativa* sob a ótica desta variável. Por isso, a presença de assimetria no diagrama de frequência de uma variável geográfica é um fato valioso ao estudante de geografia. Segundo Charre (1995), esta assimetria poderá indicar:

- maior concentração locacional de valores;
- irregularidade na ocorrência de eventos;
- agregação de eventos em locais preferenciais;

INICIAÇÃO À ANÁLISE GEOESPACIAL **115**

- distribuição espacial em forma de gradiente; e
- superfícies com polarização centro-periferia em superfícies.

Estas propriedades organizacionais e estruturais do espaço podem ser identificadas a partir dos histogramas das Figuras 2.6b e 2.7a. Estes histogramas mostram *polarização locacional* do PIB *per capita* na região metropolitana de Campinas e da taxa de médicos em relação à população na mesorregião do litoral sul paulista.

O maior diferencial da função de probabilidade de Poisson que a torna útil na pesquisa geográfica é o seu potencial para identificar *estruturas espaciais* em mapas. Diferente da função de probabilidade Normal, a função de Poisson é assimétrica e pode mostrar, em seu histograma, influências da *localização espacial* nos valores de uma variável geográfica. Recomenda-se o uso da distribuição de Poisson em situações nas quais se quer determinar a probabilidade da ocorrência de eventos dentro de *intervalos discretos* de espaço ou de tempo desde que estes eventos sejam *raros*, isto é, a probabilidade de que eles ocorram seja baixa (Andersen, 1980). Como eventos raros em relação ao tempo, citamos: *quantidade de acidentes de trânsito por dia, quantidade de deslizamentos de encostas por década e quantidade de veículos que passam por uma estrada secundária por minuto*, entre outros similares. Em relação ao espaço, são exemplos que remetem ao uso da distribuição de Poisson: *quantidade casos de uma doença rara por município, quantidade de raios que atingem um município por km² e quantidade de indústrias por quadrante de 10 km²*, e assim por diante.

Clark e Hosking (1986) destacam as seguintes propriedades da distribuição de Poisson, que a tornam útil à análise geoespacial:

- ela é capaz de descrever frequências de ocorrência de eventos em unidades de área, regulares e de igual tamanho;
- ela descreve a distribuição real do número de ocorrências de um fenômeno em cada unidade espacial;
- é útil para avaliar a distribuição espacial de cidades, indústrias, shopping centers, entre outros, a partir da frequência destes por unidade espacial.

No Capítulo 3, no qual serão abordadas técnicas de análise geoespacial de arranjos de pontos em mapas, a distribuição de Poisson será utilizada

116 MARCOS CÉSAR FERREIRA

com maior ênfase na avaliação da distribuição espacial de eventos geográficos pontuais. Como exemplo de aplicação da função de distribuição de Poisson, selecionamos a variável *quantidade de casos de febre maculosa ocorrida no período de 10 anos* (1998 a 2007), nos municípios de Piracicaba e Americana (Tabela 2.22). A Tabela 2.23 mostra os valores de probabilidade p de ocorrência de diferentes quantidades de casos anuais de febre maculosa nestes dois municípios, calculados a partir da função de Poisson (Equação 2.20):

$$p = \frac{e^{-\lambda} \lambda^x}{x!} \tag{2.20}$$

onde λ é a média (a relação entre o número de ocorrências-ano e a frequência de ocorrência de cada número anual de casos); $e = 2,7183$; x é o número de casos em cada ano. Por exemplo, para o cálculo da probabilidade de ocorrência de *quatro casos* de febre maculosa, por ano, em Piracicaba, procedemos da seguinte forma:

$$média \; \lambda = 21/10 = 2,1$$
$$p = (2,7183^{-2,1} 2,1^4)/4!$$
$$p = 0,08208x39,0625)/24$$
$$p = 0,133599 \; ou \; 13,35\%$$

Tabela 2.22 – Número de casos de febre maculosa, por ano, confirmados nos municípios de Piracicaba e Americana, entre 1998 e 2007.

Ano	Número de casos em Piracicaba	Número de casos em Americana
1998	0	0
1999	0	0
2000	0	0
2001	0	0
2002	1	0
2003	1	0
2004	5	2
2005	12	0
2006	1	2
2007	1	1
Total	**21**	**5**

Fonte: CVE (2008).

Tabela 2.23 – Valores de probabilidade de ocorrência de diferentes quantidades de casos de febre maculosa nos municípios de Piracicaba e Americana, segundo a função de distribuição de Poisson.

Piracicaba				Americana			
Casos por ano (C)	Frequência de ocorrência (F)	Número de ocorrências C x F	p	Casos por ano (C)	Frequência de ocorrência (F)	Número de ocorrências C x F	p
0	4	4	0.0820850	0	7	0	0.606531
1	4	4	0.2052125	1	1	1	0.303265
2	0	0	0.2565156	2	2	4	0.075816
3	0	0	0.2137630	3	0	0	0.012636
4	0	0	0.1336019	4	0	0	0.001580
5	1	5	0.0668009	5	0	0	0.000158
12	1	12	0.0000102				
Total	10	25		Total	10	5	

Os valores de p e as respectivas curvas da função de probabilidade de Poisson para a febre maculosa, em Piracicaba e Americana, são apresentados na Figura 2.10. Comparando-se as duas localidades com relação à distribuição de probabilidades de ocorrência de casos de febre maculosa, podemos concluir que:

- a chance de não ocorrer casos p(x = 0), em um ano, em Piracicaba, é de aproximadamente 8,20% (p = 0,082085);

- em Americana, esta mesma probabilidade é muito maior, pois temos p(x = 0) = 0,606531, o que representa aproximadamente 60,6%;

- podemos supor que um morador de Piracicaba tenha, aproximadamente, sete vezes mais chance de contrair a doença que um morador de Americana (60,6/8,2 = 7,3).

Convém destacar que o rio Piracicaba corta importante extensão da área urbana do município de mesmo nome e, em suas margens, se distribui o habitat da capivara (*Hydrochoerus hydrochoeris*), um hospedeiro da febre maculosa. Já a maior parte da área urbana de Americana situa-se em topos de colinas suaves e distanciava-se, em 2008, a dois quilômetros daquele rio.

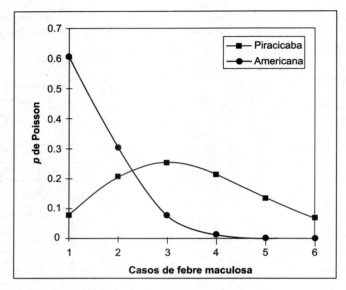

Figura 2.10 – Curvas da função de probabilidade de Poisson (p) para as séries de casos de febre maculosa de Piracicaba e Americana, entre 1998 e 2007.

3
DISTRIBUIÇÕES ESPACIAIS EM MAPAS DE PONTOS

Introdução

O registro e a representação de informações espaciais em mapas de pontos são um dos procedimentos mais comuns e conhecidos na cartografia geográfica. Neste tipo de comunicação gráfica, a *posição* da informação tem significado tão expressivo quanto sua forma, já que ao ponto – cuja dimensão euclidiana é *zero* – pouco se atribui, a não ser como elemento localizador de dados e informações em sistemas de coordenadas espaciais. Diante da linha – que, além da posição, nos dá também o comprimento dos objetos geográficos (rios, estradas e redes) e as direções de deslocamento – e do *polígono* – que nos fornece expressão areal e perimetral de objetos geográficos (cidades, campos agrícolas, fragmentos florestais, bairros) –, o *ponto* contém certa simplicidade que é enganosa. Talvez, por isso, muitos duvidem da verdadeira complexidade de um arranjo espacial de pontos.

O ponto significa ao mesmo tempo *origem* (ponto de partida), *interseção* entre caminhos ou fluxos (o *nó* das redes) e razão geodésica da cartografia sistemática, pois as *coordenadas* se encontram em um ponto. Contudo, a *substância* de um ponto não está apenas em sua *instância* cartográfica (a posição), mas no *continuum* que se estende entre os pontos (*superfície*), definido pela relação de vizinhança entre pelo menos três pontos. Em análise geoespacial, os pontos não devem ser considerados apenas como instâncias geométricas posicionais e isoladas, mas, sobretudo, como a estrutura mínima de um conjunto espacialmente distribuído – que tem forma e densidade – ao qual denominamos *arranjo espacial*.

Um arranjo espacial de pontos que representam objetos geográficos pode revelar o grau de *organização espacial* da paisagem. O arranjo de pontos nos fala sobre as dicotomias *dispersão-concentração* e *polarização- -espalhamento*, propriedades fundamentais para o entendimento das estruturas espaciais. O arranjo de pontos em um mapa é a imagem mais clara do conceito de *distribuição espacial*. Por meio de um arranjo de pontos, podemos visualizar, quantificar e mapear as diferenças entre os padrões de distribuição espacial de diversos tipos de objetos geográficos, tais como os estabelecimentos comerciais de uma cidade, a localização de unidades industriais, a localização de casos de uma epidemia; de acidentes de trânsito; crimes; habitações rurais e espécies vegetais, entre vários outros.

Cada um desses tipos de objetos (ou *eventos*), quando espacializado segundo um conjunto de pontos georreferenciados em mapa, terá uma forma peculiar (padrão) de distribuição geográfica. O padrão espacial das lojas em uma área urbana será diferente do padrão espacial das escolas; o padrão espacial dos acidentes de trânsito será diferente do padrão espacial dos assaltos, e assim por diante. Em análise geoespacial, o padrão dos pontos no espaço geográfico transcende o nível geométrico de posição absoluta (coordenada do ponto) e atinge *forma espacial*. A forma espacial – segundo a qual se organizam os pontos no mapa – traz de forma oculta os processos históricos e geográficos subjacentes que contribuíram pela formação do território. Taylor (1977, p.134) argumentava que "[...] não devemos nos esquecer de que cada padrão espacial é resultado de um processo ocorrido em algum ponto do tempo e do espaço [...]".

A distribuição espacial de pontos em um mapa de uso e ocupação do solo, por exemplo, reflete posições relativas entre objetos sociais construídos, que são também projeções de processos pretéritos de organização do espaço, aos quais se sobrepõem a ação humana atual. Charre (1995) entende que uma sociedade organiza seu espaço também para minimizar certas *restrições* ou *limitações*. Dentre as restrições mais importantes à ocupação está a *distância* entre os objetos geográficos.

A distância é uma das causas da dialética *polarização* e *dispersão espacial* de atividades econômicas. A complexidade resultante do balanço entre polarização e dispersão espacial é constatada tanto pela distância entre objetos socialmente construídos – distância das moradias às indústrias e distância das cidades às áreas agrícolas – como também pela distância entre estes objetos construídos e alguns dos elementos da natureza, tais como a água, o solo, os minerais, o relevo, as chuvas e a vegetação. Como essas distâncias geradoras de relação polarização-dispersão espaciais se manifestam de forma particular em diferentes porções do espaço geográfico, resulta que cada subespaço tem uma estrutura espacial particular que pode ser organizada e representada em mapa, minimamente em unidades pontuais – ou *punctuns* – que dão ao fenômeno geográfico representado, ao mesmo tempo, espaço, identidade geométrica e locacional.

A interpretação da relação diferencial entre os *punctuns* é um dos motes da análise geoespacial. Os padrões de pontos no espaço geográfico estão diretamente associados a *movimentos e fluxos* em uma rede, onde o ponto transcende sua função de ente de endereçamento e assume a função de *localidade relacional* entre lugares conectados e comunicantes. Essas localidades relacionais são as *junções* ou *nós* de uma rede que têm o significado dialético de origem e destino dos movimentos. Tais nós, quando vistos como arranjos espaciais, adquirem a imagem diferencial de *densidade* de relações econômicas e demográficas entre lugares. A localização relativa entre pontos no espaço é resultante do balanço entre forças antagônicas que estimularam a polarização e a dispersão das atividades socioespaciais (Chapman, 1979).

Antes de detalharmos as técnicas de análise de arranjos pontuais, é necessário distinguirmos o significado de conceitos como *padrão, dispersão* e *densidade*. Unwin (1981) diferenciou com objetividade estes três conceitos (Figura 3.1).

- o *padrão* é uma característica do arranjo espacial, dada pela forma gerada a partir do espaçamento entre os objetos;
- a *dispersão* é o grau de espaçamento entre os objetos, em relação a uma forma ("moldura") que envolve os objetos; e
- a *densidade* é uma propriedade da dispersão, que está associada a uma medida de área, mas independe da forma desta área ou da dispersão dos objetos dentro dela.

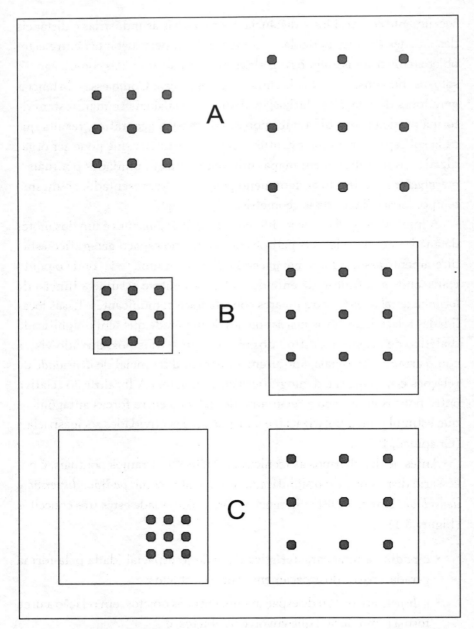

Figura 3.1 – Imagem gráfica de uma distribuição espacial hipotética de pontos com diferentes padrões, densidades e dispersão.

Legenda: A = padrões idênticos e densidades diferentes: a forma da área envolvente não é considerada. B = padrões idênticos, dispersão idêntica, em relação ao quadrado envolvente, mas com densidades diferentes. C = padrões e densidades idênticos, mas dispersões diferentes em relação ao quadrado envolvente.
Fonte: modificado de Unwin (1981).

INICIAÇÃO À ANÁLISE GEOESPACIAL **123**

Técnicas para análise geoespacial de padrões de pontos

Distância média ao vizinho mais próximo

Um instrumento gráfico útil e importante para a classificação de padrões de pontos em análise geoespacial é o *espectro de dispersão espacial de pontos* (King, 1962; Taylor, 1977; Chapman, 1979). Em uma das extremidades do espectro estão localizados os *padrões agregados*; na outra, os *padrões dispersos*; e no centro, os *padrões aleatórios* (Figura 3.2). Tanto o padrão agregado como o disperso contêm pistas para investigações geográficas, pois refletem, no mapa, *diferentes graus de organização espacial*. Em contrapartida, o padrão aleatório *não exibe ordem espacial* ou *regularidade* significativa, pois cada ponto pode ocorrer ao acaso, em qualquer posição do plano e com a mesma probabilidade. No padrão aleatório, a localização dos pontos não é influenciada totalmente pelas *propriedades locacionais físicas* (recursos naturais), *sociais* (acessibilidade ao trabalho ou à rede de transporte) ou *históricas* (processo de ocupação pretérito herdado pelo lugar).

As oito imagens do espectro de afastamento entre pontos, dispostas no diagrama da Figura 3.2, estão organizadas de tal forma a dar ao leitor a compreensão de que aumenta a *dependência locacional* (maior agregação dos pontos) nas imagens situadas à esquerda do espectro. Na extremidade direita do diagrama o leitor terá uma visão da *máxima regularidade* (menor agregação de pontos), pois a imagem exibe dispersão máxima – tal como a implantação planejada e regular de pontos no espaço. O espectro de dispersão espacial dos pontos baseia-se nos valores de um índice de referência localizado abaixo de cada quadro da Figura 3.2, denominado *índice de distância ao ponto vizinho mais próximo* (R_n) (Clark; Evans, 1954; Dacey, 1964; Getis, 1964). O índice estatístico R_n é definido pela razão entre a distância média calculada de cada ponto até o ponto vizinho mais próximo (L_o) e a distância média esperada entre todos os pontos do mapa (L_e).

A escala dos valores de R_n varia de *0,0* (*agregação máxima dos pontos*) a *2,15* – (*dispersão máxima dos pontos*); se $R_n = 1,0$ dizemos que o padrão é aleatório e independente das características locacionais. O cálculo de R_n pode ser realizado por meio da Equação 3.1, sistematizada por Willians (1972) e Taylor (1977):

$$R_n = \frac{L_o}{L_e} \qquad (3.1)$$

Para o cálculo do valor esperado para a distância média entre os vizinhos mais próximos (L_e) utilizamos a Equação 3.2:

$$L_e = \frac{1}{2\sqrt{\frac{n}{A}}} \qquad (3.2)$$

onde n é o número total de pontos e A a área total do mapa.

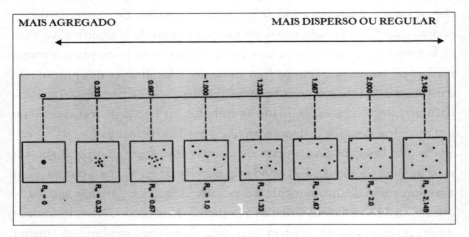

Figura 3.2 – Espectro de dispersão espacial de pontos, segundo os valores de R_n.
Fonte: modificado de Taylor (1977).

Para estimarmos o valor de L_o pela técnica convencional, deveríamos calcular em todo o mapa, as distâncias entre cada ponto e o seu ponto vizinho mais próximo. Entretanto, esta atividade é longa e trabalhosa para ser realizada manualmente. Uma das alternativas é utilizar um sistema de informação geográfica para estimarmos L_o por meio de uma função que calcule as *isodistâncias* medidas a partir de objetos de referência. Essa função interpola uma superfície de isodistâncias entre todos os pontos do plano geográfico. O procedimento para o cálculo de L_o em SIG permite que sejam determinadas as distâncias entre todos os pontos, e não apenas entre os vizinhos mais próximos. Depois de construída a superfície de isodistâncias, basta extrair o valor da média das distâncias entre todos os pixels desta superfície.

Índice de afastamento entre pontos

As médias das distâncias das superfícies construídas em SIG se constituem, na verdade, em *médias de afastamento* entre pontos. Quanto maior o valor desta média, maiores serão os espaços não preenchidos. A média das distâncias calculadas em SIG representa o que poderíamos denominar de *índice de afastamento entre pontos* (I_a). Quanto maior o valor de I_a, mais agregados os pontos estarão em determinadas posições do espaço. Como I_a e L_o têm significados opostos, podemos transformar o índice R_n em uma função de análise geoespacial, relacionando-o ao índice I_a, da seguinte forma:

$$L_o = \frac{1}{I_a} \quad R_n = \frac{L_o}{L_e} \quad R_n = \frac{1}{\dfrac{I_a}{L_e}}$$

portanto,

$$R_n = \frac{L_e}{I_a} \qquad (3.3)$$

onde I_a é a média das distâncias entre os pontos da superfície de isodistâncias.

Calculando-se R_n por meio da Equação 3.3, podemos quantificar o arranjo espacial de pontos de um mapa, a partir de uma função de análise geoespacial em SIG e, assim, compararmos R_n ao espectro da Figura 3.2.

Adotando-se a abordagem da diferenciação e integração areal, escolhemos como exemplo de aplicação da metodologia discutida acima, duas áreas-teste com 36 km² cada. A primeira situa-se na Serra da Mantiqueira, na divisa entre os municípios de Joanópolis-SP e Extrema-MG (Figura 3.3a); a segunda, na Depressão Periférica Paulista, próxima à área urbana de Piracicaba-SP (Figura 3.3b). A partir das cartas topográficas Extrema (1972) e Piracicaba (1973), ambas na escala 1:50.000, foram identificados pontos representando habitações e sedes rurais. Em seguida, e a partir desses pontos, superfícies de isodistâncias das duas áreas foram geradas em SIG (Figura 3.4).

No recorte da carta Extrema, identificamos 133 pontos correspondentes a habitações rurais; no recorte da carta Piracicaba, 78 pontos. Com base nesses totais, calculamos o índice de afastamento entre pontos (I_a) para as duas áreas. Na área situada na Serra da Mantiqueira (Extrema), o afastamento

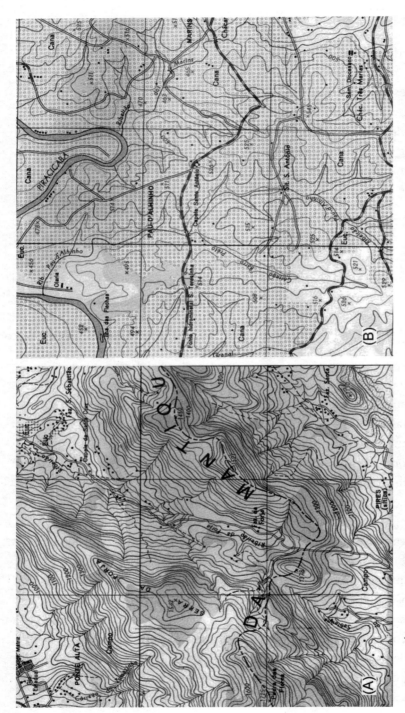

Figura 3.3 – Áreas recortadas das folhas topográficas do IBGE, escala 1:50.000, Piracicaba-SP, 1972, (A) e Extrema-MG, 1973 (B).
Obs.: Os pontos pretos representam habitações rurais e isoladas.

INICIAÇÃO À ANÁLISE GEOESPACIAL   127

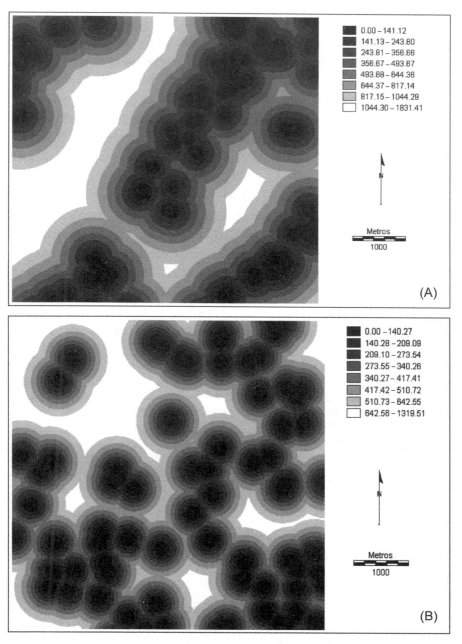

Figura 3.4 – Superfícies de isodistâncias, em metros, de um pixel até a habitação rural mais próxima, calculadas a partir da Figura 3.3a (folha Extrema), com I_a = 560,17 m; e Figura 3.3b (folha Piracicaba), com I_a = 376,9 m.

Obs.: I_a é o índice de afastamento médio entre as habitações rurais.

128 MARCOS CÉSAR FERREIRA

médio dos pontos foi de $I_a = 560,17\ m\ (0,56\ km)$, na área da Depressão Periférica Paulista (Piracicaba) este índice atingiu $I_a = 376,90\ m\ (0,37\ km)$. Os valores dos demais parâmetros envolvidos no cálculo final de R_n encontram-se na Tabela 3.1. A diferença entre os dois valores de R_n sugere que na amostra da Serra da Mantiqueira ($R_n = 0,46$) as habitações estão mais próximas e agregadas em *clusters*, pois os espaços vazios são mais extensos ($I_a = 0,56\ km$), mesmo havendo um número maior de habitações ($n = 133$). Na área situada na Depressão Periférica, temos espaços mais regularmente preenchidos por habitações, com $I_a = 0,33km$ e $R_n = 0,46$.

Entretanto, a quantidade de habitações é também menor ($n = 78$), fato que sugere uma distribuição mais aleatória da ocupação, sem um vínculo locacional mais significativo ($R_n = 1,03$). O significado qualitativo dos valores de R_n pode ser mais bem compreendido quando os comparamos com o espectro da distribuição dos pontos da Figura 3.2. No espectro notamos que o valor de R_n da área localizada na folha Extrema situa-se entre $0,333$ e $0,667$ – o que sugere padrão mais agregado de habitações rurais. Na área da folha Piracicaba, os pontos têm padrão aleatório de distribuição, pois R_n está no intervalo espectral $1,000$ a $1,333$.

Tabela 3.1 – Valores de R_n estimados a partir da função de análise geoespacial *Distance*, para a distribuição espacial de habitações rurais situadas na Serra da Mantiqueira (Extrema-MG) e na Depressão Periférica Paulista (Piracicaba-SP).

Geossistema	n (pontos)	A (km²)	n/A (pontos/ km²)	L_e (km)	I_a (km)	R_n
Serra da Mantiqueira	133	36	3,69	0,26	0,56	0,46
Depressão Periférica	78	36	2,16	0,34	0,33	1,03

O padrão em *cluster* predominante na distribuição das habitações da área serrana da Mantiqueira pode ser também explicado por dois fatores:

- limitações impostas à ocupação em razão da existência de encostas fortemente inclinadas, ou seja, uma impedância física oferecida pelo espaço local; e
- distribuição, no sentido SW-NE, de cursos de água de maior vazão. A acessibilidade à água e a decisão de se ocupar as planícies restritas produziram, historicamente, ao longo da faixa ribeirinha, um espaço fortemente competitivo, onde a maioria das habitações foi construída.

O padrão aleatório que caracteriza a distribuição das habitações na folha Piracicaba reflete a existência de um espaço com múltiplas opções à decisão de ocupação, já que as restrições topográficas são mínimas quando comparadas ao caso anterior. Além da baixa impedância do meio físico, a rede de transporte é bem distribuída, com vários espaços e opções de acessibilidade às estradas vicinais e, portanto, passíveis de ocupação. Tal configuração nos mostra uma imagem sem o predomínio de espaços polarizados e ou de distribuição regular. O padrão que caracteriza esta área é o aleatório, já que os pontos distribuídos na folha Piracicaba não seguem claramente uma regra espacial explícita.

Além desses fatores ambientais, os fatores econômicos e políticos – mais importantes e significativos – relacionados à concentração de propriedades e à distribuição desigual de terras, devem ser também considerados na interpretação da imagem cartográfica das duas distribuições espaciais.

Frequência de pontos por quadrícula

Outra técnica utilizada para a comparação de padrões espaciais de mapas de pontos é a análise da *distribuição de frequência de pontos por quadrícula amostral*. Segundo esta técnica, uma grade de quadrículas regulares é sobreposta ao mapa de pontos e, em seguida, é contabilizada a quantidade de pontos que ocorrem em cada quadrícula (o número de pontos que "caem" em cada quadrícula). Cada quadrícula é uma unidade areal onde determinada quantidade x de eventos (pontos) ocorre, sendo $x = 0, 1, 2, 3...n$ pontos. O número de pontos n registrado na quadrícula é uma variável aleatória discreta e a morfologia do seu histograma de distribuição de frequência é a base que dispomos para classificar os padrões espaciais dos pontos. A variável "número de pontos que ocorrem em uma quadrícula" tende a se distribuir segundo a função de distribuição de probabilidades de Poisson – adequada ao estudo do padrão espacial de pontos amostrados em quadrículas. Na técnica de análise de frequência de pontos por quadrícula, o parâmetro que indica se o padrão espacial dos pontos no mapa é agregado, aleatório ou disperso, é a razão r entre a *variância* (σ^2) e a *média* (λ) dos valores de x (Equação 3.4):

$$r = \frac{\sigma^2}{\lambda} \qquad (3.4)$$

130 MARCOS CÉSAR FERREIRA

Se o arranjo dos pontos for *mais regular* que aleatório, a variância será *menor que a média;* se o arranjo dos pontos for *mais agregado* que aleatório, a variância *será maior que a média* (Mcconnel; Horn, 1972). Se em todas as quadrículas da malha ocorrer o mesmo número x de pontos, a variância será igual a zero (Tabela 3.2).

Tabela 3.2 – Relação entre a média, a variância, r e o padrão espacial de um mapa de pontos.

Padrão espacial	Relação entre variância e média	R
Agregado (*cluster*)	$\sigma^2 > \lambda$	r > 0
Regular (uniforme)	$\sigma^2 = 0$	r = 0
Disperso	$\sigma^2 < \lambda$	r < 0

As Figuras 3.5a e 3.5b representam, respectivamente, a sobreposição de uma grade de 14 colunas x 12 linhas (168 quadrículas de 500 x 500 metros) aos recortes das cartas topográficas de Extrema e Piracicaba (Figuras 3.3a e 3.3b). Nas Figuras 3.5a e 3.5b foi registrada, por meio de números inteiros, a quantidade de pontos correspondentes a habitações em cada quadrícula. Na área situada na folha Extrema, a média (λ) para a função de Poisson é: *133 pontos/36 km²,* ou $\lambda = 0,45$ *pontos/km²*; na área situada na folha Piracicaba, a média é: *78 pontos/36 km²* ou $\lambda = 2,16$ *pontos/km².* Essas duas médias são os *números esperados* de pontos para cada quadrícula caso a distribuição dos pontos fosse aleatória e todos os pontos tivessem a mesma probabilidade de ocorrer em qualquer uma das quadrículas. Entretanto, observando-se os valores contabilizados nas grades das Figuras 3.5a e 3.5b, não é o que constatamos; ao contrário, o número de pontos observado nas quadrículas é muito diferente do esperado, mostrando claramente uma distorção locacional, principalmente na folha Extrema.

Na Tabela 3.3 estão dispostos os valores de frequência de ocorrência de pontos por quadrícula, segundo cada quantidade de pontos (x), e o respectivo valor da função de probabilidade de Poisson (p). A probabilidade p de ocorrência de uma determinada quantidade de pontos por quadrícula foi calculada pela Equação 2.20. Quando comparamos os valores de p nas duas áreas, chama-nos a atenção o fato de a área situada na Serra da Mantiqueira apresentar probabilidade de não ocorrer pontos em uma quadrícula ($p=0$) ser igual a *0,637,* enquanto na Depressão Periférica $p=0$ é apenas *0,115.*

	(A) Folha Extrema											
	1	1	2					4	2		4	
11	1							2	7	7	2	
2								10	3		1	
1							6	5				
1						2	2			1	1	
						1	1					
					1	1						
					3	2				1		
											8	
			2						8			
			7					2	3			
	3	1	1	2			3	4				

	(B) Folha Piracicaba										
								1		3	
		1			2	2		2	2		
		1						1	2		
		1			1			1	1		
	1						1		1		
	1	2		1		2		2			
	1		3		1		2	1			
			1		1						
	1	1	1	1	1	1		1	1		
	2	1	2			2	1	2	2		
	1	1		1			1	1			
			2	2		1	2		3	2	

Figura 3.5 – Quantidade de habitações rurais por quadrícula amostral de 500x500 m, obtida dos recortes das folhas Extrema (A) e Piracicaba (B) (ver Figuras 3.4a e 3.4b).

Obs.: Nas quadrículas em branco, o valor é zero.

Na área serrana, onde o valor de $p = 0$ é maior $(0,637)$, as habitações estão *mais agregadas* em alguns setores do espaço geográfico (folha Extrema); na Depressão, onde o valor $p = 0$ é menor $(0,115)$, as habitações estão *mais distribuídas* no espaço. Portanto, a chance de ocorrerem *clusters* de habitações na folha Extrema (63,7%) é aproximadamente cinco vezes maior na que na folha Piracicaba (11,5%).

132 MARCOS CÉSAR FERREIRA

Tabela 3.3 – Valores da probabilidade de Poisson (p) de ocorrência de diferentes quantidades de pontos por quadrícula de 500x500 m, representando habitações rurais, na Serra da Mantiqueira (Extrema-MG) e na Depressão Periférica Paulista (Piracicaba-SP).

Serra da Mantiqueira Folha 1:50.000, Extrema-MG $\lambda = 0,45$				Depressão Periférica Folha 1:50.000, Piracicaba-SP $\lambda = 2,16$			
Pontos por quadr. (n)	Frequência (F)	Número de ocorrências n x F	P	Pontos por quadr. (n)	Frequência (F)	Número de ocorrências n x F	p
0	126	0	0,637	0	114	0	0,115
1	15	15	0,286	1	33	33	0,249
2	11	22	0,064	2	18	36	0,269
3	5	15	0,009	3	3	9	0,193
4	3	12	0,001	> 4	0	0	0,104
5	1	5	9,81E-05				
6	1	6	7,35E-06				
7	3	21	4,73E-07				
8	2	16	2,66E-08				
10	1	10	5,98E-11				
11	1	11	2,45E-12				
Total	**168**	**133**		**Total**	**168**	**78**	

Com base nos valores da variância e da média para as duas distribuições espaciais de pontos, calcula-se então a razão r (Equação 3.4). Para a área da folha Extrema, temos variância $\sigma^2 = 1.367,6$ e média $\lambda = 0,45$; por isso, a razão $1.367,6/0,45$ será igual a 3.039, ou $r=3.039$. Para a área da folha Piracicaba, a variância é $\sigma^2 = 2.193,3$ e a média $\lambda = 2,16$; aplicando-se a Equação 3.4 obteremos a razão $2.193,3/2,16 = 1.015$, ou $r = 1.015$. Como $r_{Extrema} > r_{Piracicaba}$, concluímos que as habitações rurais situadas na área da Serra da Mantiqueira estavam mais agregadas que as localizadas na área da Depressão Periférica Paulista. Segundo Taylor (1977), tanto o *padrão disperso* (regular) quanto o *padrão agregado* (*cluster*) se afastam do que chamaríamos de padrão aleatório. No padrão disperso, ainda conforme o autor, os pontos preexistentes tendem a *repelir novos pontos*; no padrão agregado os pontos preexistentes tendem a *atrair novos pontos*. Este último processo, que deveria ocupar lugar de maior destaque na análise de mapas temáticos, é denominado *contágio espacial*.

O contágio espacial facilita a transmissão de atributos entre dois ou mais objetos já que é favorecida pela proximidade entre eles – situação típica nos padrões agregados. Em razão da agregação espacial, a transmissão entre objetos tem significado importante nos estudos epidemiológicos e nos processos de difusão espacial de inovações. O padrão espacial dos pontos é função do tempo ou da periodização do espaço geográfico. Um determinado espaço pode apresentar padrão agregado em um instante da série histórica e, noutra, o padrão aleatório, e, por fim, em um terceiro instante de tempo, retornar ao padrão agregado. Esta evolução dentro do espectro de dispersão espacial depende da ação das forças econômico-sociais e de suas relações com os sistemas naturais.

Análise evolutiva de padrões espaciais de pontos

Para exemplificarmos a aplicação da técnica de frequência de pontos por quadrícula na análise evolutiva de padrões espaciais de pontos, utilizaremos o caso da epidemia de dengue ocorrida em 2001 na mesorregião de São José do Rio Preto-SP, estudada por Ferreira (2003). A sequência evolutiva desta epidemia é composta de seis quadrissemanas epidemiológicas (mês do ano). Para cada mês foi construído um mapa de pontos, representando as sedes municipais onde ao menos um caso de dengue foi notificado. A opção por se utilizar quadrissemana e não a semana epidemiológica foi escolhida com o intuito de serem suavizadas flutuações anômalas ocorridas ao acaso entre duas quadrissemanas consecutivas. Cada ponto foi georreferenciado na posição geográfica da sede municipal, já que a dengue é uma doença essencialmente urbana.

Ao mapa da mesorregião, composta de 109 municípios, foi sobreposta uma grade de 52 quadrículas com dimensões de 15´x15´, idênticas às das cartas 1:50.000 do IBGE. Em seguida, foi aplicada a técnica de análise de distribuição de frequência de pontos por quadrícula e calculados os valores de r (relação variância/média) para cada mês. Os valores de r dispostos na última coluna da Tabela 3.4 foram representados graficamente na Figura 3.6. A curva do gráfico da Figura 3.6 mostra um exemplo clássico de difusão espacial de epidemia. No início da epidemia, quando o número de casos é menor ($\lambda=0,17$), a distribuição dos pontos se restringe, espacialmente, a um número reduzido de quadrículas, resultando no padrão mais agregado de toda a série temporal ($r=2.042,9$). Nos meses posteriores, notamos o início do fenômeno de difusão espacial da epidemia de dengue, confirmado pela queda acentuada nos valores de r: *1.149,2; 540.2; 189,1 e 52,1.*

A diminuição de r com o passar do tempo indica a evolução do *padrão agregado para o padrão disperso*, já que a variância diminui e a média aumenta. O mês de maio – quando r atinge o menor valor da série (r = 52,1) – se configura como ponto de inflexão da curva de espalhamento da epidemia, indicando o início da retração espacial nos casos. Observa-se que no mês de junho r volta a crescer e a distribuição dos pontos tende a retornar ao padrão agregado inicial, já que neste mês da série o valor de r = 279,3.

A forma da curva da Figura 3.6 mostra que a epidemia de dengue de 2001 se ajusta ao modelo de difusão-retração espacial de inovações descrito por Hägerstrand (1957). No modelo de Hägerstrand, a curva de r tem a forma da letra "U", sendo que, na base desta, o espalhamento atinge a máxima difusão espacial e depois se estabiliza ou retorna ao padrão agregado inicial.

Tabela 3.4 – Frequência de municípios com casos notificados de dengue, por mês, por quadrícula de 15´ x 15´, durante a epidemia de dengue de 2001, ocorrida em São José do Rio Preto-SP e respectivos valores de variância σ^2, λ e r.

Mês	\multicolumn{5}{c}{Frequência de municípios com casos Notificados de dengue, por quadrícula de 15´ x 15´}					Medidas estatísticas		
	0	1	2	3	4	σ^2	λ	$r = \dfrac{\sigma^2}{\lambda}$
Janeiro	43	9	0	0	0	347,3	0,17	2.042,9
Fevereiro	39	13	0	0	0	287,3	0,25	1.149,2
Março	34	14	3	1	0	205,3	0,38	540,2
Abril	29	14	6	1	2	134,3	0,71	189,1
Maio	25	15	6	5	1	92,8	1,78	52,1
Junho	31	15	3	2	1	164,8	0,59	279,3

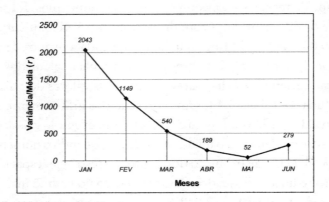

Figura 3.6 – Evolução dos valores de r, estimados a partir do número de municípios com casos notificados de dengue nos seis primeiros meses de 2001, na mesorregião de São José do Rio Preto-SP.

Centro médio de nuvem de pontos

Considere um arranjo espacial de n pontos distribuídos em um plano cartográfico XY, tal como na Figura 3.7. A nuvem de pontos que caracteriza este arranjo segue os mesmos princípios de uma distribuição de frequência, mas neste caso em duas dimensões: uma *dimensão X* e uma *dimensão Y*. Como qualquer outra distribuição unidimensional, a distribuição bidimensional da Figura 3.7 pode também ser descrita a partir da média de seus valores. No caso da distribuição da Figura 3.7 teremos *duas médias*: uma calculada com relação às posições dadas pelas coordenadas X ($\overline{X}_x$) e outra em relação às posições dadas pelas coordenadas Y ($\overline{X}_y$). Estas duas médias formarão um par de coordenadas espaciais denominado *centro médio* $C_m(\overline{X}_x, \overline{X}_y)$. Os valores $\overline{X}_x$ e $\overline{X}_y$ podem representar, respectivamente, a média aritmética das coordenadas de longitude e de latitude ou, ainda, das coordenadas E e N da projeção UTM.

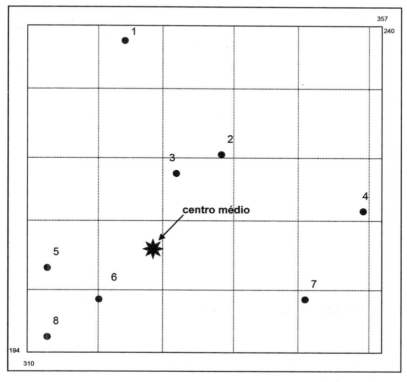

Figura 3.7 – Localização do centro médio de uma distribuição espacial hipotética de oito pontos.

O valor C_m de uma distribuição espacial de pontos é obtido calculando-se separadamente as duas médias aritméticas de acordo com as seguintes relações:

$$\overline{X}_x = \frac{\sum_{i=1}^{n} X_i}{n} \qquad (3.5)$$

$$\overline{X}_y = \frac{\sum_{i=1}^{n} Y_i}{n} \qquad (3.6)$$

onde X_i e Y_i são, respectivamente, as coordenadas X e Y de um ponto i, e n é o número total de pontos do mapa.

A Tabela 3.5 mostra os valores das coordenadas X e Y dos pontos distribuídos na Figura 3.7, bem como a sequência de cálculo do centro médio, conforme a sugestão de Unwin (1981).

Tabela 3.5 – Coordenadas X e Y de cada ponto localizado no mapa da Figura 3.7 e procedimento para o cálculo do centro médio da nuvem de pontos deste mesmo mapa.

Ponto	Coordenada X	Coordenada Y
1	322	236
2	335	221
3	329	218
4	354	213
5	312	205
6	319	201
7	346	201
8	313	196
Σ	2630	1691
Σ/n	2630/8 = 328,75	1691/8 = 211,37
μ	$\overline{X}_x = 328$	$\overline{X}_y = 211$
$C_m = (328,211)$		

Centro geográfico ponderado de nuvens de pontos

Quando queremos determinar o centro de gravidade de uma distribuição de modo a considerar, além da posição do ponto, também uma *quantidade* ou o valor de uma variável neste ponto, a solução é o *centro médio*

INICIAÇÃO À ANÁLISE GEOESPACIAL **137**

ponderado (Unwin, 1981) ou o *centro geográfico ponderado* (C_g), como o denominaram Cliff e Haggett (1988). No cálculo do C_g, além das coordenadas X_i e Y_i do ponto i, um peso z_i é utilizado como ponderador do ponto i em relação aos demais. Os valores assumidos por z_i dizem respeito a uma variável geográfica aleatória e georreferenciada no ponto i – como, por exemplo, concentração de CO, quantidade de crimes contra a pessoa, quantidade de casos de uma doença, temperatura do ar, e assim por diante. A principal diferença entre o centro médio (C_m) e o centro geográfico ponderado (C_g) é que as coordenadas $\overline{X}_x$ e $\overline{X}_y$ do primeiro índice são substituídas, respectivamente, por pesos U e V no segundo índice. Os valores de U e V podem ser calculados pelas Equações 3.7 e 3.8:

$$U = \frac{\sum_{i=1}^{n} z_i X_i}{\sum_{i=1}^{n} z_i} \qquad (3.7)$$

$$V = \frac{\sum_{i=1}^{n} z_i Y_i}{\sum_{i=1}^{n} z_i} \qquad (3.8)$$

Suponha que os oito pontos dispostos na Figura 3.7 correspondam a postos pluviométricos e que, neles, tenham sido registrados valores de precipitação pluvial durante um evento extremo de chuva. Suponha ainda que estes postos estejam distantes entre si, de tal forma que a quantidade de chuva registrada em cada um deles seja diferente dos demais. Neste exemplo, o peso z_i atribuído às coordenadas X_i e Y_i de um ponto será o respectivo valor da precipitação nele registrado. O total de chuvas contabilizado em todos os postos será $\Sigma\ z_i$. A Tabela 3.6 mostra a sequência do cálculo do C_g para o mapa da Figura 3.7.

Ao compararmos os resultados de C_m e C_g para a distribuição de pontos da Figura 3.7, notamos uma pequena diferença no posicionamento espacial dos dois centros: $C_m = (328, 211)$ e $C_g = (325, 210)$. Esta diferença se deve à distorção espacial produzida em função dos pesos relativos ao total de chuva registrado em cada ponto. A diferença entre os dois centros poderia ser muito maior, a depender da variância dos pesos e da variável utilizada como peso.

138 MARCOS CÉSAR FERREIRA

Tabela 3.6 – Procedimento para o cálculo do raio padrão (distância padrão) da distribuição de pontos do mapa da Figura 3.7.

Ponto	Coordenada X	Coordenada Y	d_i	d_i^2
1	322	236	27	729
2	335	221	14	196
3	329	218	9	81
4	354	213	26	676
5	312	205	16	256
6	319	201	12	144
7	346	201	20	400
8	313	196	20	400
			$\Sigma =$	2.882
			$\Sigma/n=$	360,25
			$l^2 =$	18,98

Distância padrão ou raio padrão

Se, em uma distribuição de frequência unidimensional, o espalhamento dos dados em relação à média pode ser estimado pelo desvio padrão, em uma distribuição bidimensional, o espalhamento dos pontos em relação ao seu centro médio pode ser estimado pela *distância padrão* (l^2) ou raio padrão (Unwin, 1981). Em uma determinada nuvem de pontos, a distância (d_i) entre cada ponto i e o centro médio da distribuição são utilizados como base para o cálculo de l^2, conforme a Equação 3.9:

$$l^2 = \sqrt{\frac{\sum_{i=1}^{n} d_i^2}{N}} \tag{3.9}$$

onde N é a quantidade de pontos no arranjo espacial.

Quanto maiores os valores de l^2, mais espalhados estarão os pontos em relação ao centro médio; quanto menores os valores de l^2, mais agregados estarão os pontos em relação ao centro médio da distribuição espacial. Portanto, nota-se que a distância padrão é uma medida de dispersão do arranjo de pontos no espaço geográfico.

A Figura 3.8 representa o traçado do círculo baseado na distância padrão medida a partir do centro médio (neste caso, l^2 é chamado de *raio padrão*).

Pelo traçado de l^2 observamos que os pontos *1, 4 e 7* situam-se além do raio padrão, significando que estes pontos estão em posições extremas e mais dispersas quando comparados aos demais pontos da distribuição. Convém lembrar que, na maioria das vezes, l^2 pode ser um parâmetro mais útil que o centro médio (C_m). Por exemplo, duas distribuições espaciais que possuam valores de C_m muito parecidos podem ter valores de l^2 bem diferentes.

Considere duas distribuições espaciais de pontos, uma referente a agências bancárias e outra a supermercados de uma cidade de porte médio. As duas distribuições espaciais talvez possuam C_m próximos – já que o centro da cidade é, em parte, agregador locacional desses dois tipos funções comerciais. Entretanto, com relação à distância padrão, a distribuição das agências bancárias terá l^2 menor, pois estas tendem a se concentrar predominantemente no centro e nos subcentros urbanos. A distribuição espacial dos supermercados, se comparada à dos bancos, é mais espalhada e dispersa com relação ao centro urbano e, por isso, seu valor de l^2 será maior.

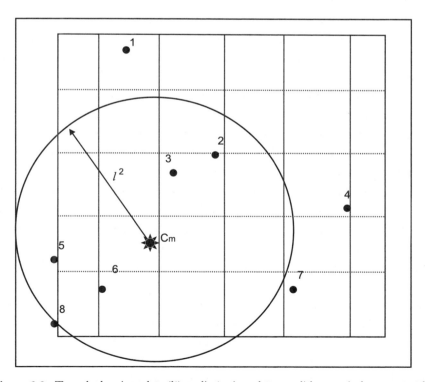

Figura 3.8 – Traçado do raio padrão (l^2) ou distância padrão, medido a partir do centro médio da distribuição espacial de pontos da Figura 3.7.

140 MARCOS CÉSAR FERREIRA

Vetor de mobilidade do centro geográfico ponderado

O centro geográfico ponderado de uma distribuição espacial de pontos é uma medida *centrográfica* que tem destacada importância no estudo de evoluções espaço-tempo e de difusão espacial. Identificando-se a posição do C_g em cada instante de uma série temporal de mapas e, posteriormente, unindo-se estes centros, podemos traçar o *vetor de mobilidade* ($\bar{m}$) da nuvem de pontos. O vetor de mobilidade $\bar{m}$ indica o sentido e a velocidade predominantes na difusão do fenômeno; auxilia-nos na tomada de decisão com relação a cenários futuros de espalhamento de doenças, gases poluentes e do crescimento urbano, entre outros fenômenos dispersivos.

A utilização do centro geográfico ponderado em uma perspectiva cartográfica temporal é uma estratégia que pode nos revelar não apenas o deslocamento das instâncias centrais, mas também o deslocamento do centro de massa de uma distribuição espacial (ver Figura 3.9). A mudança da posição do centro de massa nos informa sobre a evolução das *distorções areais sofridas pela distribuição espacial no tempo*. A combinação entre o centro médio e o centro geográfico ponderado alia tempo, geometria e geografia e, além disso, dinamiza os mapas temáticos monotemporais que muitas vezes são representações congeladas no tempo.

A combinação do centro médio com a distância padrão é uma abordagem que contribui para a compreensão da evolução temporal da estrutura espacial do território. Enquanto a mudança da posição do centro médio nos dá o *sentido* e a *velocidade* do deslocamento, a mudança da distância padrão nos informa sobre a evolução do *arranjo espacial*, isto é, mudanças do padrão agregado para o disperso, do agregado para o aleatório, e assim por diante. Como exemplo de aplicação do centro geográfico ponderado (C_g) para se determinar o vetor de deslocamento espaço-tempo, recorreremos novamente aos dados da epidemia de dengue ocorrida em 2001 na mesorregião de São José do Rio Preto-SP. Para cada mapa mensal de pontos foram calculados os valores de C_g e l^2 (Tabela 3.7). Neste exemplo, o peso atribuído a cada ponto foi o número total de casos notificados da doença, respectivamente no município e no mês da série temporal.

A posição de C_g calculada para cada mês do primeiro semestre do ano de 2001 foi georreferenciada na base cartográfica municipal do IBGE (1999), segundo a projeção policônica de Lambert. O modelo espacial de deslocamento do centro geográfico da epidemia de dengue de 2001 é apresentado

INICIAÇÃO À ANÁLISE GEOESPACIAL **141**

em formato de mapa na Figura 3.9. Este mapa foi construído a partir do traçado de segmentos unindo centros geográficos dos casos da doença em cada quadrissemana. Esta sequência pode ser analisada de forma sintética por meio de índices que descrevam a centralidade e a dispersão dos pontos em cada instante da série e contribuam para o melhor entendimento dos processos envolvidos na dispersão de uma epidemia (Cliff; Haggett, 1988).

Tabela 3.7 – Valores das coordenadas geográficas do centro geográfico ponderado, do raio padrão e da velocidade de dispersão, estimados para as sete primeiras quadrissemanas da epidemia de dengue ocorrida na mesorregião de São José do Rio Preto em 2001.

Mês	Latitude do C_g	Longitude do C_g	Dispersão Espacial (%)	Raio Padrão (l^2)(km)	Velocidade Média[1]
Janeiro	20º 35'	49º 19'	40,84	57,3	–
Fevereiro	20º 38'	49º 40'	71,61	101,4	10,5
Março	20º 37'	49º 44'	138,05	156,2	2,1
Abril	20º 36'	49º 46'	215,46	282,0	1,1
Maio	20º 39'	49º 39'	226,40	312,6	– 3,4[2]
Junho	20º 40'	49º 34'	140,62	196,9	– 2,3
Julho	20º 41'	49º 35'	77,0	107,8	– 0,5

[1] Em quilômetros, por semana epidemiológica.
[2] Os valores negativos se referem à mudança de direção na difusão.
Fonte: Ferreira (2003).

O cálculo do centro geográfico ponderado e da distância padrão, para cada mês da série, permite que monitoremos a centralidade da epidemia de dengue a partir do deslocamento da linha de trajetória de C_g durante a série temporal. Conhecendo-se a distância entre os centroides nos diferentes instantes da série, é possível estimarmos a velocidade do espalhamento da epidemia em uma determinada direção. O mapa da Figura 3.9 é útil no monitoramento do contágio espacial e no planejamento das ações de prevenção ao aparecimento de novas áreas infectadas. Nos meses de abril e maio, foram observados maiores valores de dispersão espacial. Comparando-se a distância padrão calculada para o mês de maio à calculada para o mês de janeiro, nota-se que l^2 cresceu 445% em relação ao início da epidemia. O vetor de mobilidade do centro geográfico assume a partir de maio o sentido contrário ao que predominou até abril, indicando tendência à pulsação espacial atribuída à sazonalidade dos casos de dengue. Além deste fator, os dados da Tabela 3.7 confirmam as dimensões espaço-tempo da epidemia. Em razão das particularidades do espaço urbano de alguns municípios e da anisotropia existente na fluidez regional da rede de transportes, C_g e l^2 variam com o tempo e se distribuem de forma desigual no espaço.

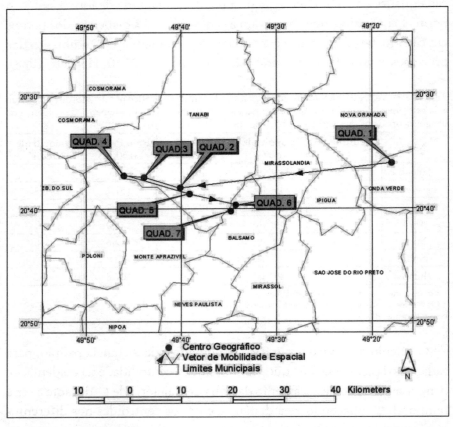

Figura 3.9 – Mapa dos vetores $\bar{m}$ do centro geográfico ponderado da epidemia de dengue ocorrida na mesorregião de São José do Rio Preto-SP em 2001, segundo sequência quadrissemanal (Quad.).
Fonte: Ferreira (2003).

O mapa da Figura 3.9 não nos deixa dúvida de que entre janeiro e fevereiro a migração do centro geográfico da epidemia de dengue se dirigiu para W-SW (oeste-sudoeste). A partir daquele momento, percebe-se um leve redirecionamento do vetor de mobilidade espacial para W-NW (oeste-noroeste), mantendo-se assim até abril; neste mês de máximo avanço do centro geográfico em relação ao início da epidemia, ocorre o início da retração espacial, marcada por um retorno a direção E-SE (leste-sudeste), até junho. As velocidades de deslocamento do centro geográfico de uma quadrissemana à outra são desiguais, indicando a existência de uma explosão inicial confirmada pela velocidade de $10,5\ km/mês$ (entre janeiro e fevereiro), seguida por uma desaceleração nos meses seguintes, quando as velocidades diminuíram para $2,1\ km/mês$ e $1,1\ km/mês$. Os valores negativos posteriores denotam uma mudança direcional nas velocidades, com variações que sugerem a desaceleração gradual da epidemia até o mês de julho.

Análise comparativa entre padrões de pontos de diferentes mapas

A distância padrão e o coeficiente de dispersão espacial são os parâmetros mais indicados quando queremos comparar dois ou mais mapas de pontos; além disso, permitem identificar diferenças entre mapas, com base na análise do distanciamento dos pontos em relação ao centro médio das distribuições. O *coeficiente de dispersão espacial* (D_e), expresso em porcentual, é semelhante ao coeficiente de variação. Os valores de D_e não sofrem influência nem do tamanho da área mapeada, nem da quantidade de pontos distribuídos nos mapas. Em razão dessas propriedades podemos reconhecer, entre dois ou mais mapas de pontos, aquele que apresenta pontos mais dispersos e, portanto, com menor valor de D_e.

Para melhor compreendermos o uso das medidas l^2 e D_e na comparação entre estruturas de distribuições espaciais, considere os mapas da Figura 3.10. Estes mapas mostram as distribuições espaciais das escolas públicas e privadas, em 1999, em duas cidades do estado de São Paulo: Limeira e Rio Claro. Em uma primeira inspeção visual, constatamos que tanto na área urbana de Limeira como na de Rio Claro a organização espacial das escolas privadas tem um padrão mais agregado que a das públicas. Notamos que a maioria desses estabelecimentos se encontra próxima ao centro médio (em ambos os casos, este centro médio está próximo do centro urbano).

A organização espacial das escolas públicas nos dois espaços urbanos mostra um padrão que varia do *aleatório* ao *disperso*. Como estratégia de auxílio à análise visual dos mapas da Figura 3.10, utilizaremos os índices quantitativos já discutidos neste capítulo para revelar detalhes imperceptíveis à leitura cartográfica visual das distribuições espaciais. Aplicando-se aos quatro mapas da Figura 3.10 as técnicas da distância padrão, do índice do vizinho mais próximo e do coeficiente de dispersão, constatamos o que segue:

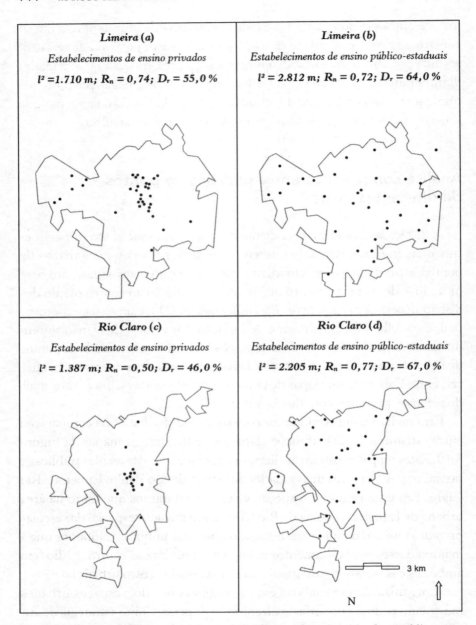

Figura 3.10 – Distribuição espacial dos estabelecimentos de ensino privados e público-estaduais nas áreas urbanas de Limeira e Rio Claro, em 1999, e respectivos valores de distância padrão (l^2), coeficiente de dispersão espacial (D_r) e índice do vizinho mais próximo (R_n).
Fonte: modificados de Almeida (2001a; 2001b).

INICIAÇÃO À ANÁLISE GEOESPACIAL **145**

a) Com relação às escolas privadas de Rio Claro, o espalhamento desse tipo de estabelecimento de ensino em relação ao centro médio dos pontos é menor. Isso porque nesta cidade, em 1999, a distância padrão era de 1.387 metros, contra 1.710 metros em Limeira. Se utilizarmos o coeficiente de dispersão, notaremos que em Rio Claro esta medida atingiu $D_e = 46\%$, enquanto em Limeira a dispersão é de $D_e = 55\%$.

b) Com relação aos estabelecimentos de ensino público-estaduais, não observamos fato digno de destaque quando comparamos as duas áreas urbanas. As duas distribuições têm dispersão quase similares ($D_e = 64\%$ em Rio Claro e $D_e = 67\%$ em Limeira), embora a distância padrão na primeira cidade seja aproximadamente 600 m superior à segunda.

c) Outro fato que podemos abstrair dos mapas, a partir do índice R_n, é o grau de organização espacial dos dois tipos de estabelecimentos de ensino. Quando utilizado em conjunto com o espectro de dispersão espacial da Figura 3.2, o valor de R_n nos dá elementos para detectar se a distribuição é agregada (*cluster*), aleatória ou dispersa.

d) Comparando-se o valor de $R_n = 0,50$ obtido para a distribuição espacial das escolas privadas de Rio Claro, ao espectro de dispersão da Figura 3.2, constatamos que R_n se posiciona entre 0,333 e 0,667 – valor que nos permite concluir que o padrão é agregado. A mesma categoria de estabelecimento de ensino tem, em Limeira, um índice $R_n = 0,74$, valor este que se posiciona entre 0,667 e 1,000 no espectro; este valor sugere a existência de um padrão menos agregado que o das escolas privadas de Rio Claro. Já as escolas públicas têm R_n elevados em ambas as cidades, sugerindo padrões espaciais entre o agregado e o aleatório.

O leitor deve estar ciente de que o exemplo das distribuições dos estabelecimentos de ensino utilizado neste capítulo de forma alguma pretende ser um estudo sobre a educação no âmbito da geografia urbana por meio de técnicas da geografia quantitativa. A opção por esta exemplificação tem apenas a preocupação explicativa de permitir ao leitor iniciante em análise geoespacial o acesso a estratégias de aplicação de índices quantitativos ao estudo de distribuições espaciais de objetos geográficos socialmente construídos e representados em mapas de pontos. É certo que, a partir da análise dos padrões e do grau de dispersão espacial das escolas de uma cidade, muitas inferências podem ser feitas acerca da segregação socioespacial e do acesso ao ensino pela população residente em áreas de influência de estabelecimentos de ensino. Uma distribuição espacial de escolas privadas cuja organização é espacialmente agregada (R_n e D_e têm valores mais baixos) sugere maior concentração locacional da população de alta renda. Se a distribuição espacial dos estabelecimentos públicos de ensino apresentarem R_n e D_e baixos, é possível que a área urbana tenha limitada acessibilidade da população ao ensino gratuito, pois o espaço agregado é desigual, segregado e geometricamente distorcido. Contudo, ressaltamos que esta inferência comparativa deve ser conduzida confrontando-se apenas localidades que possuam populações de tamanho parecido.

4
ANÁLISE DE INTERAÇÃO ESPACIAL

Introdução

No capítulo anterior, o espaço foi abordado em sua dimensão geométrica e a partir da distribuição bidimensional de pontos, cujo arranjo se manifesta em diferentes padrões: o agregado, o aleatório e o disperso. Já vimos que estes padrões de pontos refletem a organização espacial de objetos geográficos herdados histórica e continuamente construídos na relação entre sociedade, natureza e território. Cada nuvem de pontos tem uma assinatura geográfica que pode ser identificada tanto visual como estatisticamente. A propriedade espacial que diferencia duas ou mais nuvens de pontos, e atribui assinaturas geográficas aos arranjos espaciais das atividades humanas, é a *distância relativa entre os pontos*. Para que exista a distância relativa, é necessário que exista também afastamento entre pelo menos dois pontos situados no espaço geográfico. Este afastamento desencadeia uma relação entre pontos que será mais ou menos intensa, a depender, em tese, da magnitude do afastamento entre estes pontos.

A distância entre pontos provoca relações de *contiguidade* e *vizinhança*, as quais se desdobram em dois tipos de processos espaciais: a *interação espacial* e a *difusão espacial*. Estes processos são resultantes tanto do movimento humano físico como do movimento virtual das comunicações e das informações digitais entre posições, pessoas e grupos sociais e computadores.

Distância euclidiana e distância em rota

Todos sabem que a maneira mais trivial de se determinar a distância entre dois pontos situados em um plano cartográfico é por meio do traçado de uma linha reta unindo estes pontos e, posteriormente, pela medição do comprimento desta linha. Esta medida de afastamento é conhecida como *distância euclidiana* (d_E). A distância euclidiana é a medida de comprimento da reta mais curta entre os dois pontos. Entretanto, a distância d_E é um caso específico de medida de afastamento utilizada em geografia, restrita apenas às condições plano-cartográficas simples; isso porque d_E não considera propriedades espaciais como o arranjo dos objetos geográficos, complexidade das redes e rotas, rugosidade topográfica existente entre os objetos, fluidez do território, entre outras.

Tais condicionantes se constituem em restrições que são conhecidas como *impedâncias* ou *fricções* ao movimento. As restrições ao movimento fazem com que a circulação humana na superfície terrestre se dê com menor frequência em uma linha reta, sobre a qual tradicionalmente é medida a distância euclidiana. Em verdade, a circulação humana real no terreno se faz predominantemente em um sistema de *rotas*. Por isso, a medida real de afastamento entre lugares deve ser calculada com base no traçado das *redes geográficas* e *circuitos espaciais,* implantados no espaço geográfico. Esta medida real de afastamento entre instâncias espaciais, calculada a partir da geometria das redes geográficas e dos circuitos espaciais, é denominada *distância em rota* (d_R) (Gatrell, 1983).

Dissimilaridade entre distâncias e impedância espacial

Embora a diferença conceitual entre d_E e d_R pareça óbvia à primeira vista, o mesmo não acontece quando relacionamos estas duas medidas. Por exemplo, ao calcularmos a diferença entre a distância euclidiana e a distância em rota – ao que denominamos *dissimilaridade entre distâncias* ($\Delta_{E,R}$) –, obteremos informações sobre *distorções locacionais* existentes no espaço construído a partir da interação entre dois ou mais pontos. Essas distorções são produtos da combinação entre a diversidade das formas de uso do solo e a complexidade do desenho natural do meio físico, associação esta que dá unidade à paisagem local. Como a dissimilaridade é uma medida relativa, o cálculo de $\Delta_{E,R}$ deve ser feito em módulo, isto é $|\Delta_{E,R}|$ (valores negativos resultantes da diferença entre as distâncias são convertidos em positivos). Quanto maior for $\Delta_{E,R}$, maior será a *impedância ao movimento* entre duas ou mais localidades.

Impedância topográfica

Tomemos como exemplos Itanhaém, cidade situada no litoral sul paulista, e Itapecerica da Serra, posicionada no Planalto Atlântico, afastadas entre si por uma distância euclidiana de 51 km (Figura 4.1). A distância em rota mais curta entre estas localidades, por rodovia asfaltada, soma 164 km. Portanto, a dissimilaridade será:

$$|\Delta_{E,R}| = 164\ km - 51\ km$$

ou

$$|\Delta_{E,R}| = 113\ km$$

Esta diferença entre as distâncias euclidiana e em rota, medidas desde a cidade litorânea até a cidade planáltica, reflete, em parte, a impedância imposta pela Serra do Mar – importante barreira topográfica que até o início do século XX restringiu as comunicações terrestres entre a baixada litorânea e o planalto. Atualmente, com o desenvolvimento de novas técnicas construtivas rodoviárias, a impedância topográfica vem continuamente diminuindo sua influência na interação espacial entre lugares – embora o elevado custo das obras necessárias a manter a fluidez de circuitos implantados nestas áreas serranas ainda permaneça. No entanto, ao relacionarmos estas duas distâncias, considerando as cidades de Itanhaém e Santos, ambas situadas no litoral centro-sul paulista, observamos uma situação bem diferente da primeira (Figura 4.1).

Medindo-se d_E e d_R entre Itanhaém e Santos, constatamos que a dissimilaridade $|\Delta_{E,R}|$ é de apenas 1 km, pois a distância euclidiana entre as citadas localidades é de 51 km e a distância em rota é de 52 km. Este pequeno valor de $|\Delta_{E,R}|$, 1 km, indica a quase inexistência de impedância espacial ao deslocamento entre as duas cidades. A justificativa geográfica se deve, entre outras, ao fato de o trajeto entre elas ser desenvolvido totalmente na planície costeira, paralelamente à linha de costa e comprimido entre a escarpa serrana e o oceano.

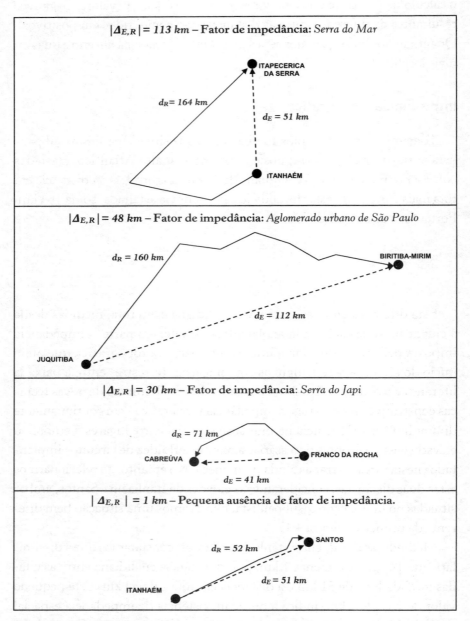

Figura 4.1 – Medidas de distância euclidiana d_E, distância em rota d_R e dissimilaridade entre distâncias $|\Delta_{E,R}|$, para quatro trajetos rodoviários ligando áreas urbanas do estado de São Paulo e respectivos fatores relativos de impedância espacial.

Os valores de d_R foram obtidos em DER (2008).

Impedância por barreiras urbanas

Outra forma de impedância geradora de distorções locacionais são os aglomerados urbanos. Estas extensas áreas edificadas, quando interpostas a eixos de deslocamento, contribuem para existência de maiores desvios em relação à distância euclidiana. Por exemplo, a distância euclidiana entre as cidades de Juquitiba e Biritiba-Mirim, situadas respectivamente a sudoeste e a nordeste do aglomerado urbano de São Paulo, é $d_E = 112$ km e a distância em rota entre estas mesmas localidades é $d_R = 160$ km. Com base nestes valores obtemos uma dissimilaridade $|\Delta_{E,R}| = 48$ km. Na Figura 4.1 são apresentados exemplos de medidas de d_E, d_R e $|\Delta_{E,R}|$, as respectivas impedâncias espaciais a elas vinculadas, em quatro trajetos entre cidades paulistas, em 2008.

Pelas situações apresentadas na Figura 4.1, notamos que raramente o espaço geográfico se constitui em uma *superfície isotrópica* – ou seja, superfície onde as dissimilaridades de distância são inexistentes em todas as direções do plano cartográfico. Na realidade, as superfícies do espaço geográfico são, na sua grande maioria, *anisotrópicas*, uma vez que, a depender da direção e dos pontos sujeitos à interação espacial, haverá diferentes graus de impedâncias ou fricções ao movimento.

Espaço absoluto e espaço relativo

As impedâncias espaciais podem ser associadas a vetores de deslocamento cujos comprimentos são maiores que os do esforço mínimo ou *custo mínimo* – este denominado vetor da distância euclidiana. O conceito de dissimilaridade entre distâncias nos coloca diante a dualidade *espaço euclidiano absoluto* (isomórfico e regular) e *espaço geográfico relativo* (heteromórfico e distorcido). No espaço relativo, a cada interação entre lugares um novo espaço surge com propriedades locacionais específicas de distância e de circulação. O espaço absoluto (ou abstrato) contém a geometria da superfície terrestre projetada segundo um modelo cartográfico que permite o endereçamento absoluto do fato geográfico, mas não necessariamente da *interação espacial* entre eles. No contexto do espaço relativo, as distâncias são influenciadas pelos objetos e pelas interações recíprocas. O conjunto formado pelos objetos e pelas interações entre eles define um espaço relativo (Forer, 1978b).

O espaço relativo mais complexo é o criado pela *mobilidade*. Neste espaço de interações e movimentos, a distância não é métrica, mas horária. A interação entre dois lugares L_1 e L_2 pode ser medida pelo tempo necessário ao deslocamento entre ambos, segundo um determinado meio de transporte escolhido.

O fato de L_1 situar-se a menor distância métrica de L_2, se comparado a L_3, não significa que o tempo de viagem entre L_1 e L_2 será menor que o tempo de deslocamento entre L_1 e L_3. Isso porque o *espaço relativo* a L_1 e L_3 pode ser menor que o *espaço relativo* a L_1 e L_2. Esta aparente contradição se deve ao fenômeno da *compressão espaço-tempo*, determinado pelo meio de transporte utilizado e pela impedância espacial entre os lugares. A depender do meio de deslocamento e da dissimilaridade entre distâncias, a compressão espaço-tempo será menor ou maior. A convergência espaço-tempo é maior, quanto mais sofisticada a tecnologia utilizada nos meios de mobilidade. A cada modo de transporte, um grau de convergência espaço-tempo está associado.

Compressão espaço-tempo

À medida que os meios de mobilidade se tornaram mais velozes, a compressão espaço-tempo aumentou. Por exemplo, em meados do século XIX, duas cidades que se distanciavam em 72 horas a veículo com tração animal, estavam afastadas em 4 horas por veículo ferroviário em 1930; em 2 horas, por automóvel, em 1990; e em apenas 15 minutos por avião monomotor em 2010. A compressão espaço-tempo pode ser entendida como a diminuição da importância da *duração métrica do espaço* em relação à *duração temporal do espaço*. À medida que aumenta a velocidade de interação entre os lugares, a distância entre os objetos fica menor – ou seja, o espaço pode ser *comprimido* ou *expandido pelo tempo*.

Este fenômeno é cada vez mais notado na vida urbana das grandes cidades. A Figura 4.2 nos dá, de forma simples, a noção de compressão espaço-tempo a partir de um cenário urbano comum ao cidadão: a dimensão temporal da cidade sob a perspectiva do pedestre que atravessa uma rua. Na cena A da Figura 4.2, está representado o espaço onde os objetos têm seu tamanho definido pela ótica do *motorista de um veículo* em movimento na rua. Para este motorista, a rua é longa e estreita e os postes são pequenos. A cena B representa o espaço do ponto de vista do *pedestre* que atravessa a rua. Nesta cena, a rua é mais larga e os postes mais altos que os da cena A. No espaço relativo da cena B as distâncias são medidas pelo tempo de deslocamento do pedestre e não pela distância métrica. Portanto, e sob esta perspectiva, a largura da rua deveria ser medida também em *segundos* ou *minutos*, e não em *metros*.

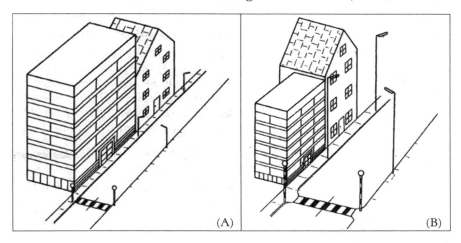

Figura 4.2 – A mesma imagem urbana representada em espaço métrico (A) e em espaço-tempo (B).
Fonte: Forer (1978a).

Mapas espaço-tempo

Diferente da distância espacial, que é medida em unidades métricas, a distância geográfica pode ser medida também em unidades horárias. As unidades de tempo, quando superpostas a um plano cartográfico métrico, podem ser orientadas em um plano XY da seguinte forma: *minutos* em *X* e *minutos* em *Y*. Esta superposição cria um novo espaço relativístico ao que denominamos *área-tempo* ou *espaço-tempo*. Forer (1978a) denominou a categoria espaço-tempo de *espaço plástico*. Segundo este autor, o espaço plástico é definido com base no tempo necessário para se deslocar entre posições situadas dentro deste espaço, em todas as direções. Por exemplo, o espaço do trânsito urbano é um espaço plástico, pois, a depender da rota escolhida, uma mesma distância métrica é percorrida segundo diferentes quantidades de tempo. A compressão espaço-tempo pode ser *maior para norte e menor para oeste* caso a rota escolhida para oeste atravessar o centro urbano ou contiver inúmeros cruzamentos com semáforos.

No espaço-plástico, as unidades métricas das coordenadas de um sistema de referência locacional (UTM ou latitude-longitude) podem ser substituídas por unidades de tempo. Em outras palavras, os eixos N e E passam a ser *crono*rreferenciados e não mais *geo*rreferenciados. A depender da escala geográfica e do meio de mobilidade utilizado, o *crono*rreferenciamento pode ser medido em segundos, minutos ou horas. Para construirmos um sistema de coordenadas espaço-tempo, é necessário definirmos a posição horária de origem ($t_0 = 0$ *minuto*) para todos os deslocamentos possíveis efetuados no plano espaço-tempo. Esta posição t_0 pode estar localizada em qualquer ponto do plano. A cada nova posição t_0 de origem, um novo plano espaço-tempo é configurado morfologicamente. A morfologia do plano espaço-tempo é dada pelo arranjo das linhas que unem pontos situados à mesma distância de tempo até a origem t_0. Estas linhas são denominadas *isócronas* (Figura 4.3).

Se o plano espaço-tempo for isotrópico, o deslocamento em qualquer das direções (de 0° a 360°) dar-se-á em igual velocidade. Por exemplo, em um plano isotrópico, independentemente de o trajeto ser em direção norte, sul, leste ou oeste, a distância de 1.000 metros será percorrida sempre no mesmo tempo (Figura 4.3b). Mas se a direção exercer influência no tempo de deslocamento o plano será anisotrópico. Neste último caso, a direção do trajeto exercerá influência no tempo necessário para se percorrer os mesmos 1.000 metros. Como consequência, teremos um espaço plástico distorcido pelo tempo (Figura 4.3a). Esta categoria de espaço é a que mais se aproxima do espaço urbano.

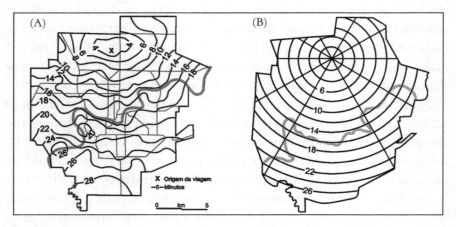

Figura 4.3 – Representação do plano espaço-tempo por meio do traçado de isócronas de seis minutos, com origem situada em X, para a cidade de Edmonton, Canadá. Em (A), temos o plano anisotrópico espaço-tempo, e, em (B), um plano isotrópico sem impedâncias.
Fonte: modificado de Müller (1978) e Forer (1978a).

Princípio do descaimento com a distância

Na análise geoespacial clássica, a interação em uma rede geográfica se dá de acordo com o princípio do descaimento com distância, segundo o qual a interação espacial entre dois lugares i e j diminui com o aumento da distância entre eles – seja a distância métrica ou a distância horária – e pode ser modelada por meio da *função de descaimento com a distância (e)*:

$$e = \log_{d_{i,j}} \left(\frac{1}{Q_{i,j}} \right) \tag{4.1}$$

onde $Q_{i,j}$ é o fluxo entre as localidades i e j, e $d_{i,j}$ é a distância, em rota, entre i e j. Quanto maior for e, mais inclinada será a curva de descaimento com a distância e mais rapidamente a quantidade $Q_{i,j}$ diminuirá com a distância entre duas localidades i e j (Chapman, 1979).

Pesquisas empíricas clássicas mostraram que o expoente e é influenciado tanto pela direção da rota como pelo tipo de mercadoria ou *commodities* transportada nesta rota (Black, 1972). Por exemplo, para mercadorias de alto peso e baixo valor unitário (areia ou tijolos, por exemplo), o expoente e é alto, significando que a quantidade transportada é grande, mas predominantemente feita a curtas distâncias (a curva de $Q_{i,j}$ tem maior inclinação). Se as mercadorias são leves e de alto valor unitário (como medicamentos, produtos eletroeletrônicos, computadores), o expoente e é baixo, isto é, as quantidades transportadas são menores, mas a longas distâncias.

O princípio do descaimento com a distância está relacionado ao conceito de *concentração* e *desconcentração* espacial. Se há concentração em um ponto do espaço, em razão de disponibilidade recurso natural, mão de obra, produção, consumo industrial ou de serviços – à medida que nos afastamos deste ponto a concentração tende a diminuir. Para compreendermos o significado do princípio do descaimento com a distância, basta associá-lo à clássica afirmação de F. F. Stephan, que diz que: "os dados são geográficos quando se manifestam no espaço de maneira agrupada como grãos em um cacho de uva, e não como bolas distribuídas regularmente em uma urna" (Stephan, 1934, apud Hepple, 1974).

À medida que a distância aumenta, diminui a dependência e a semelhança de um dado geográfico em relação aos dados de sua vizinhança.

Em outras palavras, para uma mesma variável espacial, valores próximos tendem a ser mais parecidos que valores distantes; ou como disse Hepple (1974): "em geografia, tudo está relacionado a tudo, mas as coisas próximas estão mais relacionadas entre si, que as coisas distantes". Podemos confirmar o princípio da diminuição com a distância, quando observarmos a diminuição do fluxo de veículos em uma rodovia, à medida que nos afastamos de um núcleo urbano de importância regional (Figura 4.7).

Considere o núcleo urbano como origem do traçado de uma rodovia; medindo-se o volume médio diário de veículos (VMD) que trafega em relação à origem e representando-se, no eixo Y, este volume em função das distâncias em relação à cidade (eixo X), a curva resultante assemelhar-se-á a uma função inversa $Y = \dfrac{1}{X}$. Entretanto, a queda na curva não é contínua e constante. Com a aproximação de outro centro urbano de importância regional ou de um cruzamento com outra rodovia, a curva de VMD oscilará de forma ascendente, indicando novo aumento na quantidade de veículos em movimento.

Tomemos como ilustração para esta afirmativa a variação do VMD com a distância, em intervalos quilométricos, em duas rodovias do estado de São Paulo: SP-310, no trecho entre Rio Claro e São José do Rio Preto (Figura 4.4), e SP-425, entre a divisa dos estados de Minas Gerais e São Paulo e a cidade de Presidente Prudente (Figura 4.5). Em ambos os gráficos, o eixo Y (VMD) foi construído na mesma escala vertical, de tal forma a destacar ao leitor as diferenças de fluxo entre as duas rodovias. A SP-310 tem volume diário de veículos muito elevado, principalmente no trecho sudeste, na transição entre os municípios de Rio Claro e São Carlos. A SP-425, por sua vez, apresenta movimento mais modesto, destacando-se apenas as proximidades de São José do Rio Preto e Presidente Prudente, onde os valores de VMD atingem patamares bem superiores aos do restante da rodovia (Figura 4.5).

Além do comportamento oscilatório da função e, a inclinação desta curva aumenta ou diminui a depender da direção do eixo de fluxo. Para melhor compreendermos a função e, considere como exemplo a rede apresentada na Figura 4.6, que tem como núcleo urbano regional a cidade de São José do Rio Preto. Nesta localidade pelo menos três rodovias estaduais importantes (SP-310, SP-320 e SP-425) se cruzam. No traçado da rede viária da Figura 4.6, poderão existir quatro curvas diferentes para a função e, uma para cada direção de rota originada no nó central segundo as respectivas rodovias: *NW, SE, E e NE*. Esta diversidade oscilatória direcional mostra a influência da interação regional de uma cidade mais populosa com outras localidades menores conectadas a ela pela mesma rede geográfica de movimento. O conjunto das curvas multidirecionais de diminuição do fluxo de veículos a partir dos nós da rede forma um *campo de movimento* (Haggett, 1960) (ver próxima seção).

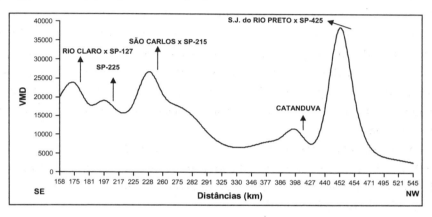

Figura 4.4 – Curva do volume médio diário de veículos (VMD) na rodovia SP-310 entre Rio Claro e São José do Rio Preto, em 2005.
Fonte: Dados de VMD obtidos em DER (2008).

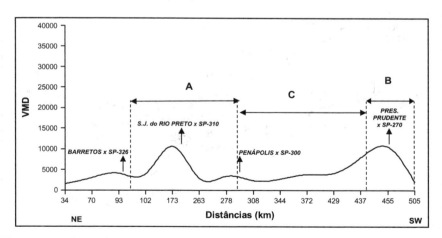

Figura 4.5 – Curva do volume médio diário de veículos (VMD) na rodovia SP-425 entre a divisa de São Paulo com Minas Gerais (NE) e a cidade de Presidente Prudente (SW), em 2005. Os campos de movimento de São José do Rio Preto e de Presidente Prudente estão identificados, respectivamente, pelas letras A e B, enquanto a letra C identifica o campo de transição entre A e B.
Fonte: Dados de VMD obtidos em DER (2008).

Os valores do volume médio diário (VMD) de veículos leves e pesados que trafegam segundo intervalos de distâncias de 15 km medidos a partir de São José do Rio Preto, em cada uma das quatro rotas (*SP-310E, SP-310SE, SP-320NW e SP-425NE*), são apresentados na Figura 4.7. As curvas da Figura 4.7 mostram o significado prático do princípio do descaimento com a distância. Nas quatro rotas observamos a diminuição real do fluxo de veículos (tanto de veículos leves quanto de pesados) com o aumento da distância até a cidade de São José do Rio Preto. Analisando-se com maior detalhe, notamos que os valores de *e* são menores para o tráfego de veículos pesados. Embora, com a aproximação da área urbana, haja um aumento do VMD para os veículos pesados, a função *e* evidencia também o maior equilíbrio na distribuição do tráfego deste tipo de transporte ao longo das rodovias.

A superioridade dos valores de *e* na Figura 4.7 reflete a abrupta elevação no fluxo de transporte individual com a aproximação urbana, se comparado ao fluxo de veículos pesados. São notáveis os valores maiores de *e* nas rotas *SP-310W* e *SP-320NW*.

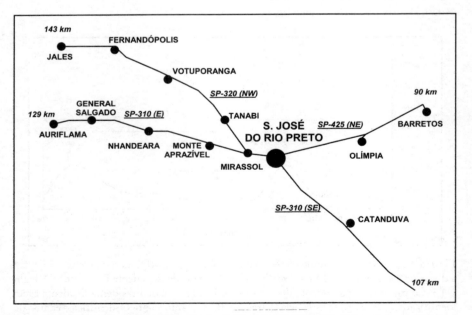

Figura 4.6 – Traçado das rodovias estaduais SP-310, SP-320 e SP-425, próximo a São José do Rio Preto, e seus respectivos valores do volume médio diário de veículos (VMD).

INICIAÇÃO À ANÁLISE GEOESPACIAL   159

Isso sugere que por meio dessas rodovias haja maior atratividade regional e circulação de bens, pessoas e serviços. Por essas duas rotas, e principalmente pela *SP-320NW*, as cidades de Votuporanga, Fernandópolis e Mirassol são conectadas a São José do Rio Preto por meio de frequentes migrações pendulares diárias ou semanais. A rota *SP-425NE* é a de menor significância frente às demais, pois os valores de *e* são os menores dentre as rotas analisadas ($e = 1,99$ para veículos pesados; $e = 2,17$ para veículos leves). Em geral, pequenos valores de *e* indicam menor distorção locacional dos fluxos em relação à vizinhança. Neste caso, a inclinação da curva de descaimento com a distância é menor, embora tal fato não signifique, necessariamente, que haja menor fluxo.

Campos de movimento

Diferente do campo territorial, definido segundo princípios políticos, culturais ou de posse – e por isso tem limites mais rígidos e precisos –, o *campo de movimento* é centralizado em um ponto focal e definido segundo relações entre *este foco* e seu *espaço de vizinhança* (Chapman, 1979). Podemos dizer, de forma mais geral, que o campo-área tem o mesmo significado de área de influência de um ponto ou nó.

Em escala urbana, este conceito é utilizado com mais frequência para delimitação de *áreas de influência* de mercados, de unidades básicas de saúde ou de delegacias de polícia, entre outras. Em escala regional, o campo-área pode refletir o grau de interação espacial entre um nó da rede geográfica e sua vizinhança – o qual depende da intensidade e da extensão da circulação de bens, pessoas e serviços atraídos ou difundidos a partir deste nó. Sob este último ponto de vista está se falando de campo-área como *campo de movimento*. Como em qualquer outro campo, sua estrutura espacial é análoga às das superfícies contínuas com transições laterais suaves que diminuem à medida que a distância do nó aumenta em direção à fronteira do campo. Por exemplo, no centro do campo localizam-se cidades com maior número de empregos ou de serviços oferecidos; o campo-área deste centro compreenderá uma área de influência, dentro da qual se inserem localidades menores e das quais provêm trabalhadores ou consumidores.

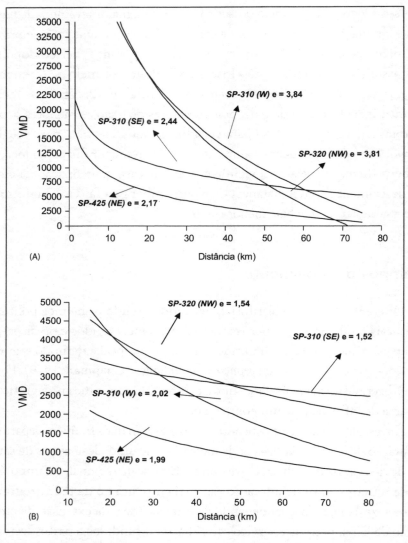

Figura 4.7 – Curvas da função de decaimento com a distância (*e*) para quatro rotas de rodovias estaduais originadas em São José do Rio Preto. As curvas mostram a distribuição do volume médio diário (VMD) de veículos leves (A) e veículos pesados (B) segundo a distância da respectiva cidade e o respectivo valor de *e*.

Os campos de movimento possuem zonas com grande volume médio diário de veículos nos nós de fluxo, e zonas com pequenos volumes, onde o movimento é mais rarefeito. Nessas últimas, geralmente se incluem municípios menos populosos ou segmentos viários sem interseção com outras rodovias. Os limites desses campos são, de certa forma, arbitrários, e as suas extensões laterais e elevações variam com a direção do espectro do fluxo diário de veículos. A direção em que o alongamento do campo é maior é aquela em que a interação espacial entre duas localidades, por via rodoviária, é a mais intensa.

Se a superfície de movimento fosse isotrópica, isto é, se os valores de *VMD* de veículos fossem idênticos em todas as direções do plano, então o campo seria regularmente distribuído na forma de um círculo, com centro localizado no núcleo da área urbana. Contudo, em análise geoespacial isto é raro, senão meramente teórico. Na realidade, e como já foi dito neste livro, no espaço geográfico, os campos de movimento são anisotrópicos, com deformações laterais e alongamentos direcionais que acompanham eixos rodoviários nos quais os *VMD* são maiores.

Campos vetoriais de interação

Na prática, os campos de movimento se constituem em *campos vetoriais de interação espacial*. Na Figura 4.8 são representados graficamente, em duas dimensões, os campos vetoriais de interação regional de quatro cidades do estado de São Paulo: *Ribeirão Preto, Bauru, Presidente Prudente e Piracicaba*. Os referidos campos mostram o porcentual de volume diário médio (VMD) de veículos que trafegam nas rodovias que dão acesso às citadas localidades, segundo as respectivas direções predominantes dessas rodovias.

Por exemplo, do total diário médio anual de 82.619 veículos que circularam em 2005 nas sete principais rodovias que dão acesso a Ribeirão Preto, *32%* fluiu na direção norte (*SP-330*) e *21%* na direção oeste (*SP-222*), e assim por diante. Nesses diagramas são indicadas as regiões e as localidades com as quais a cidade exerce interação regional. Ainda sobre o campo vetorial de movimentos de Ribeirão Preto, podemos dizer que a direção de fluxo norte interage predominantemente com cidades do Triângulo Mineiro. Se o fluxo fosse idêntico em todas as oito direções possíveis, o campo teria a forma de um círculo ou de um octógono perfeitos.

Entretanto, observamos na Figura 4.8 diferentes padrões de deformações que caracterizam cada um dos exemplos de cidade escolhido. Tanto em Piracicaba (*VMD = 54.864 veículos/dia*) como em Bauru (*VMD = 47.263 veículos/dia*), a maior distorção do movimento se dá em razão das

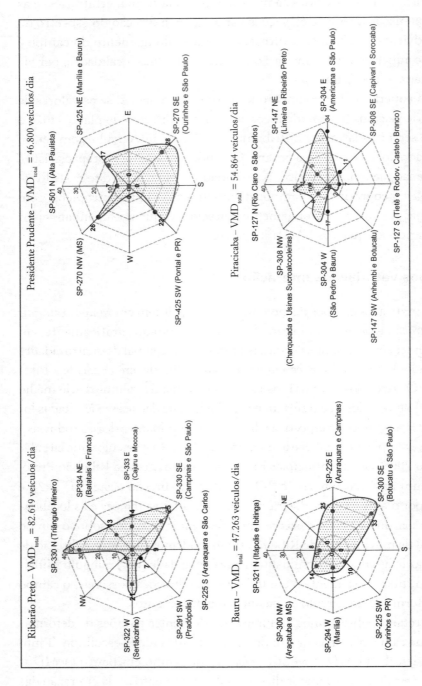

Figura 4.8 – Campos de movimento (polígonos pontilhados) de quatro cidades de São Paulo, traçados com base no fluxo de veículos e na orientação das rodovias estaduais que dão acesso à respectiva cidade. Os números situados nas bordas do campo se referem à porcentagem do VMD total que trafega na respectiva direção.

conexões leste e sudeste, que dão acesso à capital paulista. Em Piracicaba, predominam fluxos menos importantes a noroeste e a norte, os quais estão associados à interação com localidades vizinhas, em geral menores. Já Ribeirão Preto ($VMD = 82.619\ veículos/dia$) e Presidente Prudente ($VMD = 46.800\ veículos/dia$) exibem deformações resultantes do fato de essas cidades se constituírem em centralidades regionais do estado de São Paulo. Notamos nos diagramas da Figura 4.8 maior equilíbrio entre as direções dos fluxos mais intensos, principalmente em Bauru.

No caso de Ribeirão Preto, tanto a interação com o sul do estado de Minas Gerais como com a capital paulista são as mais significativas. Além destas, destacamos a interação em direção oeste, com municípios de elevado porcentual do seu PIB gerado pela agroindústria canavieira. Em Presidente Prudente, observamos o relativo equilíbrio entre as forças direcionais de interação espacial, as quais mantêm harmonia com o estado do Mato Grosso do Sul, noroeste do estado do Paraná, capital de São Paulo e com o centro-norte paulista.

a) Distorções direcionais dos campos vetoriais de interação

As dissimilaridades direcionais entre os vetores da proporção do volume médio diário, mostradas na Figura 4.8, podem influenciar e serem influenciadas pelos seguintes fatores locacionais, entre outros:

- desenho do perímetro urbano;
- distribuição espacial do uso do solo urbano e do uso do solo na região de entorno imediato da cidade;
- preço dos terrenos na cidade;
- especulação imobiliária nas periferias;
- distribuição espacial dos vazios urbanos;
- custo de implantação e de extensão de serviços e equipamentos urbanos a pontos mais distantes;
- velocidade média do trânsito urbano.

Tais fatores, intrínsecos à ocupação e formação territorial da cidade, mostram relativa correspondência com a orientação e a conexão entre as estradas de fluxo mais intenso. Além desses, outros como quantidade e qualidade dos serviços oferecidos na cidade e tamanho da população urbana flutuante, contribuem também para a intensidade e orientação espacial do *VMD* de veículos nas rodovias de acesso à cidade. Geralmente, próximo a cruzamentos entre as vias com maior *VMD* se instala a maioria das empresas de transformação e de serviços. Este fenômeno locacional de concentração se dá, sobretudo, em função da maior acessibilidade à rede regional de transporte, proporcionada pela posição reticular estratégica dos nós.

Em razão dessa forma de organização espacial, potencializada, em princípio, pelos interesses no aumento dos lucros dos empreendimentos situados nessas posições estratégicas, pode ocorrer também a concentração locacional de passivos ambientais e sociais. Dentre eles citamos, por exemplo, a poluição atmosférica, o comprometimento qualitativo e quantitativo dos recursos hídricos e, principalmente, a segregação espacial da população mais pobre – esta que, muitas vezes, é forçada a se mudar destes espaços competitivos para outros mais distantes, quase sempre desprovidos de equipamentos públicos de infraestrutura.

b) Fronteiras dos campos vetoriais de interação

O processo de delimitação das fronteiras do campo de movimento é relativamente abstrato. Isso porque o tamanho do campo depende da escala geográfica de abordagem e da variável espacial utilizada para a análise da interação espacial entre localidades. Se considerarmos, por exemplo, o atendimento médico do Instituto do Coração (Incor), localizado na capital paulista, como um serviço oferecido pelo nó central de uma rede, o seu campo de movimento terá proporções nacionais ou até continentais. Se, por outro lado, em uma escala intraurbana, o nó for um pequeno supermercado situado na periferia de uma cidade média, os produtos por ele oferecidos forem aqueles comuns ao varejo, e seus consumidores se deslocarem a pé até este estabelecimento, então o campo de movimento terá o tamanho de poucas quadras. Da mesma forma, a depender do tipo de mercadoria transportada, o campo será maior ou menor. Por exemplo, produtos hortifrutigranjeiros têm campos de movimento com menor dimensão que os campos dos alimentos industrializados.

Como o espaço geográfico está repleto de centralidades que se avizinham em múltiplas escalas, podemos pensar que as fronteiras entre seus inúmeros campos são incertas e imprecisas. Nas periferias entre dois ou mais campos de movimento, haverá uma confusão entre seus limites e, por-

INICIAÇÃO À ANÁLISE GEOESPACIAL **165**

tanto, essas zonas devem ser consideradas transicionais. Mesmo ao sabermos que os limites entre os campos são imprecisos, é possível estimarmos seu traçado e representá-los em mapas por meio de linhas tracejadas. Para isso, podemos calcular a posição do ponto de ruptura k entre dois campos de movimento vizinhos, situados a uma distância $d_{j,k}$ do nó j da rede. O cálculo de $d_{j,k}$ baseia-se no modelo gravitacional e é descrito, conforme sugere Taylor (1977), pela Equação 4.2:

$$d_{j,k} = \frac{d_{i,j}}{1 + \dfrac{P_i}{P_j}}$$

(4.2)

Na Equação 4.2, $d_{i,j}$ é a distância em rota entre as cidades i e j; P_i e P_j são, respectivamente, a população residente na cidade i e na cidade j. As variáveis P_i e P_j podem ser substituídas pela quantidade de estabelecimentos comerciais, de trabalhadores com carteira assinada, de leitos de hospital ou de escolas, entre outras. A opção por variáveis diferentes da população dependerá do método de abordagem regional ou dos objetivos específicos da pesquisa. Considere, a título de exemplo de aplicação desta técnica de análise geoespacial, os centros urbanos de Ribeirão Preto, P_i = 563.166 habitantes, e Araraquara, P_j = 199.575 habitantes (dados de 2008). A distância em rota rodoviária entre ambos é $d_{i,j}$ = 85 km. Aplicando-se a Equação 4.2 teremos:

$$d_{j,k} = 85 \ / \ (1 + 563.166/199.575)$$
$$d_{j,k} = 85 \ / \ (1 + 2,821)$$
$$d_{j,k} = 85 \ / \ 3,821$$
$$\text{ou}$$
$$d_{j,k} = 22,24 \text{ km}$$

O valor calculado para $d_{i,j}$ indica que o limite entre os campos de movimento das duas cidades se localiza a aproximadamente $22,24$ km de Araraquara e a $61,75$ km de Ribeirão Preto. Se os dois municípios tivessem a mesma população, a ruptura k estaria localizada no ponto médio entre as respectivas áreas urbanas, ou seja, a $42,5$ km de cada uma delas.

Em termos espaciais, para cada direção α haverá um valor para k, ou em linguagem matemática simples, $k = f(\alpha)$. A depender da direção considera-

166   MARCOS CÉSAR FERREIRA

da a partir da cidade i, a interação espacial se dá com diferentes cidades j e, por isso, tanto a razão P_i/P_j como a distância $d_{i,j}$, terão valores específicos para cada direção α. Seguindo este raciocínio podemos determinar n posições para k, sendo n a quantidade de pares (i,j) de cidades em interação. Ao unirmos as n posições, traçamos os limites dos campos de movimento de todas as localidades do mapa.

Redes geográficas

O movimento é um dos mais significativos processos que contribuem para a organização do espaço. Duas localidades exercem entre si uma atração que é inversamente proporcional à distância em rota entre elas, isto é, quanto mais próximas estão as localidades, maior tenderá a ser interação entre elas. Esta interação – diretamente relacionada ao conceito de movimento, distância e tempo – se dá, principalmente, por processos migratórios diários entre cidades próximas, caracterizados por viagens desencadeadas por necessidades de consumo, uso de serviços e por trabalho, oferecidos pela cidade de destino.

Em termos geométricos, o modelo gráfico linear é eficiente para a representação do movimento em uma rede geográfica. Como a maioria dos deslocamentos é realizada entre os nós de origens e de destino, a linha é o objeto mais adequado à construção topológica da interação entre lugares. Por meio da linha, podemos representar diferentes modalidades de deslocamento: ferroviário, rodoviário, aeroviários, hidroviário e trilhas, entre outros. Neste contexto, algumas definições contextualizadas na abordagem geométrica das redes geográficas são aqui lembradas e representadas na Figura 4.9.

- *Conexão* ou *link*: conexão linear ou segmento de reta que liga dois nós.
- *Nó* ou *vértice*: pontos onde se cruzam duas ou mais ligações.
- *Região nodal:* um polígono, cujos lados são formados por conexões.
- *Rede*: arranjo espacial de conexões, nós e regiões nodais, formando uma estrutura integrada. Representa as possibilidades de movimento e interação espacial entre lugares.

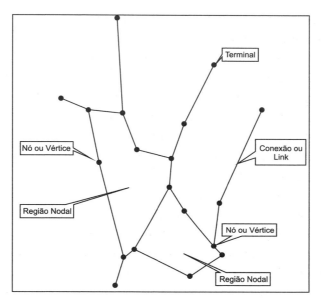

Figura 4.9 – Estrutura espacial e elementos constituintes de uma rede geográfica hipotética.

Uma rede geográfica se caracteriza pela propriedade de possuir, na mesma estrutura, dois sistemas referenciais de posicionamento: o *sistema geodésico*, que dá a posição absoluta dos nós e das conexões em relação a um sistema de referência locacional terrestre; e o s*istema topológico*, que posiciona os nós e conexões em relação a outros nós e conexões da rede geográfica. Por exemplo, duas localidades A e B podem, ao mesmo tempo, situar-se a uma pequena distância geodésica, mas em posições topológicas muito distantes entre si. A localidade A poderia estar em um ponto terminal da rede (apenas uma ligação lhe dá acesso a toda a rede) e a localidade B poderia posicionar-se em um entroncamento de cinco conexões, o que lhe daria cinco vezes mais opções de interagir com as demais localidades (nós) da rede.

As redes geográficas podem apresentar elevados graus de complexidade, principalmente as redes do tipo *circuito espacial* que permitem circulação de retorno (*loop*) e fluxos em duas direções. Este é o caso das redes rodoviárias e das redes de trânsito urbano. Este nível de complexidade não se manifesta nas *redes dendríticas*, como as redes fluviais. Nestas, os canais possuem fluxos superficiais unidirecionais, responsáveis pela dinâmica da água de superfície em bacias hidrográficas, desencadeada pela energia potencial do relevo, pela rugosidade dos canais fluviais e pela precipitação.

Os circuitos espaciais podem ser simplificados por meio de um modelo de abstração gráfica conhecido como *grafo*. Grafos são arranjos de pontos que podem ser conectados entre si por meio de linhas. Não há preocupação nem com o comprimento, nem com a orientação exata das linhas, nem se elas são originalmente retas ou curvadas. A grande vantagem do uso do grafo é que este se constitui em etapa preparatória à construção de *matrizes de conectividade* entre nós, fundamental para análise de redes geográficas. Os nós do grafo ocupam as linhas *e* as colunas da matriz. As matrizes de conectividade são quadradas, com *m* linhas e *n* colunas (*m* = *n*). Em cada elemento (*i,j*) da matriz é registrado um valor referente à interação entre o lugar *i* e o lugar *j* (nós) da rede geográfica. Se a rede conecta 20 localidades, então a matriz terá *20 linhas x 20 colunas*. Na entrada superior da coluna e na entrada lateral da linha estão posicionados os nomes das localidades; na diagonal da matriz (elementos da matriz com *i* = *j*) não é registrada qualquer conexão, pois nestas posições há a interseção entre linhas e colunas referentes à mesma localidade ou ao nó da rede. Na análise de circuitos espaciais, são utilizados, principalmente, três tipos de matriz de conectividade:

- matriz de conectividade binária ($C_{m,n}$);
- matriz de trajetos mais curtos ($T_{m,n}$);
- matriz de conectividade binária ponderada ($P_{m,n}$).

Matriz de conectividade binária

Também denominada *matriz de adjacência*, registra a *presença* e a *ausência* de conexão direta entre duas localidades *i* e *j* de um circuito espacial. Quando há conexão direta, o respectivo elemento (*i,j*) da matriz recebe o valor *1*; quando não há conexão direta, o valor é *0* (zero) (Tabela 4.1). Na diagonal da matriz $C_{m,n}$, podemos registrar também o valor *1* para informarmos que todos os lugares estão conectados a si próprios (Unwin, 1981). A partir da matriz $C_{m,n}$, calculamos facilmente o *índice de acessibilidade* (*A*) de cada nó da rede; para isso, basta apenas somarmos os valores das linhas da matriz. Na matriz da Tabela 4.1 estão representadas as conexões entre 15 municípios da região de Ribeirão Preto-SP. Nesta matriz observamos que o índice de acessibilidade de Sertãozinho é *A=5*, de Jaboticabal é *A=6* e Ribeirão Preto, *A=8*.

a) Índice de Acessibilidade (A)

O índice A reflete a quantidade de acessos rodoviários a uma determinada cidade (e desta cidade para toda a rede), originados de outras cidades do circuito espacial. Além disso, o índice A nos permite classificar as cidades segundo uma hierarquia de acessibilidade ao circuito espacial. Em estudos que envolvem a abordagem geográfica da diferenciação areal, nos quais se pretende comparar dois ou mais circuitos obtidos de regiões distintas, os parâmetros de posição e de dispersão podem ser estimados a partir dos dados da matriz. No caso específico do circuito utilizado como exemplo (Figura 4.10), a média de A é *4,4* e a moda 3. O valor da moda para a matriz da Tabela 4.1 nos informa que, entre as quinze localidades, dez têm nodalidade baixa (A=3 ou 4) e cinco situam-se acima da média regional: Taquaritinga (A=5); Sertãozinho (A=6); Jaboticabal, Bebedouro e Ribeirão Preto (A=7). O índice A posiciona hierarquicamente um determinado nó em relação à rede de acordo com o grau de acessibilidade; o grau de acessibilidade reflete, indiretamente, o tamanho de sua população urbana, dos serviços oferecidos, do seu PIB, entre outras variáveis. Além dessas variáveis, devemos considerar também os antecedentes históricos de ocupação territorial relacionados à implantação das primeiras vias de circulação regional, pois a partir dessas, muitas das atuais vias foram traçadas e ampliadas.

Tabela 4.1 – Matriz de conexão binária entre 15 cidades da região de Ribeirão Preto-SP e valores do índice A. A coluna RE indica o número de conexões com redes externas.

	RE	Ba	Be	Du	Gu	Ja	Mo	Pi	Po	Pr	Rib	Se	Tai	Taiu	Taq	Vir	A
Barrinha		–				1			1			1					3
Bebedouro	3		–		1			1				1				1	7
Dumont				–					1	1	1						3
Guariba	2				–	1				1							4
Jaboticabal	1	1	1		1	–	1	1		1							7
Monte Alto					1		–						1		1		3
Pitangueiras		1			1			–		1					1		4
Pontal	2						1		–	1							4
Pradópois	1	1		1	1					–							4
Rib. Preto	5			1							–	1					7
Sertãozinho	1	1		1				1	1	1		–					6
Taiaçu	1					1							–	1			3
Taiuva			1		1							1		–			3
Taquaritinga	3				1	1									–		5
Viradouro	2		1				1									–	4

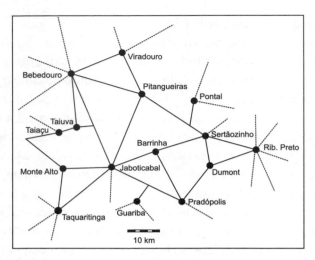

Figura 4.10 – Estrutura espacial de uma rede geográfica de 15 cidades da região de Ribeirão Preto-SP, representada em grafo, construída com base em conexões rodoviárias. As linhas tracejadas se referem às conexões desta rede com outras redes adjacentes.

Em áreas urbanas com grande acessibilidade, algumas doenças contagiosas transmitidas por vetores – como a dengue, por exemplo – tendem a se alastrar com maior rapidez. A migração diária entre cidades com índice A menor e cidades com índice A maior, facilita o tráfego viral. De maneira geral, a maioria dos processos de difusão espacial é favorecida pela permeabilidade do circuito espacial e pela interação entre nós da rede, fatores estes que dependem da estrutura espacial de cada rede geográfica. Muitas das epidemias de alto contágio e elevada permeabilidade tiveram sua difusão espacial potencializada pelas redes de mobilidade espacial. Não é necessário entrar em maiores detalhes para comprovar tal afirmação. Basta lembrar a rapidez da difusão espacial do vírus $H1N1$ ocorrida em vários países, em 2009, cuja expansão intercontinental foi favorecida principalmente pela rede aeroviária. Além da rede aeroviária, também é pertinente lembrarmo--nos do papel exercido pelas rodovias que conectam municípios argentinos a brasileiros na difusão espacial do vírus $H1N1$ para o interior do estado do Rio Grande do Sul em 2009. Não é fato novo também a relação existente entre a expansão de doenças como a malária e a febre amarela, e a implantação de algumas rodovias na Amazônia brasileira. Este fato geográfico ampliou o contágio da população migrante com vetores dessas doenças.

O índice A é um parâmetro quantitativo do circuito espacial, associado a fatores demográficos e econômicos da localidade à qual se refere. A mag-

INICIAÇÃO À ANÁLISE GEOESPACIAL **171**

nitude do índice *A* reflete o tamanho da economia local, evidenciado pelo potencial do mercado consumidor, poder de compra dos salários e capacidade de produção industrial. Para melhor compreendermos o significado do índice de acessibilidade, considere os dados da Tabela 4.2, extraídos da rede da Figura 4.10. Nesta tabela, os valores de *A* dos nós da rede foram correlacionados às seguintes variáveis, mensuradas nos municípios situados nos respectivos nós: *população total (P), produto interno bruto (PIB), renda* per capita *(RPC), consumo de energia elétrica pelo setor industrial (CEI)* e *tempo decorrido desde a fundação do município (T).* Os coeficientes de correlação de Spearman entre o índice *A* e as variáveis *P, PIB, RPC, CEI* e *T,* mostram valores que variam de moderados a altamente positivos. Para o circuito espacial da região de Ribeirão Preto (Figura 4.10), a acessibilidade aos núcleos urbanos apresentou correlação altamente positiva com P (r_s=0,995) e T (r_s=0,830).

Tabela 4.2 – Valores do índice de acessibilidade (A), população total residente no município (P), produto interno bruto (PIB), renda *per capita* (RPC), consumo de energia elétrica pelo setor industrial (CEI), tempo decorrido desde a fundação do município (T); e respectivos valores do coeficiente de correlação de Spearman (r_s), para quinze municípios de parte da região de Ribeirão Preto-SP, conectados segundo a rede geográfica da Figura 4.10.

Município	A	P	PIB[1]	RPC[2]	CEI[3]	T[4]
Barrinha	3	29.001	187	1,43	1.400	55
Bebedouro	7	81.613	1.726	2,25	95.620	124
Dumont	3	7.456	54	2,42	3.010	46
Guariba	4	33.439	385	1,63	5.803	91
Jaboticabal	7	73.802	1.023	2,58	31.200	180
Monte Alto	3	46.882	580	2,34	93.220	89
Pitangueiras	4	35.238	316	1,61	6.600	150
Pontal	4	35.427	404	2,36	5.470	73
Pradópolis	4	15.342	680	1,85	5.450	103
Rib. Preto	7	563.912	10.095	3,57	176.090	152
Sertãozinho	6	107.374	1.861	2,63	78.450	139
Taiaçu	3	6.147	51	1,58	111	55
Taiúva	3	5.832	47	2,11	217	48
Taquaritinga	5	56.871	427	1,96	11.990	140
Viradouro	4	18.280	119	1,75	1.250	92
Valor de r_s entre a variável da coluna e o índice A		**0,995** **p=99,9%**	**0,608** **p=99,0%**	**0,629** **p=99,0%**	**0,648** **p=99,5%**	**0,830** **p=99,9%**

[1] em milhões de reais (Fonte: Seade, 2008).
[2] em salários mínimos vigentes (Fonte: Seade, 2008).
[3] em megawatts (Fonte: Seade, 2008).
[4] até 2008.

Com relação às demais variáveis (RPC, PIB, e CEI), a correlação entre estas e o índice de acessibilidade foi menor, respectivamente 0,629, 0,608 e 0,648, o que indica associação moderadamente positiva. Os dados e as hipóteses aqui discutidos se referem apenas ao contexto da exemplificação do uso de A como indicador de acessibilidade de um nó em relação à rede de transporte e ao movimento da região na qual este se insere.

De maneira geral e com base nos valores de r_s, presume-se que existam relações diretas entre o tamanho da economia local e a importância hierárquica do respectivo nó na rede geográfica regional. A posição hierárquica de cada nó na rede pode ser espacializada com base no índice A, conforme mapa da Figura 4.11.

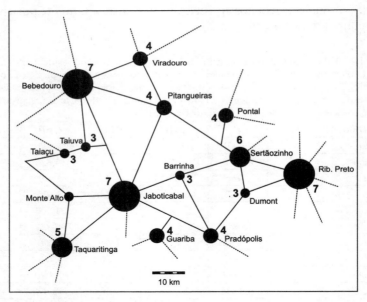

Figura 4.11 – Hierarquia de acessibilidade urbana na rede geográfica da Figura 4.10, de acordo com o valor do índice A em cada nó da rede geográfica (ver Tabela 4.2).

Matriz de trajetos mais curtos ($T_{m,n}$)

Enquanto a matriz $C_{m,n}$ registra a existência de conexões diretas entre dois nós da rede, a matriz $T_{m,n}$ confronta todos os nós da rede geográfica e registra, em cada elemento (i,j), a distância mínima em rota entre dois nós (Tabela 4.3). Por meio desta matriz, é possível se comparar todas as localidades da rede, identificando-se as que possuem posições topológicas de destaque em relação ao circuito como um todo. Esta comparação pode ser feita a partir do valor da soma de todos os valores de uma coluna (ou linha) da matriz $T_{m,n}$. Quanto maior for o resultado da soma para um nó, maior seria seu isolamento e maior impedância haveria à conexão aos demais nós da rede.

Outra forma de analisarmos a matriz dos trajetos mais curtos é por meio da média $\overline{X}_j$ das colunas j da matriz $T_{m,n}$. Como cada coluna se refere a uma cidade ou a um nó da rede, a média das distâncias entre esta posição e as demais da rede é dada pela Equação 4.4:

$$\overline{X}_j = \frac{\sum_{i=1}^{n} t_{i,j}}{n-1} \qquad (4.4)$$

onde n é o número de elementos da coluna j. Por exemplo, Jaboticabal apresenta $\overline{X}_j = 36$, significando que a conexão média é a de menor extensão dentre todas da rede ($36\ km$) ou alta acessibilidade. Em contrapartida, a cidade de Viradouro, com $\overline{X}_j = 68\ km$, tem a menor acessibilidade da rede, fato que pode ser confirmado pelo seu posicionamento na extremidade norte do recorte espacial (Figura 4.11). É oportuno lembrarmos que a rede da Figura 4.11 utilizada como exemplo para a construção das matrizes, está conectada também a outras redes e, por isso, os nós situados em sua extremidade têm valores de $\overline{X}_j$ definidos apenas no contexto deste recorte espacial.

Outra medida de conectividade extraída da matriz dos trajetos mais curtos é o *diâmetro da rede* (δ), representado pelo maior valor $t_{i,j}$ da matriz. Para o nosso exemplo, temos o diâmetro da rede $\delta = 92\ km$, registrado nos trajetos *Rib. Preto-Viradouro* e *Pradópolis-Viradouro*.

a) Índice β

Para avaliarmos a intensidade de interação espacial entre os nós e a fluidez do circuito espacial, utilizamos o índice β. Quanto maior o valor de β, menor o grau de integração entre os nós e, por isso, menor o número de opções de trajeto e de comunicação alternativas entre os nós da rede. O índice β é uma medida topológica utilizada desde os anos 1960 para estimar o grau de conectividade de uma rede. Segundo Kansky (1963, apud Chapman, 1979), β é calculado pela Equação 4.5:

$$\beta = \frac{l}{n} \qquad (4.5)$$

174 MARCOS CÉSAR FERREIRA

onde l é o número de segmentos conectando nós (*links*) e n é o número de nós da rede. O uso dos dois índices de conectividade já citados, δ e β, só se justifica quando queremos analisar a evolução de uma mesma rede no tempo, quando ou compararmos duas ou mais redes.

Tabela 4.3 – Matriz dos trajetos mais curtos, em rota, entre nós da rede geográfica da Figura 4.11. Os valores estão em quilômetros e foram calculados com base na malha rodoviária de 2008.

	Bar	Beb	Dum	Gua	Jab	Mon	Pit	Pon	Pra	Rib	Ser	Tai	Taiu	Taq	Vir
Barrinha	0	65	30	29	19	39	46	34	23	39	22	53	47	44	81
Bebedouro	65	0	71	64	44	56	30	62	75	80	60	29	22	67	22
Dumont	30	71	0	38	48	65	42	29	17	21	14	79	73	70	83
Guariba	29	64	38	0	23	38	55	56	23	57	44	52	46	41	80
Jaboticabal	19	44	48	23	0	18	32	52	31	57	40	32	25	28	60
Mon. Alto	39	56	65	38	18	0	50	73	50	78	61	36	37	25	72
Pitang.	46	30	42	55	32	50	0	33	59	51	31	61	54	60	42
Pontal	34	62	29	56	52	73	33	0	46	38	18	87	80	77	75
Pradópois	23	75	17	23	31	50	59	46	0	36	31	64	57	55	92
Rib. Preto	39	80	21	57	57	78	51	38	36	0	21	92	85	83	92
Sertãoz.	22	60	14	44	40	61	31	18	31	21	0	75	68	66	72
Taiaçu	53	29	79	52	32	36	61	87	64	92	75	0	6	52	54
Taiuva	47	22	73	46	25	37	54	80	57	85	68	6	0	48	47
Taquarit.	44	67	70	41	28	25	60	77	55	83	66	52	48	0	83
Viradouro	81	22	83	80	60	72	42	75	92	92	72	54	47	83	0
$\Sigma\, d_{i,j}$ (km)	571	747	680	646	509	698	646	760	659	830	623	772	695	799	955
$\overline{X}\, d_{i,j}$ (km)	41	53	49	46	36	50	46	54	47	59	45	55	50	57	68

Fonte: dados de distância obtidos em DER (2008).

Caso a análise tenha como objetivo avaliar a importância de cada nó em relação aos demais nós da rede, devemos utilizar os índices A e $\overline{X}_j$. Como exemplo de aplicação de δ e β, escolhemos uma rede situada nas proximidades de Ribeirão Preto (Figura 4.11) e outra nas proximidades de Bauru (Figura 4.12). Para a rede geográfica de Bauru, os valores calculados foram: $\delta = 115\ km$ e $\beta = 2,31$; para a rede da região de Ribeirão Preto, estes índices apresentaram os seguintes valores: $\delta = 92\ km$ e $\beta = 3,13$. Embora as duas redes conectem um número relativamente parecido de nós (15 na rede de Ribeirão Preto e 16 na rede de Bauru), os índices de conectividade mostram que elas têm estruturas topológicas diferentes. Segundo Haggett e Chorley (1969), valores de β situados entre 0 e 1 indicam que a rede é dendrítica (semelhante às redes fluviais), pouco conectada e com tendência à hierarquia de ligações entre nós. Valores de β maiores ou iguais a $1,0$ indicam redes em circuito. Quanto maior o valor de β e mais distante ele estiver de $1,0$, mais complexa, bem conectada e bem estruturada topologicamente será a rede. Assim, podemos concluir que a rede da região de Ribeirão Preto, com $\beta = 3,13$, é relativamente mais conectada e complexa que a rede da região de Bauru, com $\beta = 2,31$. Esse valor posiciona a rede de Bauru mais próxima a uma rede aberta ou dendrítica que a rede de Ribeirão Preto.

As redes com valores de β elevados apresentam formas que favorecem *múltiplas opções direcionais de fluidez*, isto é, há a menor tendência de que um cidadão, ao optar por acessar a rede, não o faça com direção predominante a apenas um nó, já que as opções são maiores que nas redes com β pequeno. Como sempre haverá nestas redes uma quantidade de conexões maior que a quantidade de nós, vários nós estarão acessíveis e disponíveis.

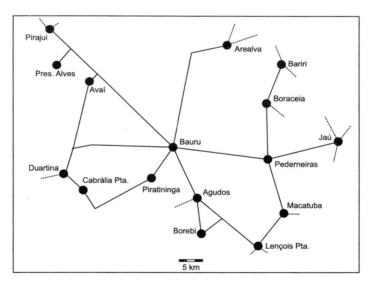

Figura 4.12 – Estrutura espacial de uma rede geográfica de dezesseis cidades da região de Bauru-SP, representada em grafo, construída com base em conexões rodoviárias. As linhas tracejadas se referem às conexões desta rede com outras redes adjacentes.

Nas redes onde a quantidade de ligações é pequena em relação à quantidade de nós, a tendência é ocorrer o contrário. Tal diferença nas estruturas topológicas tem desdobramentos importantes na organização econômica regional – sobretudo no que concerne à espacialidade do consumo e à competição entre lugares.

b) Índice α

Um índice alternativo para uso na análise de conectividade é o *índice de integração espacial* (α), definido por Garrison e Marble (1962, apud Haggett; Chorley, 1969), cujo cálculo é feito a partir da Equação 4.6:

$$\alpha = \left(\frac{l - n + r}{2n - 5} \right).100 \qquad (4.6)$$

onde *l* é o número de conexões, *n* é o número de nós e *r* é o número de *apêndices terminais* ou *ramais isolados* conectados a apenas um nó. O apêndice terminal é denominado também de *subgrafo*. A vantagem do índice α é que este expressa o grau de conectividade na escala de 0 a 100%. A Figura 4.13 nos mostra a relação entre os valores dos índices α e β e a estrutura espacial de uma rede geográfica hipotética. Nesta figura, a rede evolui da estrutura dendrítica (Figura 4.13a) para o circuito espacial completo (Figura 4.13d).

Quando α = 0 (a integração é mínima), temos uma rede dendrítica unidirecional, semelhante às redes fluviais; quando α = 100% (a integração é máxima), a conectividade é completa e a rede tem o máximo de possibilidades espaciais de fluidez – ou seja, cada nó estaria conectado a todos os outros nós da rede (Figura 4.13d). Uma rede com α = 0 se comportaria como um conjunto linear de corredores de passagem, conectando nós muito distantes e exercendo mínima influência nas áreas situadas em seu entorno. Uma rede com α *igual ou próximo de 0%* pouco contribui à construção da identidade regional ou à interação espacial ao nível local, já que neste tipo de rede – embora apresente maior velocidade e fluidez – a interação espacial se dá apenas entre posições distantes e em direções restritas. Por outro lado, redes com α > 0 contribuem para a maior fragmentação da paisagem gerada pela implantação de inúmeros objetos geográficos, fato que resulta em um espaço com maior densidade de movimentos e conectividade nos transportes. O índice α nos auxilia na análise evolutiva temporal das redes geográficas, pois seus valores refletem a relação entre preenchimento e esvaziamento sequencial do espaço geográfico.

c) Análise evolutiva de redes com o uso dos índices α e β

Na Figura 4.14 apresentamos uma aplicação dos índices α e β à análise da evolução temporal da rede ferroviária do norte do estado de São Paulo – antiga região cafeeira de Ribeirão Preto. Esta rede é apresentada em dois instantes de tempo: *1960* (Figura 4.14a) e *2008* (Figura 4.14b). Os dois mapas da Figura 4.14 representam a marcante transformação sofrida pela rede ferroviária nas últimas décadas, fruto de mudanças nas políticas públicas dos transportes em todo o país, mas, sobretudo, nas zonas cafeeiras do estado de São Paulo, como a de Ribeirão Preto, por exemplo.

No intervalo de quase 40 anos entre os dois mapas da Figura 4.14, observamos que a quantidade de nós da rede ferroviária diminuiu de 67 para 42 e a quantidade de conexões mudou de 73 para 40. Além destes números, destacamos que o índice α reduziu de 15,1% para 7,14%, indicando que a rede transformou-se em corredor de passagem, conectando nós espacialmente mais distantes (o centro-oeste brasileiro ao porto de Santos, no litoral de São Paulo). Além disso, a diminuição do índice β, de 1,08 para 0,95, mostra tendência à evolução de circuito espacial (1960), para rede dendrítica (2008).

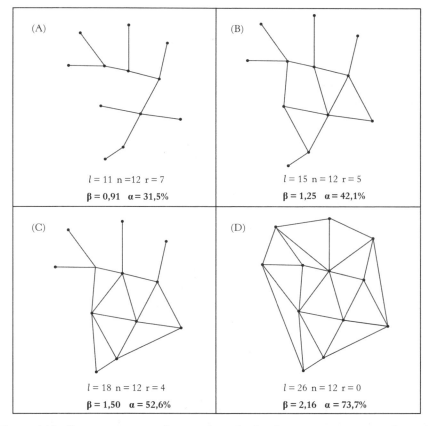

Figura 4.13 – Representação, em formato de grafo, da relação entre os números de nós (n) e links (l), os índices α e β, e a estrutura espacial de uma rede geográfica hipotética. Observe de A a D os efeitos do aumento dos valores de α e β na complexidade da rede.

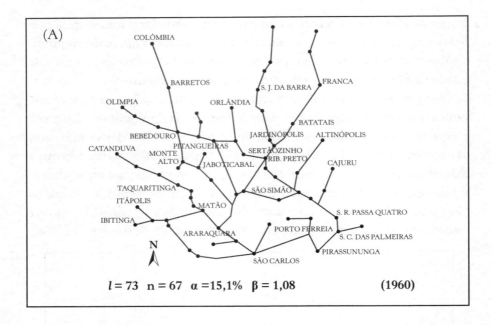

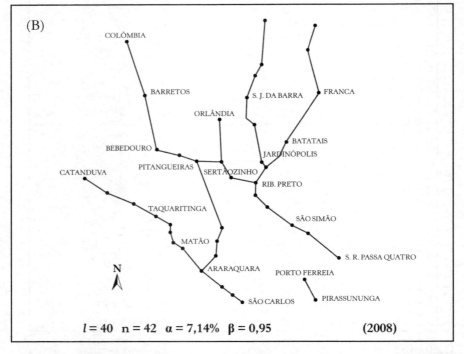

Figura 4.14 – Evolução da estrutura espacial da rede ferroviária da região norte de São Paulo entre 1960 (A) e 2008 (B), e dos valores de seus respectivos índices morfológicos.

INICIAÇÃO À ANÁLISE GEOESPACIAL **179**

Matriz de conectividade binária ponderada ($P_{m,n}$)

a) Modelos de interação gravitacionais

Alguns modelos para a delimitação de zonas de influência, adotados pela geografia desde a década de 1950, para a análise da interação entre nós de redes, podem ser utilizados com facilidade na análise de interação espacial em ambiente de SIG. Dentre estes, os mais tradicionais são os *modelos gravitacionais*. O potencial de interação espacial entre dois centros i e j ($I_{i,j}$) é proporcional ao produto de suas populações ($P_i \times P_j$) e inversamente proporcional ao quadrado da distância $d_{i,j}$ que separa i de j (Haggett; Chorley, 1965; Gatrell, 1983). A relação matemática que define $I_{i,j}$ é dada pela Equação 4.7:

$$I_{i,j} = \frac{P_i P_j}{d_{ij}^{\,2}} \qquad (4.7)$$

Embora de fácil aplicação, o modelo gravitacional da Equação 4.7 contém algumas limitações. Por exemplo, o fato de grande quantidade de pessoas residir em dois centros que interajam entre si, não implica necessariamente que apenas por isto a atração entre eles será maior. Devemos considerar outros fatores que atuam como ponderadores desta interação, como, por exemplo, a soma das rendas per capita ($r_i + r_j$) das localidades i e j. Quanto maior esta soma, maior será a pré-disponibilidade à interação, já que o poder de compra e a quantidade de carros por habitante nestas localidades serão, por consequência, mais elevados. Estes fatores podem contribuir para o maior potencial de mobilidade entre as localidades i e j, motivado pelo interesse no consumo de mercadorias, serviços oferecidos por ambas e contato entre cidadãos residentes nestas localidades.

Assim, a Equação 4.7 pode ser modificada incluindo-se como peso a soma das rendas *per capita*:

$$I_{ij} = (r_i + r_j) \frac{P_i P_j}{d_{ij}^{\,2}} \qquad (4.8)$$

Com base no modelo da Equação 4.8, podemos analisar a relação entre vários pares de localidades conectadas por uma rede, de tal forma a identificarmos os graus de interações espaciais possíveis entre os nós desta rede. Este procedimento é utilizado em estudos de difusão de padrões culturais ou de espalhamento de doenças contagiosas entre centros urbanos de uma região geoeconômica.

O afastamento entre lugares de uma rede pode ser estimado pela *distância temporal* $(t_{i,j})$ medida sobre a rota na qual há o menor deslocamento horário entre as cidades *i* e *j*. Muitas vezes, a menor distância em rota (medida em distância métrica) entre dois centros não é a mais rápida, pois o caminho mais curto pode conter impedâncias de tráfego (falta de conservação no pavimento da rodovia ou maior fluxo de veículos), fatores que resultarão na necessidade de maior tempo ao deslocamento. Portanto, nos modelos gravitacionais, a variável $d_{i,j}$ pode ser substituída pela variável $t_{i,j}$. Entendemos que a aplicação mais útil do modelo gravitacional em geoprocessamento seja no mapeamento do potencial de interação espacial $I_{i,j}$ e na representação deste índice em mapas quantitativos no formato de linhas e fluxos. A interpretação destes mapas nos permite identificar regiões hierárquicas nodais que expressam, em termos relativos, o potencial de interação espacial entre núcleos urbanos em uma rede geográfica.

b) *Ponderação de matrizes de conectividade binária a partir de modelos gravitacionais*

Um instrumento eficiente para estudar a interação espacial entre os nós de uma rede geográfica a partir de modelos gravitacionais é a *matriz de conectividade binária ponderada* $(P_{m,n})$. Como já foi discutido anteriormente, na matriz de conectividade binária $(C_{m,n})$, os elementos que representam conexões entre *i* e *j* recebem o valor *1* e os demais (não conexões entre *i* e *j*), recebem o valor zero. Seja $w_{i,j}$ um peso atribuído a cada interação *i,j* da matriz $C_{m,n}$. Então, cada elemento $c_{i,j} = 1$ da matriz de conectividade binária $C_{m,n}$ será transformado em um elemento $p_{i,j}$ da matriz de conectividade ponderada $P_{m,n}$, por meio da seguinte relação:

$$p_{i,j} = w_{i,j} . c_{i,j} \qquad (4.9)$$

Atribuindo-se pesos a todas as conexões existentes em uma rede geográfica, podemos comparar diferentes graus de interação entre os nós desta rede. Quanto maior o peso $w_{i,j}$ dado a uma interação espacial, mais intensa será esta interação se comparada às demais da rede. As variáveis do modelo gravitacional, como o produto das populações $(P_i.P_j)$, a soma das rendas *per capita* (r_i+r_j) e a distância entre as localidades (d_{ij}) são exemplos de pesos $w_{i,j}$ de elementos de matrizes ponderadas.

A Tabela 4.4 se refere à matriz dos valores de interação espacial $I_{i,j}$ entre pares de cidades da rede apresentada na Figura 4.10. Para o cálculo desses valores, foi utilizada a Equação 4.8, considerando-se as matrizes da soma das rendas *per capita* ($w_{i,j} = r_i + r_j$), produto das populações ($w_{i,j} = P_i . P_j$) e distâncias em rota entre os nós, todas calculadas para a rede da Figura 4.10. Para isso, basta substituirmos na Equação 4.8 o valor registrado na interseção linha-coluna da matriz ponderada, referente a cada par de localidades para o qual se quer determinar o potencial de interação $I_{i,j}$. Os exemplos ilustrativos a seguir mostram a aplicação deste procedimento para dois pares de nós da rede: Ribeirão Preto-Sertãozinho e Jaboticabal-Monte Alto.

$$i = \text{Ribeirão Preto}, \; j = \text{Sertãozinho}$$
$$w_{i,j} = r_i + r_j = 6,2$$
$$P_i . P_j = 60.506; \; d_{i,j} = 21 \text{ km}$$
$$I_{i,j} = (6,2 \times 60.506) / 21^2$$
$$\mathbf{I_{i,j} = 848,2}$$

$$i = \text{Jaboticabal}; \; j = \text{Monte Alto}$$
$$w_{i,j} = r_i + r_j = 4,9$$
$$P_i . P_j = 3.453; \; d_{i,j} = 18 \text{ km}$$
$$I_{i,j} = (4,9 \times 3.453) / 18^2$$
$$\mathbf{I_{i,j} = 52,43}$$

Estes cálculos podem ser realizados por meio de geoprocessamento para todas as interações registradas na matriz de conexão binária da Tabela 4.1. O resultado é a matriz de interação $I_{i,j}$ (Tabela 4.4). Os valores de $I_{i,j}$ devem ser interpretados de maneira relativa, convertendo-os, por exemplo, para a escala de *0 a 100* ou de *0 a 1,0*.

Os dados da matriz $I_{i,j}$ cobrem todas as interações possíveis dentro da rede da Figura 4.10, confrontando os 15 municípios. Devemos interpretar estes dados em ordem decrescente de $I_{i,j}$. Por exemplo, a interação *Ribeirão Preto-Sertãozinho* ($I_{i,j} = 848,2$) é aproximadamente sete vezes mais intensa que a *Ribeirão Preto-Jaboticabal* ($I_{i,j} = 78,77$). O mapa da Figura 4.15 representa a distribuição espacial do índice $I_{i,j}$ em cinco ordens hierárquicas de interação espacial, as quais são proporcionais à espessura do segmento de reta que une as localidades da rede. Por meio desta representação, é possível, por exemplo, estimarmos o caminho mais provável de difusão de uma doença contagiosa em uma região, considerando-se que o surto da doença se iniciou em um dos nós da rede. A partir do nó inicial traçamos um possível trajeto, ligando nó a nó, decidindo, dentre duas ou mais conexões que emergem de cada nó, por aquela que apresentar a maior espessura da linha (maior valor de $I_{i,j}$).

Tabela 4.4 – Matriz dos valores do índice de interação espacial $I_{i,j}$ para a rede geográfica da região de Ribeirão Preto-SP (Figura 4.10). Os valores de $I_{i,j}$ foram calculados a partir do modelo gravitacional da Equação 4.8; os valores em negrito se referem às conexões diretas, definidas na matriz de conexão binária (Tabela 4.1).

	Ba	Be	Du	Gu	Ja	Mo	Pi	Po	Pr	Rib	Se	Ta	Tai	Ta	Vi
Barrinha	–	2,0	0,9	3,4	**23,0**	3,3	1,4	3,2	**2,7**	53,6	**26,0**	0,2	0,3	2,8	0,2
Bebedouro		–	0,5	2,5	**14,7**	5,5	**12,0**	3,4	0,9	40,9	11,6	2,2	4,2	4,3	**12,0**
Dumont			–	0,7	1,2	0,4	0,6	1,4	**1,6**	**55,4**	**19,8**	0,1	0,1	0,4	0,1
Guariba				–	**19,2**	4,2	1,2	1,5	**3,3**	29,5	**7,7**	0,2	0,3	3,9	0,3
Jaboticabal					–	**52,4**	**10,4**	4,6	**5,0**	78,7	25,2	1,8	3,2	23,8	1,6
Mte. Alto							2,5	1,4	1,2	25,1	6,6	0,9	0,8	**18,0**	0,7
Pitang.							–	4,4	0,5	38,5	**16,2**	0,2	0,2	1,9	1,2
Pontal								–	1,0	79,4	**56,6**	0,1	0,1	1,4	0,5
Pradópois									–	35,1	7,4	0,1	0,1	1,1	0,1
Rib. Preto										–	**848,2**	2,1	2,5	25,2	6,3
Sertãoz.											–	0,5	0,6	6,2	1,6
Taiaçu												–	**3,6**	0,4	0,1
Taiuva													–	0,6	0,2
Taquarit.														–	0,5
Viradouro															–

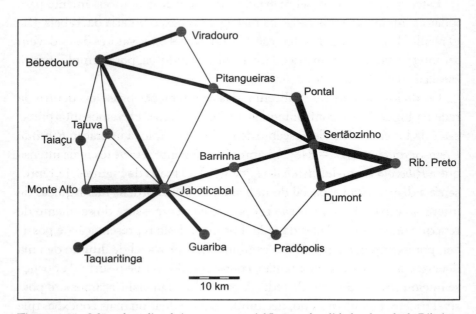

Figura 4.15 – Mapa do índice de interação espacial $I_{i,j}$ entre localidades da rede de Ribeirão Preto-SP, representado em cinco ordens hierárquicas baseadas em valores da matriz de interação espacial (Tabela 4.4).

c) Superfícies de probabilidade de interação espacial

Como a interação espacial entre diferentes localidades é influenciada pela motivação do cidadão em se deslocar preferencialmente em direção a um centro A, em detrimento de um centro B, devemos considerar esta interação sob o ponto de vista probabilístico. Considerando-se tais prerrogativas, Taylor (1977) propôs um modelo para estimar, dentro de uma região com k localidades, a probabilidade de o deslocamento originar-se na localidade i e destinar-se à localidade j, tendo como motivação a compra de mercadorias ou a utilização de serviços oferecidos em j. Este modelo se apoia na seguinte hipótese: quanto maior a área comercial de uma localidade j (s_j) e menor o tempo gasto para o deslocamento entre i e j ($t_{i,j}$), maior será a *probabilidade* ($P_{i,j}$) de o cidadão viajar de i a j. Em termos matemáticos, Chapman (1979) expressou este modelo da seguinte forma:

$$P_{i,j} = \frac{a_{i,j}}{\sum_{i=1}^{k}\left(\frac{s_j}{t_{i,j}^{\lambda}}\right)}$$

(4.10)

O termo $a_{i,j}$, que representa a atratividade de um nó em relação aos demais nós da rede geográfica, pode ser estimado pela Equação 4.11:

$$a_{i,j} = \frac{s_j}{t_{i,j}^{\lambda}}$$

(4.11)

onde λ é um expoente que depende do tipo de mercadoria ou de serviços pelos quais busca o cidadão no centro j.

Observe que o índice j do somatório da Equação 4.10 varia de 1 a k. Como k se refere ao número total de nós existentes na rede, cada nó i é comparado a todos as outros k-1 nós da rede e, a cada comparação, um valor de $P_{i,j}$ é calculado. O maior valor encontrado para $P_{i,j}$ significa que dentre todos os deslocamentos possíveis na rede este é o que terá maior chance de ocorrer (originando-se em i e se destinando-se a j). Podemos afirmar que este modelo tem as características básicas de um *modelo de decisão espacial* com k-1 opções de destino.

A escolha por um destino j dependerá, principalmente, da atratividade do setor terciário de j e do tempo de percurso de uma viagem de i a j. Se a localidade j oferece produtos raros a toda rede ou disponibiliza serviços locais muito especializados e restritos – como exames médicos baseados em tecno-

184 MARCOS CÉSAR FERREIRA

logias sofisticadas, por exemplo –, esses produtos motivarão o cidadão que reside em i a se deslocar até j, mesmo que resida a uma longa distância de j. Neste caso, o valor de λ na Equação 4.11 será pequeno (geralmente entre 0 e 1) e, por isso, a curva de diminuição com a distância terá baixa inclinação e atingirá seu valor mínimo em locais mais distantes de j. Por outro lado, se o serviço buscado pelo cidadão que reside em i é não especializado (alimentos comuns ou roupas, por exemplo), λ será maior (geralmente acima de 2) e, por isso, a curva de diminuição com a distância terá forte inclinação atingindo o valor mínimo em pontos situados já nas proximidades de j.

Quando não se pode determinar de forma empírica o valor de λ para um deslocamento, recomenda-se utilizar $\lambda = 2$. Para facilitar a aplicação das Equações 4.10 e 4.11, substituímos o valor de s_j (o tamanho da área comercial, em metros quadrados, na localidade j), pela *quantidade de estabelecimentos comerciais* – que, em tese, é diretamente proporcional a s_j. Como exemplo ilustrativo de aplicação do modelo de interação probabilístico, considere a rede de sete cidades situada nas proximidades de Ribeirão Preto-SP, sendo duas delas com populações residentes muito pequenas e escolhidas como origens i, e as cinco restantes, os possíveis destinos j. Neste exemplo temos $k = 7$. As Tabelas 4.5 e 4.6 mostram, respectivamente, o tempo $(t_{i,j})$ necessário para o percurso entre as localidades de origem (Rincão e Pradópolis) até as de destino, e o número de estabelecimentos comerciais em cada uma das possíveis cidades-destino (Jaboticabal, Sertãozinho, Araraquara, Matão e Ribeirão Preto).

Inicialmente escolhemos como origem i a localidade de Rincão. Em seguida, utilizando-se a Equação 4.10, calculamos todas as probabilidades $P_{i,j}$ de uma viagem originar-se nesta cidade e destinar-se a cada uma das $k - 1$ (ou 6) outras localidades. Como exemplo, calculamos a probabilidade de uma viagem iniciar-se em Rincão (i) e destinar-se a Ribeirão Preto (j). Nas Tabelas 4.5 e 4.6 temos, respectivamente, $t_{i,j} = 64$ minutos e $s_j = 7.305$ estabelecimentos comerciais.

Cálculo de $a_{i,j}$ para $\lambda = 2$:

$$a_{i,j} = \frac{s_j}{t_{i,j}^{\lambda}} = 7.305/64^2 + 2.288/31^2 + 1.065/62^2 + 760/35^2 + 744/54^2 + 99/43^2$$

ou

$$a_{i,j} = \frac{s_j}{t_{i,j}^{\lambda}} = 1,783 + 2,380 + 0,277 + 0,620 + 0,255 + 0,053 = 5,370.$$

Substituindo-se o valor 5,370 na Equação 4.10, teremos:

$$P_{i,j} = (7.305 / 64^2) / 5,370$$
$$P_{i,j} = 1,783 / 5,370$$
$$P_{i,j} = 0,3321$$
ou
$$P_{i,j} = 33,21\ \%.$$

Portanto, a probabilidade de uma viagem originada em Rincão destinar-se a Ribeirão Preto seria aproximadamente de 33%.

Tabela 4.5 – Tempo, em minutos, necessário ao deslocamento entre duas localidades de origem e cinco de destino em uma rede de sete localidades da região de Ribeirão Preto-SP.

Destino (j)	Origem (i)	
	Rincão	Pradópolis
Jaboticabal	54	29
Sertãozinho	62	30
Araraquara	31	60
Matão	35	51
Ribeirão Preto	64	35

Fonte: adaptado de DER (2008).

Tabela 4.6 – População urbana e quantidade de estabelecimentos comerciais, em 2008, em sete localidades da região de Ribeirão Preto-SP.

Localidade	População urbana	Estabelecimentos comerciais
Ribeirão Preto	563.912	7.305
Araraquara	199.575	2.288
Sertãozinho	107.374	1.065
Matão	78.010	760
Jaboticabal	73.802	744
Pradópolis	15.342	99
Rincão	10.656	55

Fonte: Seade (2008).

Os resultados completos de $P_{i,j}$ para viagens originadas em Rincão e Pradópolis, com destino às demais cidades da rede, estão disponíveis na Tabela 4.7.

Tabela 4.7 – Valores, em porcentuais, da probabilidade $P_{i,j}$ de uma viagem originar-se em uma localidade i e destinar-se a uma localidade j em uma rede de cidades da região de Ribeirão Preto-SP. Os valores de $P_{i,j}$ foram calculados aplicando-se a Equação 4.10; os valores em negrito se referem a destinos mais prováveis, segundo cada origem.

Destino (j)	Origem (i)	
	Rincão	Pradópolis
Jaboticabal	4,74	9,83
Sertãozinho	5,15	13,12
Araraquara	**44,32**	7,06
Matão	11,54	3,22
Ribeirão Preto	33,21	**66,34**

Ao analisarmos a Tabela 4.7, notamos no espaço de probabilidades originado em Pradópolis que o destino mais provável seria Ribeirão Preto (66,34%); e no espaço de probabilidades originado em Rincão, o destino mais provável seria Araraquara (44,32%). Embora os tempos dos percursos Pradópolis-Jaboticabal e Pradópolis-Sertãozinho sejam muito parecidos (respectivamente, *29* e *30 minutos*), a probabilidade de um deslocamento destinar-se a Sertãozinho ($P_{i,j} = 13,12$) é maior que a Jaboticabal ($P_{i,j} = 9,83$). O fator responsável pela diferença de $P_{i,j}$ – segundo o modelo da Equação 4.10 – seria a disparidade entre os tamanhos do setor terciário das duas localidades-destino, isto é, 1.065 estabelecimentos comerciais em Sertãozinho e 744 em Jaboticabal. Desta forma, para cada origem, teremos um espaço probabilístico diferente, mapeado em linhas *isoprováveis,* representadas como superfície de isoprobabilidades de destino (Figura 4.16).

d) Fator de transmitância em uma interação espacial

A interação espacial pode ser mapeada também a partir de outras atividades econômicas que igualmente motivam o deslocamento entre dois ou mais nós de uma rede geográfica. Além dos movimentos motivados por consumo de bens e serviços, há os que se dão por interesses educacionais, turísticos e de trabalho. No caso do trabalho, o deslocamento pode se caracterizar por movimentos pendulares diários entre a localidade i (a residência) e a localidade j (o trabalho). Em termos genéricos, o modelo gravitacional clássico considera que quanto maior a população envolvida em duas localidades conectadas por uma rede, maior será a interação entre elas. De certo modo, nada há de incoerente nesta afirmação. Contudo, há casos importantes de exceção. Por exemplo, uma cidade *A* pode ter uma população residente muito pequena e possuir um grande número de empresas ou até uma só empresa de grande porte.

INICIAÇÃO À ANÁLISE GEOESPACIAL 187

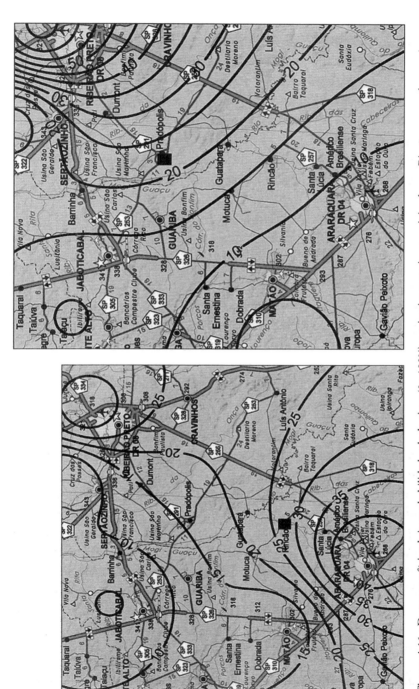

Figura 4.16 – Duas superfícies de isoprobabilidades de destinos (0 a 100%): a primeira para viagens originadas em Rincão; a segunda para viagens originadas em Pradópolis. As linhas de isoprobabilidades foram superpostas à base cartográfica das rodovias do estado de São Paulo (DER, 2008). As duas cidades de origem estão destacadas por quadrados pretos.

188 MARCOS CÉSAR FERREIRA

Em momentos de crescimento econômico, esta situação pode resultar em forte interação espacial entre A e B em razão do número de viagens pendulares para trabalho, mesmo que a população da cidade A seja pequena. Em face das particularidades do tipo de interação espacial, o modelo gravitacional clássico da Equação 4.8 deve ser transformado, substituindo-se as variáveis P_i e P_j, respectivamente, pelo número de viagens originadas em i com destino a j (O_i) e pelo número de viagens destinadas a j originadas em i (D_j). Com essas modificações, o índice de interação espacial pode ser calculado também pela Equação 4.11 (Taylor, 1977):

$$I_{i,j} = k \frac{O_i D_j}{d_{i,j}^{\lambda}} \qquad (4.11)$$

Na Equação 4.11, o expoente λ tem valores semelhantes aos discutidos para a Equação 4.10. A constante k é um *fator de transmitância* ou de *fluidez* da rede geográfica e depende do grau de restrição à circulação na conexão i-j; o parâmetro k pode ser estimado, dentre outras maneiras, a partir do tempo necessário para se realizar o percurso de i a j ($t_{i,j}$):

$$k = \frac{1}{t_{i,j}} \qquad (4.12)$$

Pela Equação 4.12 nota-se que quanto maior o tempo necessário ao deslocamento, menor será o valor de k e, portanto, menor seria a interação espacial entre i e j (ver Equação 4.11).

Como exemplo ilustrativo, considere-se as conexões existentes entre as cidades de *São José dos Campos* (SJC), *Taubaté* (TBT), *Campos do Jordão* (CJD) e *São Paulo* (SPO). Com base nessas localidades, é possível compararmos seis interações espaciais: *TBT-SJC, TBT-CJD, CJD-SJC, SJC-SPO, TBT-SPO e CJD-SPO*. Os valores de O_i e D_j utilizados neste exemplo foram as quantidades diárias de horários de ônibus que cobrem os trajetos entre as três cidades. Estes dados foram obtidos em www.passaromarron.com.br; os valores de $d_{i,j}$ e $t_{i,j}$, no endereço www.der.sp.gov.br.

a) Taubaté – São José dos Campos

• total de viagens diárias originadas em TBT e destinadas à SJC (66), ou $O_i = 66$;

INICIAÇÃO À ANÁLISE GEOESPACIAL **189**

- total de viagens diárias originadas em SJC e destinadas à TBT (65), ou $D_j = 65$;
- distância em rota entre SJC e TBT (44 km) ou $d_{i,j} = 44$;
- tempo de percurso entre SJC e TBT (34 minutos), ou $t_{i,j} = 0,56$ h; ou, ainda k = 1/0,56 = 1,78;
- $I_{TBT\text{-}SJC} = 1,78$ ((66.65) / 44^2), portanto, $\mathbf{I_{TBT\text{-}SJC} = 3,94}$.

b) Taubaté – Campos do Jordão

- total de viagens diárias originadas em TBT e destinadas à CJD (20) ou $O_i = 20$;
- total de viagens diárias originadas em CJD e destinadas à TBT (21) ou $D_j = 21$;
- distância em rota entre CJD e TBT (44 km) ou $d_{i,j} = 44$;
- tempo de percurso entre CJD e TBT (44 minutos); ou $t_{i,j} = 0,73$ h ou ainda, k = 1/0,73 = 1,36;
- $I_{TBT\text{-}CJD} = 1,36$ ((20.21) / 44^2), portanto, $\mathbf{I_{TBT\text{-}CJD} = 0,29}$.

De acordo com este procedimento, calculamos os demais valores de $I_{i,j}$ (Tabela 4.8). Os $I_{i,j}$ da Tabela 4.8 não devem ser interpretados de forma absoluta, já que seria muito abstrato afirmarmos que a interação espacial entre Campos do Jordão e São José dos Campos é *0,009*! Em análise geoespacial, todas as informações são endereçadas com base em sistemas de posições relativas e, por essa razão, devem ser interpretados de forma diferencial e não absoluta. Se contextualizarmos cada $I_{i,j}$ em relação às demais interações, o seu valor terá, sim, grande significado.

Tabela 4.8 – Valores do índice de interação espacial entre quatro cidades do estado de São Paulo segundo o modelo origem-destino (Equação 4.11) e respectivo potencial de interação (estabelecido apenas com relação às quatro localidades analisadas).

Conexão	$I_{i,j}$	Ordem de $I_{i,j}$	Potencial de interação
SJC-BT	3,9300	1	Extremamente alto
SJC-SPO	0,5500	2	Muito alto
CJD-BT	0,2900	3	Alto
SPO-TBT	0,0210	4	Baixo
CJD- SJC	0,0009	5	Muito baixo
CJD-SPO	0,0004	6	Extremamente baixo

A maneira mais simples e direta de atribuirmos aos valores de $I_{i,j}$ um significado geográfico é por meio da ordenação hierárquica – isto é, posicioná-los de maneira decrescente, e, em seguida, interpretá-los em uma escala de interações que varie de *menos intensas* a *mais intensas* (Tabela 4.8). Se, por exemplo, os quatro municípios da Tabela 4.8 se constituíssem em uma rede geográfica completa, o modelo nos diria que a interação espacial (de pessoas, serviços, mercadorias, doenças) teria potencial muito maior de ocorrer na conexão *São José dos Campos – Taubaté*, onde $I_{i,j} = 3,93$, que na conexão *Campos do Jordão – São Paulo,* onde $I_{i,j} = 0,0004$. É neste sentido que recomendamos o uso deste e de outros índices espaciais discutidos neste capítulo: com propósitos diferenciais e classificatórios.

5
SÉRIES ESPACIAIS E SUPERFÍCIES GEOGRÁFICAS

Introdução

O termo *superfície* é utilizado genericamente para designar tanto a área que se estende em várias direções como a camada externa de um objeto. Possui também o significado de zona de transição entre dois meios, como é o caso da superfície terrestre – a transição entre a litosfera e a atmosfera. Já em um sentido menos formal e acadêmico, a palavra superfície pode significar inclusive o *chão* ou *terreno*. Estes significados, na forma como foram exemplificados, têm a conotação de *área superficial* e, por isso, possuem duas dimensões: o comprimento (l) e a largura (l) ou $lxl = l^2$. Em análise geoespacial, o conceito de superfície é muito mais complexo, pois está associado à noção de *volume*, que, além da dimensão planar (l^2), possui uma terceira dimensão (z) ou a elevação, designada por Unwin (1981) de *magnitude escalar* da superfície. São exemplos de magnitudes escalares: a altitude em relação ao nível do mar, a temperatura, a precipitação pluvial e a concentração de poluentes na atmosfera, entre outras variáveis espaciais. As quantidades escalares dessas magnitudes são medidas, respectivamente, em metros, graus Celsius, milímetros e *ppm*. Como a magnitude depende de cada *posição* (x,y) *na superfície*, dizemos que z é função da posição (x,y), ou seja:

$$z = f(x,y) \tag{5.1}$$

A relação acima nos diz que, à medida que mudam as posições no plano, o valor de z também varia.

Campo escalar e campo vetorial

Ao conjunto de todas as posições (x,y) e de todos os valores do escalar z a elas associados, denominamos de *campo escalar*. Em todas as posições (x,y) existe um valor para z, mesmo que $z = 0$. Por isso, um campo escalar tem continuidade suave e sem rupturas bruscas ou ausências de valores de z (*campo contínuo*). Em cada posição (x,y), existe apenas um valor para o escalar z. O caso mais familiar de campo escalar em geociências é a *topografia*, onde z é a altitude, x a longitude e y a latitude. Por exemplo, na posição geográfica dada pelo par de coordenadas $x = 45°22'15''$, $y = 23°02'44''$, a altitude é $z = 760\ m$, ou conforme a notação da Equação 5.1:

$$760\ m = f(45°\ 22'15'',\ 23°\ 02'44'')$$

Neste tipo de campo notamos que a altitude de um ponto é função de sua latitude e de sua longitude. Em razão do grande número de pontos que formam a superfície do terreno e aos diferentes valores assumidos por z em cada um destes pontos, haverá sempre uma variação lateral de z entre duas ou mais posições x,y vizinhas. Esta variação é responsável pela irregularidade topográfica do terreno, que foi, é e será produzida pela interação milenar entre fatores geológicos (rochas, movimentos tectônicos), atmosféricos (chuvas, geleiras, temperatura) e antrópicos (uso e cobertura do solo). A diferença de elevação (Δz) entre dois ou mais z vizinhos, afastados entre si a uma distância euclidiana Δd, depende da orientação angular θ entre dois z vizinhos. A esta taxa de variação lateral entre dois ou mais escalares z vizinhos denominamos *gradiente de campo* (δ_θ), representado pela seguinte relação:

$$\delta_\theta = \frac{|\Delta z|}{\Delta d} \tag{5.2}$$

Para melhor compreensão do conceito de gradiente do campo, considere-se o exemplo de três pontos (i, j, k) situados na superfície terrestre, com valores escalares de $z_i = 890\ m$, $z_j = 800\ m$ e $z_k = 920\ m$, respectivamente, em que z é a altitude medida em metros acima do nível do mar. Considere-se também que estes três pontos estejam afastados entre si pelas seguintes distâncias euclidianas: $d_{i,j} = 120\ m$, $d_{i,k} = 240\ m$ e $d_{j,k} = 40\ m$, e que as três linhas sobre as quais foram medidas as distâncias entre os pontos tenham orientações distintas: $\theta_{i,j} = 45°$; $\theta_{i,k} = 120°$ e $\theta_{j,k} = 300°$. Com base na super-

INICIAÇÃO À ANÁLISE GEOESPACIAL **193**

fície hipotética composta pelos três pontos acima descritos, calculamos os três gradientes direcionais $\delta_{45°}$, $\delta_{120°}$, e $\delta_{300°}$, como segue:

$$\delta_{45°} = |890\ m - 800\ m|\ /\ 120\ m$$
$$\delta_{45°} = 90/120$$
$$\boldsymbol{\delta_{45°} = 0,750}$$

$$\delta_{120°} = |890\ m - 920\ m|\ /\ 240\ m$$
$$\delta_{120°} = 30/240$$
$$\boldsymbol{\delta_{120°} = 0,125}$$

$$\delta_{300°} = |800\ m - 920\ m|\ /\ 40\ m$$
$$\delta_{300°} = 120/40$$
$$\boldsymbol{\delta_{300°} = 3,00}$$

A interpretação dos resultados obtidos para os três gradientes direcionais calculados permite-nos concluir que na direção NW ($\delta_{300°}$) a taxa de variação da altitude é muito maior que nas duas outras direções. O valor $\delta_{300°} = 3,00$ significa que a cada metro de distância horizontal percorrido segundo a orientação $NW\text{-}SE$, a elevação vertical z variará em 3 metros – aumentando (aclive) se a direção é de z_j a z_k, e diminuindo (declive) se a direção é de z_k a z_j.

Comparando-se as orientações $\delta_{300°}$ e $\delta_{120°}$, nota-se que em $\delta_{120°}$ o gradiente é muito baixo; para que nela z varie em 1 metro é necessária uma distância horizontal de 8 metros. Se imaginarmos um campo escalar de proporções maiores, com um número significativamente grande de z e δ_θ, este campo poderá ser chamado de *campo vetorial*, representando as taxas de variação de z em todas as direções da superfície. Se considerarmos que exista um campo onde os pontos estejam localizados extremamente próximos uns dos outros – ou que todos os pontos vizinhos estejam afastados entre si a uma distância infinitamente pequena –, então estes gradientes se constituirão em uma superfície contínua.

Um exemplo de campo vetorial muito conhecido dos geógrafos que trabalham com o relevo terrestre é a *carta de declividades* ou *carta clinométrica* – representação cartográfica dos gradientes da superfície terrestre, medidos em graus ou em percentuais. Um exemplo clássico de campo escalar é o *modelo digital do terreno* o qual armazena valores de z em uma grade de unidades amostrais regulares (pixels e quadrículas) ou irregulares (rede de triângulos TIN). Muitas vezes, o campo escalar é a base de dados para a interpolação do campo vetorial.

Dependência espacial e dependência temporal entre eventos

Um dos primeiros ensinamentos da estatística elementar diz que as amostras de um fenômeno devem ser coletadas de forma aleatória, em condições idênticas e, principalmente, independentes entre si (Cressie, 1993). Hepple (1974) nos dá um exemplo didático do conceito de independência entre eventos, ao utilizar como referência o caso clássico do lançamento de uma moeda. Ao lançarmos uma moeda, os dois eventos possíveis – "cara" ou "coroa" – terão a mesma probabilidade p de ocorrência (50%), ou $p_{cara} = 0,5$ e $p_{coroa} = 0,5$. Ao lançarmos a mesma moeda pela segunda vez, a probabilidade de ocorrer "cara" continuará a ser $0,5$. Isso porque o fato de ter ocorrido "coroa" no primeiro lançamento não implica que no segundo lançamento ocorra "cara" mais uma vez, pois os dois eventos *são independentes entre si*. É claro que este exemplo só se aplica a moedas que não apresentem defeitos que as façam cair com a "cara" para cima com maior frequência.

De forma análoga, considere-se uma série de eventos que ocorram no tempo e em intervalos diários, como os casos de dengue em uma cidade brasileira. A ocorrência de um caso da doença em um dia (*um evento*) está mais relacionado a um caso ocorrido no dia anterior que a um caso ocorrido seis meses antes. Da mesma forma, a ocorrência de elevadas taxas de desemprego em uma semana está relacionada à ocorrência de elevadas taxas na semana anterior. Estes dois exemplos são situações de *dependência temporal* entre dois eventos – isto é, quanto mais próximos dois eventos estiverem entre si na linha do tempo, maior será a influência que um poderá exercer sobre o outro.

Imagine agora que dois eventos ocorram no espaço. Para isso, pense em uma malha quadriculada sobreposta a um mapa no qual em cada quadrícula seja registrado um evento. Se for registrado um caso de dengue em uma determinada quadrícula, haverá uma probabilidade muito maior de vir a ser registrado outro caso em uma quadrícula próxima àquela que em uma quadrícula mais distante. Esta é uma típica situação de *dependência espacial* entre eventos. Não é difícil concluirmos que os modelos estatísticos convencionais baseados na independência entre eventos não são propriamente adequados ao estudo da complexidade dos dados geográficos. Isso porque a dependência espacial entre dados geográficos, além de apresentar diferentes intensidades de acordo com a direção, diminui à medida que os dados se distanciam uns dos outros (Hepple, 1974; Cressie, 1993). Quando os eventos espaciais não ocorrem de forma aleatória – isto é, *são espacialmente dependentes* –, valores parecidos tendem a se agrupar próximos e em um setor específico do mapa.

Processos estacionários e não estacionários

Uma série de dados *estacionária* – seja no tempo ou no espaço – é aquela em que os valores de dois eventos *dependem da distância entre eles* na série, e não apenas dos valores dos eventos propriamente ditos. Seja X_t uma variável aleatória medida em posições da linha do tempo. Considere que t_i e t_{i+k} sejam duas posições, nesta linha do tempo, distanciadas entre si em k unidades de tempo (minutos, horas, dias ou anos). Por exemplo, se $k = 3$ anos, então teremos $t_i = 2001$ e $t_{i+k} = 2004$. Como a série é estacionária, os valores X_{2001} e X_{2004} dependerão apenas da diferença de tempo $|t_i - t_{i+k}|$. Dizemos que em uma série temporal estacionária a *covariância* entre dois eventos depende somente da *diferença entre as datas* nas quais os eventos foram registrados. Analogamente, em uma *série espacial*, a covariância depende apenas *da diferença entre as coordenadas espaciais* das posições onde os dois eventos foram georreferenciados.

Para as séries estacionárias, podemos afirmar que o processo gerador deste tipo de série – ou a *lei de estacionariedade* – é constante no tempo para as séries temporais e constantes no espaço para as séries espaciais. Em outras palavras, as séries estacionárias têm *médias e variâncias constantes* no tempo e no espaço. Este fenômeno ocorre porque a causa dos respectivos eventos é a mesma para todos os eventos na série. As séries temporais estacionárias não mostram mudanças bruscas nos valores das médias móveis (calculadas entre eventos sequenciais próximos) e, portanto, estas séries não apresentam variações periódicas ou sazonais. A seguir, mostramos um procedimento simples para transformação de uma série de valores originais em uma série de médias móveis:

- Série de valores originais: t_i, t_{i+1}, t_{i+2}, t_{i+3}...... t_n

- Série das médias: $\overline{X_1} = \dfrac{t_i + t_{i+1}}{2}$, $\overline{X_2} = \dfrac{t_{i+1} + t_{i+2}}{2}$, $\overline{X_3} = \dfrac{t_{i+2} + t_{i+3}}{2}$

As séries temporais não estacionárias contêm *tendências*, variações cíclicas e demais ondulações nos dados (Parkes; Thrift, 1981). A Figura 5.1 mostra a representação gráfica de uma série temporal estacionária e de duas séries temporais não estacionárias.

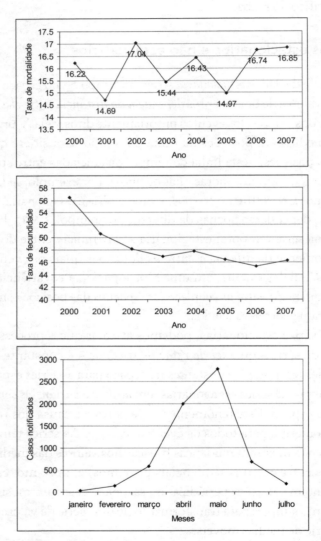

Figura 5.1 – *Série temporal com tendência a ser estacionária*: (a) taxa de mortalidade por acidentes de transportes em Campinas-SP (por 100 mil). *Séries temporais não estacionárias*: (b) taxa de fecundidade por mulher em Campinas-SP (por mil mulheres entre 15 e 49 anos); (c) total de casos de dengue notificados em São José do Rio Preto no primeiro semestre de 2001.
Fonte: Seade (2008) e CVE (2003).

INICIAÇÃO À ANÁLISE GEOESPACIAL **197**

Nota-se na série de taxa de mortalidade por acidentes (Figura 5.1a) que os dados flutuam em torno de um valor central e que os desvios acima e abaixo deste valor são parecidos (essas considerações valem apenas para o intervalo de tempo representado no gráfico). Já na série de taxa de fecundidade (Figura 5.1b), notamos a tendência de decréscimo no valor média, apontada pelo descaimento da curva com o tempo. A série epidemiológica dos casos notificados de dengue (Figura 5.1c), também não estacionária, exibe forte sazonalidade e tendência à ciclicidade nos dados.

a) Função de autocorrelação

O grau de dependência entre posições consecutivas de eventos de uma série temporal estacionária pode ser conhecido por meio da *função de autocorrelação A(k)* que estima a correlação entre pares de eventos de uma série afastados entre si em k posições (Equação 5.3):

$$A(k) = \frac{\sum_{t=1}^{n-k}\left(x_t - \overline{X}\right)\left(x_{t+k} - \overline{X}\right)}{\sum_{t=1}^{n}\left(x_t - \overline{X}\right)^2} \qquad (5.3)$$

onde

x_t é o valor do evento x na posição t;

x_{t+k} é o valor do evento x na posição $t+k$;

k é o afastamento (passo ou *lag*) entre os dois eventos;

n é o número total de eventos na série;

$\overline{X}$ é a média aritmética dos valores da série.

Para cada par de eventos afastados em k passos é calculado um valor de $A(k)$. É possível construirmos um gráfico para a função $A(k)$, denominado *correlograma*, cuja curva mostra o grau de dependência entre pares de eventos em função do aumento da quantidade de passos k.

Exemplificamos a seguir uma aplicação da função $A(k)$ para a série temporal da taxa de mortalidade por acidentes de trânsito em Campinas no período de 2000 a 2007. Os valores desta série de eventos são apresentados na Tabela 5.1. Nesta tabela temos $n = 8$; $x_1 = 16,2$; $x_2 = 14,6$...........$x_8 = 16,8$. A média aritmética da série é $\overline{X} = 16,04$. Com base na Equação 5.3 calculamos o valor da autocorrelação $A(k)$ da série para diferentes distâncias k entre os eventos, variando-se os passos k de 1 até $n-k$. Portanto, o maior afastamento k será de sete anos. Observe a seguir a sequência utilizada para o cálculo de $A(1)$ (autocorrelação para intervalos de um ano) e $A(2)$ (autocorrelação para intervalo de dois anos) para a série de dados da Tabela 5.1.

para k = 1

$A(1) = [(16,22 - 16,04).(14,69 - 16,04) + (14,69 - 16,04).(17,04 - 16,04) + (17,04 - 16,04).(15,44 - 16,04) + (15,44 - 16,04).(16,43 - 16,04) + (16,43 - 16,04).(14,97 - 16,04) + (14,97 - 16,04).(16,74 - 16,04) + (16,74 - 16,04).(16,85 - 16,04)] / [(16,22 - 16,04)^2 + (14,69 - 16,04)^2 + (17,04 - 16,04)^2 + (15,44 - 16,04)^2 + (16,43 - 16,04)^2 + (14,97 - 16,04)^2 + (16,74 - 16,04)^2]$

$$A(1) = \frac{3,023}{5,0} \text{ ou } \mathbf{A\ (1) = 0,604.}$$

para k = 2

$A\ (2) = [(16,22 - 16,04).(17,04\text{-}16,04) + (14,69 - 16,04).(15,44 - 16,04) + (17,04 - 16,04).(16,43 - 16,04) + (15,44 - 16,04).(14,97 - 16,04) + (16,43 - 16,04).(16,74 - 16,04) + (14,97 - 16,04).(16,85 - 16,04)] / [(16,22 - 16,04)^2 + (14,69 - 16,04)^2 + (17,04 - 16,04)^2 + (15,44 - 16,04)^2 + (16,43 - 16,04)^2 + (14,97 - 16,04)^2 + (16,74 - 16,04)^2]$

$$A(2) = \frac{1,435}{5,0} \text{ ou } \mathbf{A\ (2) = 0,287.}$$

Estes cálculos mostram que a taxa de mortalidade por acidentes de trânsito em Campinas apresentou autocorrelação de $0,604$ para eventos distanciados em um ano e $0,287$ para eventos distanciados em dois anos. Seguindo-se este procedimento, notaremos que $A(k)$ diminui com o aumento de k, isto é, para os passos $k = 3$, $k = 4$, $k = 5$, $k = 6$ e $k = 7$ os valores da função $A(k)$ serão, respectivamente, $A(3) = -0,361$; $A(4) = 0,345$; $A(5) = -0,065$; $A(6) = -0,1935$ e $A(7) = 0,0291$. A Figura 5.2 representa a curva do correlograma traçada para os passos $k = 1$ até $k = 7$.

Como podemos observar na Figura 5.2, à medida que os dados da série se afastam (*eixo x*), menor é a autocorrelação entre eles (*eixo y*). A curva apresenta um descaimento oscilatório em torno do valor $A\ (k) = 0$ e atinge o valor mínimo quando $k = 7$. Podemos concluir que quanto mais distantes entre si estiverem os valores da série temporal, menor será a dependência ou a correlação entre eles. Embora, tecnicamente, a função de autocorrelação seja recomendada para séries estacionárias, nada nos impede que a utilizemos também em séries não estacionárias, como é o caso da maioria

Tabela 5.1 – Taxa de mortalidade por acidente de trânsito no município de Campinas-SP, entre 2000 e 2007.

Ano	Taxa de mortalidade por acidente de trânsito
2000	16,2
2001	14,6
2002	17,0
2003	15,4
2004	16,4
2005	14,9
2006	16,7
2007	16,8

Fonte: Seade (2008).

das séries epidemiológicas. Cliff e Haggett (1988) sugeriram a aplicação da função de autocorrelação para a comparação de séries epidemiológicas provenientes de áreas geograficamente distintas. Este procedimento auxilia a identificação dos fatores envolvidos na transmissão de enfermidades contagiosas de uma localidade para outra.

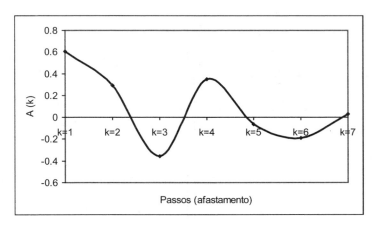

Figura 5.2 – Correlograma da função de autocorrelação temporal $A(k)$ da série de dados de taxa de mortalidade em acidentes de trânsito no município de Campinas-SP, entre 2000 e 2007 (Figura 5.1a).

Ao confrontarmos séries provenientes de localidades distintas (Figura 5.3) que registram eventos de uma mesma doença, podemos avaliar se elas estão *em fase* (os picos dos casos se dão em uma mesma posição do tempo) ou se há *defasagem* entre elas (os picos estão afastados a um determinado intervalo de tempo). Nas situações em que ocorre defasagem entre séries provenientes de duas ou mais áreas que mantiverem interação espacial, é possível inferirmos sobre transmissão de casos entre elas. Se as séries estão em fase, pode-se supor que a doença surgiu de forma independente em cada área, em razão de fatores ecológicos e demográficos particulares a cada lugar (Cliff; Haggett, 1988). A Figura 5.3 mostra dois correlogramas temporais de casos confirmados de dengue entre 2000 e 2001 nos municípios de Barretos e São José do Rio Preto, localizados no estado de São Paulo.

Nota-se pela figura que entre as duas localidades há uma diferença de fase no pico da epidemia; em Barretos o pico dos casos se deu na 55ª semana, e em São José do Rio Preto, na 64ª semana. A sazonalidade da epidemia e a diminuição da dependência entre os casos com o aumento da distância temporal entre eles são confirmadas pelas duas curvas de autocorrelação dispostas na Figura 5.3.

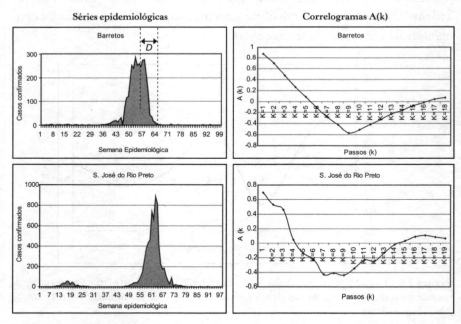

Figura 5.3 – Séries de dados epidemiológicos de casos confirmados de dengue por semana epidemiológica de 2000 e 2001, registrados nas cidades de Barretos-SP e S. José do Rio Preto-SP, e respectivas curvas das funções de autocorrelação temporal. As linhas verticais tracejadas sobre as séries indicam a posição aproximada dos picos das respectivas séries; a letra D representa a defasagem entre os picos.

Fonte: dados epidemiológicos originais obtidos em CVE (2008).

INICIAÇÃO À ANÁLISE GEOESPACIAL   201

Séries espaciais

O equivalente geográfico da série temporal é a *série espacial*. Na série temporal, a variável é medida em intervalos amostrais regulares fracionados em minutos, horas, semanas, meses, anos, e assim por diante; na série espacial, a variável é amostrada com base em frações de distância – centímetros, metros ou quilômetros – medidas sobre uma superfície ou sobre um mapa de objetos. A série espacial é uma função de distribuição de pares de valores afastados entre si a uma distância qualquer (Haining, 1990). Enquanto a série temporal é unidirecional e conecta linearmente o passado e o futuro, a série espacial é bidirecional e seus intervalos de amostragem estão referenciados em um plano XY. Este plano pode ser georreferenciado no sistema de coordenadas geográficas ou no sistema de projeção UTM, em unidades métricas.

Isotropia e anisotropia de superfícies

Suponha que $P_1 = (x_1, y_1)$ e $P_2 = (x_2, y_2)$ sejam dois pontos localizados em uma superfície S. Considere ainda que Z seja uma variável aleatória distribuída em S, e que assuma valor z_1 em P_1 e z_2 em P_2. Por exemplo, z_1 poderia ser a concentração de monóxido de carbono (CO) na estação medidora de qualidade do ar P_1, e z_2 a concentração de CO na estação medidora P_2; ou ainda z_1 é o número de casos de dengue no município P_1 e z_2 o número de casos de dengue no município P_2. Seja $\rho_{1,2}$ a correlação entre z_1 e z_2. Se $\rho_{1,2}$ depender somente da distância euclidiana (*comprimento*) e da orientação da reta que define esta distância entre P_1 e P_2, então dizemos que a superfície S é não estacionária ou *anisotrópica*. Se $\rho_{1,2}$ não depender da orientação, mas somente do comprimento da linha entre P_1 e P_2, então dizemos que a superfície S é estacionária ou *isotrópica* (Haining, 1990).

Os conceitos de estacionariedade e não estacionariedade definidos para séries temporais são análogos aos conceitos de isotropia e anisotropia definidos para séries espaciais. A principal diferença é que as séries espaciais têm múltiplas orientações na superfície e as séries temporais não. A variável aleatória que descreve uma superfície isotrópica se ajusta à distribuição normal; na superfície anisotrópica, a variável se ajusta à distribuição de

Poisson, pois há dependência espacial entre os pontos vizinhos (x_1, y_1) e (x_2, y_2). As superfícies anisotrópicas são localmente distorcidas e tendem a refletir com maior fidelidade as particularidades do espaço geográfico, sobretudo no caso das superfícies econômicas. Nestas, a presença de concentração locacional de serviços é refletida pela anisotropia da superfície, identificada pela desigualdade na distribuição espacial de variáveis demográficas e econômicas. Outro exemplo de superfície anisotrópica é a concentração de poluentes em corpos d'água, na atmosfera ou no solo. Em razão da ocorrência de altos teores de poluentes próximos às fontes poluidoras e de baixos teores em pontos mais distantes delas, esta superfície de concentração é espacialmente irregular.

As distorções presentes em superfícies anisotrópicas são causadas por processos controlados por variáveis espaciais subjacentes (Haining, 1990; Cressie, 1993). Como cada superfície S_1 é composta da distribuição espacial de uma única variável, a anisotropia desta superfície pode ser explicada por meio da análise de correspondência espacial entre S_1 e outras superfícies $(S_2, S_2...S_n)$ subjacentes que poderão responder pela distorção locacional presente em S_1. Seja S_1 a superfície da variável *valor venal dos imóveis* em determinada área urbana. Sabemos que esta superfície é distorcida, pois os preços do solo urbano variam em função de valores de outras variáveis geográficas subjacentes, tais como S_2 = *distância a centros comerciais;* S_3 = *taxa de criminalidade;* S_4 = *poluição atmosférica;* S_5 = *densidade populacional e* S_6 = *quantidade de áreas verdes,* entre outras. Cada uma dessas superfícies pode estar correlacionada positiva ou negativamente ao valor venal dos imóveis, contribuindo com as demais para a anisotropia na superfície S_1 (valor venal do imóvel).

a) Difusão espacial em superfícies anisotrópicas

As distorções locacionais do espaço geográfico são mais facilmente identificadas quando analisamos fenômenos de *difusão espacial*. Superfícies representando processos de difusão espacial são casos clássicos de anisotropia. Por exemplo, a difusão espacial de epidemias é controlada pela localização de barreiras e de corredores geográficos que contribuem para a retenção espacial ou o espalhamento de algumas doenças contagiosas. As barreiras e os corredores atuam como variáveis subjacentes a uma superfície de espalhamento. Como as barreiras e os corredores não se distribuem de forma regular no espaço geográfico, a velocidade da difusão espacial será diferente para cada direção considerada. Em outras palavras, o espalhamento não terá a mesma intensidade em todas as direções, mas diferentes intensidades que dependerão da presença ou não de corredores ou barreiras. Como resultado desta organização espacial, uma mesma doença pode se deslocar rapidamente para o norte, percorrendo longa distância em curto intervalo de tempo; e mais lentamente para o leste, onde percorre curtas distâncias em longo intervalo de tempo.

A anisotropia também pode ocorrer em processos de difusão de inovações, de padrões culturais de consumo, de ocupação histórica do território ou de espalhamento de fogo nas florestas. No exemplo da ocupação histórica, as variáveis subjacentes à difusão seriam: o relevo, que se constituiu em épocas remotas como barreira; e os fundos de vale e áreas próximas a grandes rios que atuaram como corredores iniciais de penetração e posições estratégicas para abastecimento de água. No caso da difusão do fogo em áreas vegetadas, por exemplo, a direção dos ventos e a vegetação seca se constituem em corredores; os corpos de água e a vegetação já queimada, em barreiras.

O fenômeno de difusão espacial isotrópica, muito mais raro em geografia, se dá quando lançamos uma pedra em um lago com água em repouso. Logo após a pedra entrar em contato com a superfície do lago, ondas circulares se espalharão em raios progressivamente maiores, com a mesma velocidade em todas as direções. Entretanto, se a pedra for lançada muito próxima a uma das margens do lago, o processo de difusão das ondas será anisotrópico, pois ocorrerão distorções nos círculos quando estes entrarem em contato com uma das margens. A forma mais adequada para representarmos a anisotropia e a isotropia de uma superfície, na forma cartográfica, é por meio das *isócronas* (linhas de isovalores de tempo).

Utilizaremos como exemplo de superfície anisotrópica o mapa de difusão espacial do direito da mulher ao voto presidencial nos Estados Unidos entre 1870 e 1919 (Figura 5.4). Este mapa foi publicado na obra clássica de Abler et al. (1971), *Spatial organization: the geographer's view of the world*.

No mapa da Figura 5.4, as isolinhas representam o ano em que esta inovação foi aceita na respectiva posição geográfica.

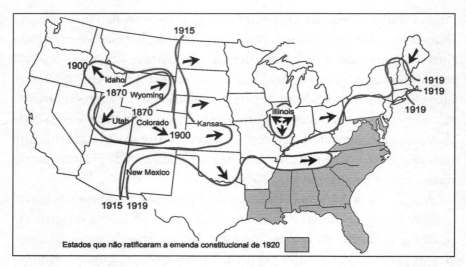

Figura 5.4 – Difusão espacial do direito ao voto feminino a presidente dos Estados Unidos, entre 1870 e 1919, por estado americano. As isócronas mostram a data em que cada estado adotou esta inovação.
Fonte: modificado de Abler et al. (1971).

Quanto mais afastadas entre si estiverem duas isolinhas no mapa, mais rapidamente o voto feminino se difundiu naquele intervalo. Estes intervalos, ou corredores de maior fluidez da inovação, estão indicados no mapa por meio de setas. Segundo Abler et al. (1971), no século XIX, o voto presidencial feminino iniciou-se no estado de Wyoming e foi rapidamente aceito pelo estado vizinho, Utah, e, só após 30 anos foi incorporado à constituição do Colorado. A partir do Colorado a inovação seguiu o corredor de comunicação nacional que atravessa Kansas, atingindo o leste dos EUA somente em 1919.

É importante destacarmos também a barreira existente no Novo México – estado que, na época, possuía maioria católica. Mesmo situado próximo ao Colorado, onde a inovação foi incorporada já em 1900, o Novo México teve o voto feminino para presidente aceito somente em 1919. Por isso, as isolinhas de 1900, 1915 e 1919 estão muito próximas entre si no mapa, indicando que houve aí uma barreira geográfica – no caso, cultural e religiosa. Já os estados da região sudeste do país, destacados no mapa em textura cinza, só aceitaram o voto feminino após 1920.

Se a superfície de difusão do voto feminino fosse isotrópica, as isócronas assumiriam forma circular com o centro posicionado no estado de Wyoming – algo semelhante às ondas que surgem em um lago após nele jogarmos uma pedra. Felizmente, a maioria das superfícies geográficas é anisotrópica, já que a elas estão subjacentes diversos fatores, dentre eles: corredores de movimento, relevo, clima, vegetação original, história, economia e geopolítica. Tal diversidade torna ainda mais motivadora e intrigante a análise geográfica por meio de mapas.

Autocorrelação espacial

Em análise geoespacial, o espaço pode ser concebido também como um conjunto de vizinhanças (Charre, 1995). Segundo este paradigma, a informação geográfica estrutura-se horizontalmente como relação lateral de vizinhança. Ainda conforme pensou Charre (1995), por ser a noção de vizinhança muito ampla, ela deve ser analisada de forma gradual e com base em ordens de proximidade. Essas ordens de proximidade são conhecidas em estatística espacial como *lag* ou passo *h*. Quando avaliada quantitativamente, a vizinhança tem o significado de *distância*; se avaliada qualitativamente, tem o significado de *contiguidade*. Por exemplo, quando estamos tratando de mapas temáticos estruturados em polígonos que representam municípios, bairros ou lotes urbanos, afirmamos que há vizinhança entre estes objetos se os respectivos polígonos têm, ao menos, um dos lados que se tocam, ou seja, há contiguidade de primeira ordem entre eles.

Mas quando analisamos superfícies matriciais contínuas, como modelos digitais de elevação ou imagens orbitais, estruturados regularmente em células ou pixels, a vizinhança pode ser também gradativa e determinada por faixas de distâncias crescentes (h). Para tornar mais explícito o conceito de vizinhança, citamos aqui o caso do aumento do preço dos apartamentos à medida que diminui a distância aos subcentros urbanos ou às estações de metrô. Com relação ao conceito de contingência, destacamos a situação em que o cidadão que reside ao lado de um terreno abandonado onde existem criadores do mosquito *Aedes aegypti* tem maior chance de ser infectado pelo vírus da dengue, que outro residente em um imóvel situado a dez quadras dali e não contíguo a terrenos abandonados.

a) Coeficiente de autocorrelação espacial

O grau de dependência espacial entre valores de uma variável geográfica é avaliado pelo *coeficiente de autocorrelação espacial* (ρ_h). Em termos gerais, este coeficiente mede o grau de organização espacial de uma variável disposta em um mapa. Charre (1995) esclarece que, quando a autocorrelação é positiva, há forte organização espacial dos dados. Dizemos que o espaço está organizado se ele contiver subespaços homogêneos nos quais estejam ali agregados dados com valores similares. Em contrapartida, a ocorrência de autocorrelação negativa ou nula indica que neste espaço há o predomínio de valores muito diferentes entre si e posicionados proximamente. O coeficiente ρ_h é uma medida estatística utilizada para avaliarmos a dependência entre dados z_i de uma superfície. Tem significado similar ao de coeficiente de autocorrelação temporal, mas mede o grau de correlação entre pares de observações (z_i e z_{i+h}) posicionadas em um plano cartográfico e afastadas entre si a distâncias h (*lag*) sucessivamente maiores.

O coeficiente ρ_h varia em função da direção (θ) da série espacial e do tamanho de h escolhido para a análise. A depender da direção de uma série espacial amostrada em um mapa, a autocorrelação pode ser maior ou menor. Por exemplo, pares de posições geográficas pertencentes a uma série orientada no sentido N-S podem apresentar $\rho > 0$, ao mesmo tempo que pares de uma série E-W podem apresentar $\rho < 0$. A quantidade de pares confrontados no processo de cálculo da autocorrelação espacial diminui com o aumento do valor de h. Quanto maior for h, mais distantes entre si estão os pares de valores confrontados. Em superfícies isotrópicas, o coeficiente ρ diminui perfeitamente com o aumento de h. Observe este fenômeno na Figura 5.2, na qual k (passos de tempo) foi substituído por h (passos de distância).

Os métodos para o cálculo de ρ_h variam em função das formas de armazenamento e representação dos dados geográficos. Para *superfícies matriciais contínuas* nas quais os dados estão regularmente espaçados e posicionados na intersecção de linhas e colunas de uma matriz, a autocorrelação espacial é calculada por meio da função de autocorrelação espacial descrita na Equação 5.4. Para *superfícies binárias* em que os dados estão irregularmente espaçados e registram apenas *ausência* ou *presença* de um evento, podemos utilizar o índice *I de Moran*.[1]

b) Autocorrelação espacial em superfícies matriciais contínuas

Este tipo de superfície é a mesma utilizada para registrar e representar dados numéricos de modelos digitais de elevação e dados de imagens digitais. Assume-se que a superfície é quantizada em unidades menores

---

1 Ver Seção "Índice de Contiguidade Espacial de Moran".

(células) posicionadas em coordenadas espaciais que têm como função armazenar sucessivamente os valores de uma variável espacial aleatória e contínua (Z). A variação espacial de Z é estimada por modelos estatísticos espaciais que determinam as características da dispersão dos valores desta variável. Os componentes da variação espacial de Z são: a média $\overline{X}$ (*componente de 1ª ordem*) e a covariância Cov (*componente de 2ª ordem*) – que descreve a interação espacial entre valores da variável Z (Cressie, 1993).

Cada linha ou coluna de uma superfície matricial contínua se constitui em uma série espacial. O número de eventos de uma série espacial será igual à quantidade de linhas (se a série for vertical) ou de colunas (se a série for horizontal) da matriz. Se a superfície matricial tem 10 linhas por 20 colunas, a série vertical terá 10 eventos e a série horizontal terá 20 eventos. A Figura 5.5 mostra uma superfície matricial contínua e hipotética com cinco linhas ($n = 5$) e cinco colunas ($m = 5$), que poderia representar, por exemplo, a distribuição espacial de áreas verdes, em metros quadrados, em um conjunto de 25 quadras de uma cidade brasileira. Nesta matriz estão destacadas em cinza duas séries espaciais: uma orientada de acordo com as colunas (*coluna 1*), e a outra, pelas linhas (*linha 5*).

N

	1	2	3	4	5
1	52	56	49	46	44
2	54	63	45	68	40
3	60	79	68	75	54
4	88	86	89	62	59
5	90	91	90	70	50

Figura 5.5 – Exemplo hipotético de superfície matricial contínua de quantidade de áreas verdes (em metros quadrados) por quadra de um bairro. O valor de cada célula (em negrito) se refere ao total em área verde na quadra; os números localizados na parte externa da matriz identificam as linhas e colunas; as células preenchidas em cinza se referem a duas séries espaciais – uma série norte-sul e outra leste-oeste.

208 MARCOS CÉSAR FERREIRA

Como a autocorrelação espacial é bidimensional, devemos calculá-la em matriz, considerando-se os dois *lag*, um para cada sentido do mapa: *lag g* (norte-sul) e *lag h* (leste-oeste). Por isso, o índice subscrito no termo ρ passa a ser expresso como $\rho_{g,h}$. Para calcularmos $\rho_{g,h}$ em uma superfície matricial contínua sugerimos o uso da Equação 5.4, adaptada de Hepple (1974) e Griffith e Layne (1999), que relaciona a *autocovariância espacial* ($C_{g,h}$) à *variância* dos dados (γ^2):

$$\rho_{g,h} = \frac{\sum_{i=1}^{m-g}\sum_{j=1}^{n-h}\left(z_{i,j} - \overline{X}\right)\left(z_{i+g,j+h} - \overline{X}\right)}{\sum_{i=1}^{m-g}\sum_{j=1}^{n-h}\left(z_{i,j} - \overline{X}\right)^2} \qquad (5.4)$$

onde:

m é o número de colunas da superfície;

n é o número de linhas da superfície;

$z_{i,j}$ é o valor da variável Z na intersecção da linha i com a coluna j;

$z_{i+g,j+h}$ é valor da variável Z na intersecção da linha $i+g$ com a coluna $j+h$;

$\overline{X}$ é a média dos $z_{i,j}$ localizados dentro de uma submatriz (janela) com g linhas x h colunas;

g é o número de passos na direção norte-sul;

h é o número de passos na direção leste-oeste.

Na superfície matricial contínua da Figura 5.5 temos os seguintes valores de áreas verdes nas respectivas posições indexadas: $z_{1,1} = 52\ m^2$; $z_{1,2} = 56\ m^2$; $z_{2,1} = 54\ m^2$ e $z_{5,5} = 50\ m^2$, entre outros. A média $\overline{X}$ é calculada somando-se as quantidades de área verde em todas as quadras (os elementos i,j da matriz) ou seja, $1.622\ m^2$ e dividindo-se este total pelas 25 quadras, o que resulta em $\overline{X} = 64,88\ m^2$ de área verde por quadra.

Diferente do coeficiente de correlação de Pearson,[2] que é calculado a partir de duas variáveis X e Y, o coeficiente de autocorrelação espacial $\rho_{g,h}$ baseia-se em uma única variável (Z) comparada consigo mesma de acordo com pares de valores ($z_{i,j}$ e $z_{i+g,j+h}$) localizados em uma superfície matricial. Já foi dito, mas insistimos ainda mais uma vez, que os *lag* de distância g e h são similares aos *lag* de tempo k da autocorrelação temporal (Equação 5.3). A principal diferença está no fato de k ser unidirecional (linha do tempo), e

---

2 Ver a Seção "Coeficientes de correlação".

INICIAÇÃO À ANÁLISE GEOESPACIAL **209**

g e h serem bidirecionais. Os *lag* g e h têm o significado implícito de *escala* da autocorrelação espacial. O valor da autocorrelação varia em função do tamanho da janela gxh; nesta janela, os valores da variável Z localizados nas posições i,j e $i+g,j+h$ são confrontados. Podemos dizer que existem diferentes ordens escalares de autocorrelação espacial g ($g = 1, 2, 3...n$) e h ($h = 1, 2, 3...n$). Quanto maiores os valores de g e h, maior será o afastamento entre as posições geográficas confrontadas na autocorrelação espacial $\rho_{g,h}$.

Adotando-se o princípio do descaimento com a distância e assumindo-se que a superfície matricial seja isotrópica, é possível afirmarmos que $\rho_{1,1} > \rho_{2,2} > \rho_{3,3} > \rho_{g+1,\ h+1}$. Quanto maior a janela ($1x1, 2x2, 3x3...g+1 \ x \ h+1$) dentro da qual os valores da variável espacial são comparados, menor será a autocorrelação espacial entre essas posições, pois no caso da isotropia dados mais distantes tendem a ser *mais distintos entre si* que dados mais próximos. Em superfícies isotrópicas com ordens escalares elevadas (h ou g grandes), a partir de um determinado grau de vizinhança, a autocorrelação espacial tenderá a zero (Cliff; Ord, 1981).

Para melhor compreendermos a propriedade escalar de g e h e as respectivas ordens escalares implícitas no cálculo de $\rho_{g,h}$ para variáveis amostradas em superfícies matriciais contínuas, utilizaremos o modelo gráfico de Haining (1990), apresentado na Figura 5.6.

Esta figura sistematiza o sequenciamento de interações entre posições vizinhas em função do aumento da ordem escalar ($g=h=1$ até $g=h=3$) medida a partir de uma posição central arbitrária X. A Figura 5.7 representa o efeito do tamanho do *lag* g na distribuição espacial e no número de pares utilizados no cálculo do coeficiente de autocorrelação norte-sul.

O processo espacial da Figura 5.6 tem a forma de um espalhamento hierárquico que se amplia lateralmente até que vizinhos mais distantes interajam entre si e, em seguida, sejam calculados valores de $\rho_{g,h}$, para cada uma dessas ordens escalares consideradas. Os θ_n representam os valores da variável θ em suas respectivas posições espaciais e interagidos com X de acordo com a respectiva ordem hierárquica. Com o objetivo de tornar mais claro o conceito de autocorrelação espacial em superfícies matriciais contínuas, apresentamos o procedimento para o cálculo de $\rho_{g,h}$, utilizando-se como base de dados a superfície da Figura 5.5. Primeiramente, observe as quatro matrizes da Figura 5.7. Cada uma dessas matrizes contém os valores originais da Figura 5.5 espaçados nos sentidos W-E (*lag* h) e N-S (*lag* g), segundo a ordem escalar crescente de h e g. Quando $h = 1$ e $g = 1$, todas as 25 posições da matriz original são interagidas (Figura 5.7b); para $h = 2$ e $g = 2$, nove posições interagem (Figura 5.7c); para $h = 3$ e $g = 3$, $h = 4$ e $g = 4$, apenas quatro posições interagem entre si no cálculo de $\rho_{g,h}$.

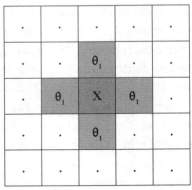

Figura 5.6 – Ordens escalares de uma superfície matricial contínua utilizadas para o cálculo de $\rho_{g,h}$ a partir de uma posição X qualquer.
Fonte: adaptado e modificado de Haining (1990, p.85).

Como a superfície da Figura 5.5 tende à isotropia à medida que h e g crescem (aumenta o espaçamento entre os valores), as respectivas médias $\overline{X}_g$ e $\overline{X}_h$ tendem a permanecer aproximadamente constantes (Tabela 5.2). Aplicando-se separadamente a Equação 5.4, segundo os sentidos N-S e E-W, obteremos respectivamente a seguinte sequência de valores para ρ (ver dados completos na Tabela 5.2): **E-W (h):** $\rho_1 = 0,928$; $\rho_2 = 0,091$; $\rho_3 = 0,00$; $\rho_4 = -0,259$. **N-S (g):** $\rho_1 = 0,954$; $\rho_2 = -0,205$; $\rho_3 = 0,000$; $\rho_4 = 0,000$.

Tabela 5.2 – Valores dos parâmetros utilizados no cálculo do coeficiente de autocorrelação espacial da superfície matricial contínua da Figura 5.5 e sua relação com o tamanho dos lag g e h.

a) Leste-Oeste (E-W)

h	n	$\overline{X}_h$	Cov_h	γ^2_h	ρ_h
1	25	65,1	258,7	278,5	0,928
2	15	61,8	30,4	332,8	0,091
3	10	62,0	0,0	216,7	0,000
4	10	59,0	–74,0	285,4	–0,259

b) Norte-Sul (N-S)

g	n	$\overline{X}_g$	Cov_g	γ^2_g	ρ_g
1	25	65,1	265,7	278,5	0,954
2	15	64,9	–57,7	281,0	-0,205
3	10	63,1	0,0	318,1	0,00
4	10	63,8	0,0	385,5	0,00

52	*56*	*49*	*46*	*44*
54	*63*	*45*	*68*	*40*
60	*79*	*68*	*75*	*54*
88	*86*	*89*	*62*	*59*
90	*91*	*90*	*70*	*50*

(*A*)

g=1

52	*56*	*49*	*46*	*44*
54	*63*	*45*	*68*	*40*
60	*79*	*68*	*75*	*54*
88	*86*	*89*	*62*	*59*
90	*91*	*90*	*70*	*50*

(*B*)

g=2

52	*56*	*49*	*46*	*44*
60	*79*	*68*	*75*	*54*
90	*91*	*90*	*70*	*50*

(*C*)

g=3

52	*56*	*49*	*46*	*44*
88	*86*	*89*	*62*	*59*

(*D*)

g=4

52	*56*	*49*	*46*	*44*
90	*91*	*90*	*70*	*50*

(*E*)

Figura 5.7 – Efeito do tamanho do *lag g* (B a E) na distribuição espacial e no número de pares utilizados no cálculo do coeficiente de autocorrelação no sentido norte-sul (ρ_g), tomando-se como referência a superfície matricial contínua da Figura 5.5 (A).

A Figura 5.8 apresenta as curvas das funções de autocorrelação espacial N-S e E-W para as sequências de valores de ρ dispostas na Tabela 5.2.

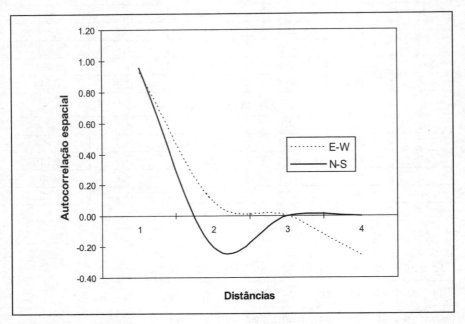

Figura 5.8 – Curvas da função de autocorrelação espacial, segundo a direção e a distância (*lag*), obtidas com base em dados da superfície matricial contínua da Figura 5.7 e aplicando-se a Equação 5.4.

Observamos na Figura 5.8 que as duas curvas da função de autocorrelação espacial (N-S e E-W) apresentam descaimento com a distância, atingindo valores que oscilam em torno de zero em *lag* maiores.

Como exemplo de aplicação das curvas de autocorrelação, citamos o caso de uma superfície de concentração de monóxido de carbono (CO) na atmosfera urbana, considerando-se que o centro desta superfície esteja localizado geograficamente no centro urbano de uma cidade média. Ainda com relação à concentração de poluentes na atmosfera, a curva da função ρ apresentará uma queda que se acentuará com o aumento da distância ao centro urbano, até que ρ atinja o valor em torno de zero na transição entre o espaço urbano e o rural. Neste modelo, assumimos que a velocidade do vento seja muito pequena ou desprezível. Com base no traçado da curva de autocorrelação espacial, é possível identificarmos o valor de um determinado passo h, a partir do qual não haverá mais correlação significativa entre os dados de CO. Analogamente, podemos pensar também em outros exemplos, tais como superfícies de ruído urbano, superfícies de vazamento de um gás tóxico de uma unidade industrial química e a superfície de uma doença contagiosa transmitida pelo ar.

O exemplo que utilizamos neste capítulo tem como propósito apenas o de tornar explícito ao leitor iniciante o procedimento utilizado para o cálculo de ρ. Em superfícies isotrópicas ou moderadamente isotrópicas, baseadas em matrizes muito grandes, com *lag* da ordem de centenas de passos, as curvas de ρ tendem a apresentar comportamento oscilatório em torno de zero (observe o início desta oscilação a partir do passo $g = 3$, na curva N-S da Figura 5.8). Para o estudo específico dessas oscilações, são utilizados o modelo de Fourier e a análise espectral – ambos baseados na análise da componente periódica das oscilações das séries espaciais. Essas técnicas não serão abordadas neste livro.

c) Autocorrelação espacial em mapas binários

O mapa binário é um instrumento de representação e comunicação de dados geográficos capaz de revelar arranjos espaciais de eventos que podem ou não ocorrer em cada uma das unidades geográficas do mapa. A autocorrelação espacial, quando aplicada a este tipo de mapa, permite-nos identificar o grau de organização espacial de uma variável geográfica em uma área ou região. Entre outros fatores, este grau de organização depende dos graus de contingência e vizinhança entre eventos binários.

Antes de conversarmos sobre a autocorrelação de dados codificados neste tipo de mapa, é necessário discutirmos o significado de *evento binário*. Considere uma região fracionada em n unidades poligonais irregulares correspondentes a limites municipais; considere também que durante uma epidemia de dengue ocorram casos em alguns desses municípios, e em outros não. Se ocorrer ao menos um caso, codifica-se o respectivo município com S (*sim*), se não ocorrer codifica-se com N (*não*).

Podemos substituir esta codificação utilizando a linguagem gráfica diretamente no mapa, atribuindo a cor *preta* (ou branca) aos municípios codificados com S e a *branca* (ou preta), àqueles codificados com N. Assim, teremos neste espaço binário dois tipos de eventos possíveis: o *branco* e o *preto*. Adotando-se como referência as propriedades de conectividade e contiguidade dos eventos S e N, identificamos três tipos de relação horizontal (RH) ou ligação entre dois municípios vizinhos, tomando-se como

214 MARCOS CÉSAR FERREIRA

base a informação binária (Quadro 5.1). A partir da distribuição espacial dos três tipos de RH, avaliamos o grau de autocorrelação espacial (ρ) entre os eventos de dengue em uma região composta de n municípios para constatar se os casos da doença estão espacialmente correlacionados ($\rho > 0$) ou não espacialmente correlacionados ($\rho = 0$). Nas situações em que $\rho > 0$, é importante averiguar as hipóteses de contágio espacial entre os casos e mobilidade viral na região, entre outras.

Quadro 5.1 – Tipos de relação horizontal presentes em um mapa binário de ocorrência de casos de dengue em municípios e suas principais características de contiguidade.

Tipo de relação horizontal (RH) entre os eventos	Característica da relação
S-S	Ocorreram casos em dois municípios contíguos
N-N	Não ocorreram casos em dois municípios contíguos
S-N	Ocorreram casos em um de dois municípios contíguos

Se no mapa a relação horizontal do tipo S-S predominar sobre a S-N, então $\rho > 0$; se, em contrapartida, for preponderante a ocorrência de S-N, então $\rho < 0$. A metodologia mais utilizada para determinarmos se há autocorrelação espacial positiva entre eventos inicia-se na contagem da quantidade de relações do tipo S-S, N-N e S-N presentes no mapa binário. Em seguida, as quantidades observadas para estes três tipos de relação horizontal são comparadas à quantidade esperada de relações, de acordo com a hipótese nula (H_0) de autocorrelação entre os dados (Cliff; Ord, 1981).

d) Avaliação do grau de significância da autocorrelação espacial positiva em mapas binários

A seguir, mostramos um exemplo de aplicação desta metodologia para a análise da significância da autocorrelação espacial positiva entre municípios que apresentaram casos de dengue durante a epidemia de 2001 ocorrida na microrregião de São José do Rio Preto-SP (Ferreira, 2003). O mapa binário da Figura 5.9 mostra a distribuição espacial dos 29 municípios da microrregião; neste mapa, os municípios com casos notificados da doença estão destacados em cinza. Se ocorrer autocorrelação espacial positiva, aplicamos um teste estatístico para avaliar se esta é significativa ou não. Por meio deste teste, a quantidade de relações (junções) do tipo S-S, S-N e N-N ocorridas no mapa é comparada à quantidade de junções estatisticamente esperadas. Para entendermos melhor a aplicação deste teste, utilizaremos a mesma metodologia adotada por Unwin (1981) para estudar a autocorrelação espacial entre votos dados a John Ford e Jimmy Carter nas eleições presidenciais americanas de 1976.

O primeiro passo é a construção de uma tabela, com a seguinte disposição numérica: na primeira coluna o nome dos municípios; na segunda coluna os códigos S (se ocorreu ao menos um caso de dengue) ou N (caso contrário); na terceira coluna o total de junções que cada município estabelece com todos os municípios vizinhos e contíguos. Nas demais colunas são registradas as quantidades de junções por tipo de relação (S-S, S-N e N-N) com vizinhos espacialmente contíguos (Tabela 5.3). Observamos na Tabela 5.3, por exemplo, que das seis junções naturais que o município de São José do Rio Preto realiza com municípios a ele contíguos, cinco são relações horizontais do tipo S-S para a dengue.

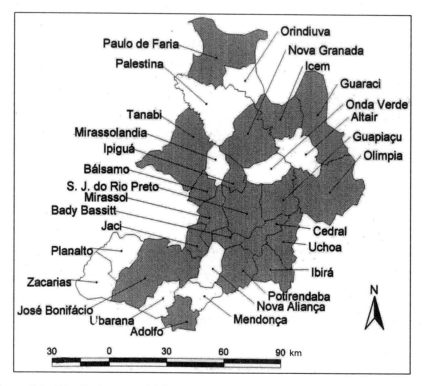

Figura 5.9 – Distribuição espacial de municípios com casos notificados de dengue em 2001 (em cinza), na microrregião de São José do Rio Preto-SP.
Fonte: modificado de Ferreira (2003).

Em outras palavras, 83% das junções se dão entre municípios que apresentaram notificações de casos de dengue. A Tabela 5.3 indica ainda que apenas um dos contatos de São José do Rio Preto com municípios contíguos se constitui em relação do tipo S-N, significando que apenas um desses municípios não teve casos de dengue notificado em 2001. O passo seguinte é o cálculo do número de junções esperadas (k) para toda a microrregião (Equação 5.5):

$$k = 0,5 \sum_{i=1}^{n} f_i j_i \tag{5.5}$$

onde f_i é a frequência absoluta de municípios por quantidade de contato; j_i é a quantidade total de contatos e n é o número de municípios da microrregião.

A Tabela 5.4 mostra o sequenciamento do cálculo de k com base na Equação 5.5. Por exemplo, observamos nesta tabela que dos 29 municípios da microrregião, seis apresentaram três junções com municípios vizinhos.

Com relação à Tabela 5.4, podemos concluir que o número esperado de contatos entre municípios na microrregião é de $k = 63,5$. Como são dois os eventos possíveis de ocorrer no mapa – S (*ocorre dengue*) ou N (*não ocorre dengue*) –, estimamos a probabilidade de ocorrer dengue, $P(s)$ e probabilidade de não ocorrer dengue, ou $P(n)$.

Seja n o número total de municípios da microrregião e n_s o número de municípios com casos positivos notificados (S). Para calcularmos as probabilidades $P(s)$ e $P(n)$, basta aplicarmos as seguintes relações:

$$P(s) = \frac{n_s}{n}$$
$$P(n) = 1 - P(s)$$

Pela Tabela 5.3 observamos que $n_s = 19$, $n_n = 10$ e $n = 29$. Portanto, a probabilidade de ocorrência de dengue será $\frac{19}{29}$ ou $P(s) = 0,6551$; a probabilidade estimada de não ocorrência será $1,0 - 0,6551$ ou $P(n) = 0,3449$. De posse destes valores, calculamos a quantidade esperada de junções S-S (J_{S-S}), N-N (J_{N-N}) e S-N (J_{S-N}) (Equações 5.6, 5.7 e 5.8).

$$J_{S-S} = k. \ P(s)^2 \tag{5.6}$$
$$J_{N-N} = k. \ P(n)^2 \tag{5.7}$$
$$J_{S-N} = 2.k.P(s).P(n) \tag{5.8}$$

INICIAÇÃO À ANÁLISE GEOESPACIAL **217**

Tabela 5.3 – Contagem das junções entre municípios da microrregião de São José do Rio Preto--SP, segundo tipo de relação horizontal de contiguidade observada no mapa binário de ocorrência de casos de dengue em 2001 (Figura 5.9).

Município	Casos de dengue? Sim (S=1) Não (N=0)	Contatos com outros municípios (j_i)	Quantidade de junções por tipo de RH		
			S-S	S-N	N-N
Adolfo	1	2	0	2	0
Altair	0	6	0	5	1
Bady Bassit	1	5	4	1	0
Bálsamo	1	3	2	1	0
Cedral	1	6	6	0	0
Guapiaçu	1	6	4	2	0
Guaraci	1	3	2	1	0
Ibirá	1	3	3	0	0
Icem	1	4	2	2	0
Ipigua	1	5	3	2	0
Jaci	1	3	2	1	0
José Bonifácio	1	6	1	5	0
Mendonça	0	5	0	3	2
Mirassol	1	6	5	1	0
Mirassolândia	0	6	0	5	1
Nova Aliança	0	6	0	5	1
Nova Granada	1	7	2	5	0
Olímpia	1	4	3	1	0
Onda Verde	0	5	0	4	1
Orindiuva	0	4	0	3	1
Palestina	0	5	0	3	2
Paulo de Faria	1	2	0	2	0
Planalto	0	2	0	1	1
Potirendaba	1	5	3	2	0
S. José do Rio Preto	1	6	5	1	0
Tanabi	1	3	1	2	0
Ubarana	0	3	0	2	1
Uchoa	1	4	4	0	0
Zacarias	0	2	0	1	1
Total	**S = 19 N = 10**		**52**	**63**	**12**

218 MARCOS CÉSAR FERREIRA

Tabela 5.4 – Cálculo da quantidade esperada de contatos por contiguidade (k), entre municípios da microrregião de São José do Rio Preto-SP, conforme dados da Tabela 5.3.

Quantidade de contatos (j_i)	Quantidade de municípios que apresentaram esta quantidade de contato (f_i)	$f_i \cdot j_i$
1	0	0
2	4	8
3	6	18
4	4	16
5	6	30
6	8	48
7	1	7
Σ	29	127
		$k = 0,5.(f_i \cdot j_i)$ ou $0,5.127 = 63,5$ $k = 63,5$

Aplicando-se as Equações 5.6, 5.7 e 5.8, obtemos as quantidades esperadas para as relações horizontais S-S, N-N e S-N:

$$j_{S-S} = 63,5.\ 0,6551^2$$
$$j_{S-S} = 27,250$$
$$j_{N-N} = 63,5.\ 0,3449^2$$
$$j_{N-N} = 7,553$$
$$j_{S-N} = 2.63,5.0,6551.0,3449$$
$$j_{S-N} = 28,694$$

Antes de aplicarmos o teste de avaliação da significância da autocorrelação dos dados mapeados na Figura 5.9, necessitamos dos valores do desvio padrão γ das junções J_{S-S}, J_{N-N} e J_{S-N}. Ainda segundo a metodologia de Unwin (1981), o cálculo de γ_{S-S}, γ_{S-N} e γ_{N-N} pode ser efetuado com base nas Equações 5.9, 5.10 e 5.11:

$$\gamma_{S-S} = [k.\ P(s)^2 + 2.m.P(s)^3 - (k+2.m).\ P(s)^4]^{0,5} \tag{5.9}$$

$$\gamma_{N-N} = [kP(n)^2 + 2mP(n)^3 - (k+2.m)\ P(n)^4]^{0,5} \tag{5.10}$$

$$\gamma_{S-N} = [2(k+m)P(s)P(n) - 4(k+2m)P(s)^2\ P(n)^2]^{0,5} \tag{5.11}$$

Nas Equações 5.9 a 5.11, o parâmetro m se assemelha a k, pois significa também o número esperado de junções, mas este valor é ponderado pela quantidade de municípios em contato (Equação 5.12):

$$m = 0,5 \sum_{i=1}^{n} f_i j_i (j_i - 1) \qquad (5.12)$$

O procedimento para o cálculo de m é mostrado na Tabela 5.5. Substituindo-se o valor de $m = 247$ – calculado na Tabela 5.5 – nas Equações 5.9, 5.10 e 5.11, teremos os seguintes resultados para os desvios padrão γ_{S-S}, γ_{S-N} e γ_{N-N}:

$$\gamma_{S-S} = [63, 5.0,6551^2 + 2.247.\ 0,6551^3 - (63,5 + 2.247).\ 0,6551^4]^{0,5}$$
$$ou\ \gamma_{S-S} = 7,967.$$

$$\gamma_{N-N} = [63,5.\ 0,3449^2 + 2.247.\ 0,3449^3 - (63,5 + 2.247).\ 0,3449^4]^{0,5}$$
$$ou\ \gamma_{N-N} = 4,464.$$

$$\gamma_{S-N} = [2\ (63,5 + 247).0,6551.0,3449 - 4\ (63,5 + 2.247).\ 0,6551^2.0,3449^2]^{0,5}$$
$$ou\ \gamma_{S-N} = 5,237.$$

Tabela 5.5 – Procedimento utilizado para o cálculo do parâmetro m a partir dos dados da Tabela 5.3.

Número de contatos (j_i)	Distribuição do número de municípios segundo número de contatos (f_i)	$j_i(j_i - 1).f_i$
1	0	0
2	4	8
3	6	36
4	4	48
5	6	120
6	8	240
7	1	42
		$\Sigma = 494$ $m = 0,5.494$ $m = 247$

Finalmente, determinamos o valor do escore z que nos permitirá avaliar, para cada um dos três tipos de relações (S-S, N-N e S-N), se eles excedem o valor crítico necessário para um nível de significância de 95% (considerando-se o ajuste à distribuição Normal). O escore z leva em conta a quantidade de junções observadas (j_o), a quantidade de junções esperadas (j_e) e o desvio padrão dos valores esperados γ_{je} (Unwin, 1981):

$$z = \frac{j_o - j_e}{\gamma_{je}} \qquad (5.13)$$

220 MARCOS CÉSAR FERREIRA

Com relação ao mapa da Figura 5.9, teremos os seguintes valores para j_o e j_e:

RH	j_o	j_e
S-S	52	27,250
N-N	12	7,553
S-N	63	28,694

A seguir, calculamos os valores de z pela Equação 5.13 para os três tipos de relação horizontal presentes no mapa da Figura 5.9:

$$z_{S-S} = (52 - 27,250) / 7,967$$
$$ou\ \mathbf{z_{S-S} = 3,106}$$

$$z_{N-N} = (12 - 7,553) / 4,464$$
$$ou\ \mathbf{z_{N-N} = 1,022}$$

$$z_{S-N} = (63 - 28,694) / 5,237$$
$$ou\ \mathbf{z_{S-N} = 6,624}$$

Confrontando-se os valores de z_{SS} calculados, ao $z_{crítico}$ tabulado ($z_{crítico}$ = 1,69), concluímos que podemos rejeitar a hipótese H_0 ($\rho = 0$), aceitar a hipótese de autocorrelação espacial H_1 e afirmar que o mapa binário da Figura 5.9 apresenta autocorrelação espacial positiva ($\rho > 0$) estatisticamente significante. Por isso, é coerente dizermos que os casos de dengue notificados na epidemia de 2001 naquela microrregião apresentaram dependência espacial associada à vizinhança entre municípios próximos.

O uso do escore z também é fundamental quando queremos avaliar, por meio do sequenciamento de mapas binários no tempo, se o fenômeno gerador de *ocorrência/não ocorrência* exerce influência na difusão espacial dos eventos. Ao calcularmos os valores de z para diferentes instantes t de uma série temporal de mapas binários, representados aqui por z_t, é possível representá-los segundo curva de z_t no tempo. Nesta curva identificamos, além de sua forma, a posição do pico (valor máximo) de z_t na série temporal, e os períodos de maior e menor velocidade de contágio entre as unidades com eventos registrados. Além da aplicação do parâmetro z_t à análise comparativa de mapas no tempo, é também plausível aplicá-lo à avaliação comparativa entre várias regiões ou grupos de unidades geográficas com base em valores de z_t medidos para uma mesma variável no tempo. Este procedimento último revela em qual região e em que tempo os eventos são dependentes de sua localização ($z > 1,96$). A Figura 5.10 representa o sequenciamento cartográfico binário de notificações de dengue na microrregião de São José do Rio Preto, de janeiro a junho de 2001.

INICIAÇÃO À ANÁLISE GEOESPACIAL 221

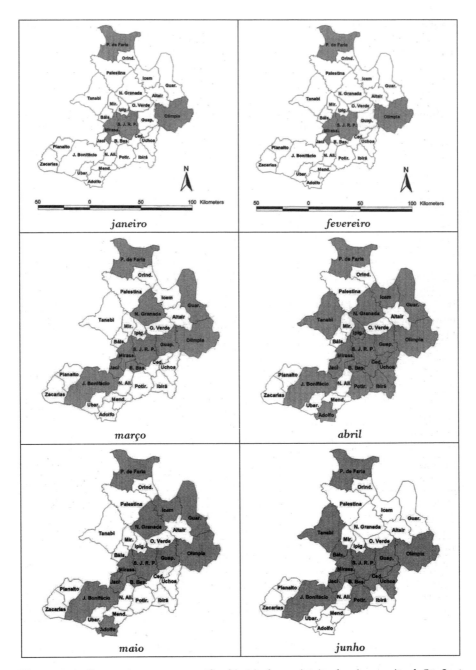

Figura 5.10 – Sequenciamento cartográfico binário de municípios da microrregião de São José do Rio Preto-SP com casos notificados de dengue (em cinza), entre janeiro e junho de 2001.
Fonte: modificado de Ferreira (2003).

MARCOS CÉSAR FERREIRA

Tabela 5.6 – Ocorrência (S) e não ocorrência (N) de notificações de casos de dengue por município da microrregião de São José do Rio Preto-SP, de janeiro a julho de 2001, e quantidade de junções do tipo SS.

	Mês												
	Janeiro		Fevereiro		Março		Abril		Maio		Junho		Julho	
Município	Casos (S=1) (N=0)	SS	Casos (S=1) (N=0)	SS	Casos (S=1) (N=0)	SS	Casos (S=1) (N=0)	SS	Casos (S=1) (N=0)	SS	Casos (S=1) (N=0)	SS	Casos (S=1) (N=0)	SS
Adolfo	0	0	0	0	0	0	1	0	1	0	0	0	0	0
Altair	0	0	0	0	0	0	0	0	0	0	0	0	0	0
Bady Bassit	0	0	0	0	1	2	1	2	1	4	1	4	1	4
Bálsamo	0	0	0	0	0	0	0	0	0	0	1	2	0	0
Cedral	0	0	0	0	0	0	0	0	1	6	1	5	1	5
Guapiaçu	0	0	0	0	1	2	1	2	1	4	1	4	1	4
Guaraci	0	0	0	0	1	1	1	2	1	2	0	0	0	0
Ibirá	0	0	0	0	0	0	0	0	1	5	0	0	0	0
Icem	0	0	0	0	0	0	1	2	1	2	0	0	1	0
Ipigua	0	0	0	0	0	0	0	0	1	3	0	0	0	0
Jaci	0	0	0	0	1	2	1	2	1	2	1	2	0	0
José Bonifácio	0	0	0	0	1	1	1	2	1	1	1	1	1	0
Mendonça	0	0	0	0	0	0	0	0	0	0	0	0	0	0
Mirassol	1	0	1	0	1	1	1	3	1	4	1	4	1	2
Mirassolândia	0	0	0	0	0	0	0	0	0	0	0	0	0	0
Nova Aliança	0	0	0	0	0	0	0	0	0	0	0	0	0	0
N. Granada	0	0	0	0	1	0	1	1	1	2	0	0	0	0
Olímpia	1	0	1	0	1	2	1	2	1	3	1	2	1	2
Onda Verde	0	0	0	0	0	0	0	0	0	0	0	0	0	0
Orindiuva	0	0	0	0	0	0	0	0	0	0	0	0	0	0
Palestina	0	0	0	0	0	0	0	0	0	0	0	0	0	0
P. de Faria	1	1	1	1	1	0	1	0	1	0	1	0	1	0
Planalto	0	0	0	0	0	0	0	0	0	0	0	0	0	0
Potirendaba	0	0	0	0	0	0	0	0	1	3	1	2	1	2
S. J. R. Preto	1	1	1	1	1	3	1	3	1	5	1	4	1	4
Tanabi	0	0	0	0	0	0	0	0	1	0	1	1	1	0
Ubarana	0	0	0	0	0	0	0	0	0	0	0	0	0	0
Uchoa	0	0	0	0	0	0	0	0	1	4	1	3	1	3
Zacarias	0	0	0	0	0	0	0	0	0	0	0	0	0	0
Total	4	2	4	2	10	14	12	21	18	50	13	34	12	26

A cada mapa mensal da Figura 5.10 foi aplicada a metodologia para o cálculo de z, descrita na Equação 5.13.

A Tabela 5.6 mostra a ocorrência (S) de casos de dengue em cada município, o respectivo mês e a evolução (de janeiro a julho de 2001) da quantidade de junções entre municípios vizinhos com casos notificados de dengue (relação horizontal S-S); na Tabela 5.7 encontram-se os valores dos parâmetros utilizados para o cálculo de z. O diagrama representando a evolução dos valores de z_{S-S} em relação $z_{crítico}$, a partir do qual aceitamos a hipótese H_1 (existência de autocorrelação espacial), é mostrado na Figura 5.11. Neste diagrama, observamos um aumento no valor da autocorrelação espacial positiva, evidenciando o início da fase de contágio espacial entre os casos. Até o mês de abril o valor de z_{S-S} permaneceu em patamar inferior ao valor de $z_{crítico}$. A partir desse mês, a autocorrelação espacial é significativa ao nível de 95% ($z_{S-S} > z_{crítico}$), evidenciada pelo alastramento da epidemia por toda a microrregião, em maio, junho e julho.

Tabela 5.7 – Probabilidade de ocorrência de casos de dengue – $P(s)$; desvio padrão das junções SS (γ_{S-S}); quantidades de junções SS (j_{S-S}) esperadas e observadas e escore z, calculados a partir da Tabela 5.6.

Mês	$P(s)$	γ_{S-S}	j_{S-S} esperadas	j_{S-S} observadas	z_{S-S}
Janeiro	0,138	1,511	1,188	2	**0,537**
Fevereiro	0,138	1,511	1,188	2	**0,537**
Março	0,345	4,451	7,430	14	**1,476**
Abril	0,414	5,420	10,696	21	**1,901**
Maio	0,621	7,720	24,071	50	**3,359**
Junho	0,448	5,880	12,550	34	**3,648**
Julho	0,414	5,420	10,696	26	**2,824**

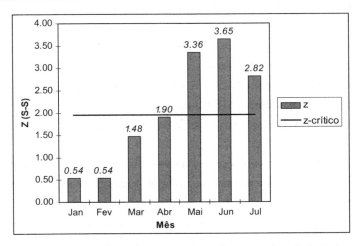

Figura 5.11 – Evolução dos valores do escore z_{s-s} em relação ao valor tabulado de $z_{crítico}$, para a distribuição espacial da ocorrência de notificações de dengue em municípios da microrregião de São José do Rio Preto-SP, de janeiro a julho de 2001.

224 MARCOS CÉSAR FERREIRA

Notamos pela Figura 5.11 que o valor máximo da diferença z_{S-S}-$z_{crítico}$ se deu em junho (o momento mais crítico da expressão espacial da contaminação pelo vírus), mantendo-se positivo até julho. Observa-se ainda no diagrama que a partir de junho se inicia o recuo do contágio espacial entre municípios com novas notificações de casos da doença.

e) Índice de contiguidade espacial de Moran

A seguir discutiremos um dos índices mais utilizados em análise geoespacial de mapas binários, denominado índice I de *Moran* (Moran, 1948; 1950), também conhecido como *índice de contiguidade espacial* (Cressie, 1993). Trabalhos publicados por Hepple (1974) e Cliff e Ord (1981) apresentaram significativas contribuições à compreensão deste índice e de sua aplicação na geografia. O índice de contiguidade espacial de Moran leva em conta as seguintes informações de um mapa binário:

- quantidade de unidades espaciais presentes no mapa (n);
- quantidade de junções possíveis de ocorrerem no mapa (k);
- média dos eventos binários no mapa ($\overline{X}$);
- conectividade binária entre as unidades i e j ($\delta_{i,j}$);
- quantidades z_i e z_j de ocorrências do tipo S ou N nas unidades i e j do mapa.

Se ocorrer o evento S nas unidades *i* ou *j*, então $z_i = 1$ ou $z_j = 1$; caso contrário, $z_i = 0$, ou $z_j = 0$. O cálculo de $\overline{X}$ é simples e considera apenas a razão entre a soma das unidades codificadas com S ($z_i = 1$ ou $z_j = 1$) e o total de unidades n (polígonos) do mapa. Contudo, devemos dedicar mais atenção ao parâmetro δ, pois ele nos dá informações sobre a existência ou não de contato por contiguidade (vizinhança de contato) entre duas unidades. Caso haja contato direto entre a unidade *i* e a unidade *j*, então $\delta_{i,j} = 1$, caso contrário, $\delta_{i,j} = 0$.

Não é difícil imaginar que a forma mais eficiente de visualizarmos os valores de $\delta_{i,j}$ é por meio de uma *matriz de contiguidade* ou *matriz de vizinhança* (Tabela 5.8). Na matriz de contiguidade construída a partir do mapa binário da Figura 5.9, os elementos cujos valores são iguais a 1 ($\delta_{i,j} = 1$) indicam que os municípios posicionados, respectivamente, na linha e na coluna estão em contato no mapa. Já os elementos da matriz cujos valores são iguais a zero ($\delta_{i,j} = 0$) indicam não existência de contato entre os respectivos

INICIAÇÃO À ANÁLISE GEOESPACIAL **225**

municípios. Conhecidos os valores dos parâmetros anteriores, calculamos o valor do índice de contiguidade de Moran (I) por meio da Equação 5.14, proposta por Cliff e Ord (1981):

$$I = \frac{n}{2k} \left(\frac{\sum_{i=1}^{n}\sum_{j=1}^{m} \delta_{i,j}\left(z_i - \overline{X}\right)\left(z_j - \overline{X}\right)}{\sum_{i=1}^{n}\left(z_i - \overline{X}\right)^2} \right) \qquad (5.14)$$

Considerando-se a Equação 5.14 e o mapa binário da Figura 5.9, podemos afirmar que n, k e $\overline{X}$ têm os seguintes valores: $\overline{X} = 19/29$ ou $\overline{X} = 0,655$; $n = 29$ e $k = 63,5$. Portanto, $\dfrac{n}{2k}$ pode ser substituído por $29/127$, ou $0,228$. O leitor não familiarizado com a linguagem matemática talvez tenha dificuldade ou desinteresse em entender o desenvolvimento da Equação 5.14 – fato este normal e compreensível. Lembramos que para cálculos espaciais de grandes proporções, envolvendo regiões extensas, existem os SIG e os *softwares* de análise geoespacial. Compete-nos, aqui, apresentar a dinâmica do cálculo do índice de autocorrelação espacial para analisarmos com mais clareza os mapas produzidos em computador.

Observando-se atentamente a Equação 5.14 notamos que sua estrutura é similar à da Equação 5.4, pois o termo do numerador é a *covariância* e o termo do denominador a *variância* dos dados. Para cada par de municípios i e j, calculamos o produto $\delta_{i,j}.(z_i - \mu).(z_j - \mu)$. A soma deste produto se expande até que todos os pares de municípios sejam confrontados. Em seguida, dividimos esta soma total do numerador pela variância dos dados de ocorrência e não ocorrência de casos de dengue. O resultado desta divisão é multiplicado pela constante $0,228$. Esta constante é específica de região e considera o arranjo espacial e a vizinhança entre as unidades, além, é claro, da quantidade de unidades que a compõem. Mostraremos a seguir o início da sequência de cálculo do índice I de Moran para o contexto espacial do mapa da Figura 5.9, tomando como ponto de partida o município de Mirassol. Considere os dados da Tabela 5.3 e da matriz de contiguidade da Tabela 5.8. Na matriz de contiguidade, na linha referente à Mirassol, dos 28 valores de $\delta_{i,j}$ possíveis – isto é, $(29\text{-}1 = 28)$ – sete são iguais a 1 e os demais

226 MARCOS CÉSAR FERREIRA

iguais a zero. Veja a seguir o início do procedimento para o cálculo do índice de contiguidade I desenvolvido a partir da Equação 5.14:

$$I = 0,228. \; (0. \; (1 - 0,655).(0 - 0,655) + 0.(1 - 0,655).(1 - 0,655) +$$
$$1.(1 - 0,655).(1 - 0,655) + 1.(1 - 0,655).(1 - 0,655)$$
$$+ \; 0.(1 - 0,655).(1 - 0,655) + \dots))$$

O primeiro termo da soma, $0.(1-0,655).(0-0,655)$, refere-se à confrontação entre os municípios de Mirassol e Adolfo; o segundo, $0.(1-0,655)$. $(1-0,655)$, à confrontação entre Mirassol e Altair; o terceiro termo, $1.(1-0,655).(1-0,655)$, entre Mirassol e Bady Bassit, e assim por diante. Note que apenas o terceiro termo do desenvolvimento da Equação 5.14 não é nulo, já que este se refere a dois municípios contíguos e que tiveram casos notificados de dengue ao mesmo tempo. No segundo termo, apesar de terem sido notificados casos de dengue em ambos os municípios, estes não mantém contiguidade entre si, por isso o termo se anula. Esta sequência inicial de cálculo antes mostrada é repetida para todas as linhas da matriz de contiguidade (Tabela 5.8) em um somatório contínuo, até que todos os municípios sejam confrontados entre si. Aplicando-se a Equação 5.14, considerando-se os dados da Tabela 5.3 e a matriz de contiguidade, encontraremos o valor do índice I de Moran ponderado pela contiguidade, para o mapa binário da Figura 5.9.

Portanto, poderemos concluir se haverá ou não autocorrelação positiva e contiguidade de casos da doença nos municípios da referida microrregião.

O índice de contiguidade I de Moran pode ser utilizado em diversas outras situações, tais como: ocorrência ou não ocorrência de determinada espécie de planta; estabelecimentos comerciais (útil em estudos de *geomarketing* e segmentação de mercado); crimes; acidentes, e assim por diante. Quando $I > 0$ e $z > z_{crítico}$, aceitamos a hipótese de contiguidade e afirmamos que há dependência locacional entre os eventos (estes não são independentes das características intrínsecas ao espaço geográfico). Cliff e Ord (1981) destacaram que o procedimento para análise de autocorrelação espacial por meio da contagem de relações S-S, N-N e S-N dispostas em matrizes de contiguidade apresenta uma limitação. Os elementos $\delta_{i,j}$ desta matriz informam apenas se *há* ou *não há* contato direto entre as unidades do mapa, independentemente do tamanho e da forma dos polígonos que definem estas unidades. Por esta razão dizemos que a $\delta_{i,j}$ apresenta invariância topológica. Para minimizar os efeitos da invariância topológica, Dacey (1963, apud

Tabela 5.8 – Matriz de contiguidade espacial entre os municípios da microrregião de São José do Rio Preto-SP (ver mapa da Figura 5.9).

	A d	A l	B B	B a	C e	G u	G u	I b	I c	I p	J a	J B	M e	M i	M i	N A	N G	O l	O n	O r	P a	P F	P l	P o	S J	T a	U b	U c	Z a
Adolfo													1																
Altair						1	1		1								1	1		1							1	1	
B.Bassit				1	1									1	1	1									1				
Bálsamo								1						1												1			
Cedral			1			1								1											1		1	1	
Guapiaçu	1				1					1				1			1	1						1	1			1	
Guaraci	1					1			1								1			1								1	
Ibirá	1			1			1																					1	
Icem		1								1							1		1	1	1								
Ipiguá						1							1				1	1		1	1		1		1				
Jaci													1	1		1										1			
J.Bonifácio									1				1							1		1							
Mendonça	1									1	1	1				1							1						
Mirassol			1	1	1	1					1				1										1			1	
Mirassolândia			1											1			1				1		1						
Nova Aliança	1		1								1		1											1					
Nova Granada		1					1		1	1					1				1	1	1								
Olímpia	1	1					1												1										
Onda Verde	1	1															1												
Orindiúva							1		1																				
Palestina									1	1					1		1					1	1	1					
Paulo de Faria												1					1				1			1					
Planalto										1																			
Potirendaba					1						1		1	1		1									1		1		
S.J.R.P.	1	1				1				1				1										1		1		1	
Tanabi				1							1														1				
Ubarana	1				1																			1					
Uchoa			1		1	1	1	1						1											1				
Zacarias																							1						

Cliff; Ord, 1981) propôs a modificação para o cálculo do índice de autocorrelação espacial I da Equação 5.14, inserindo nesta equação dois pesos (α e β) que dizem respeito à topologia dos objetos do mapa, para criar o índice I' (Equação 5.15). Na Equação 5.15, α_i é a área da unidade ou município i e $\beta_{i(j)}$ é o comprimento da linha divisória fronteiriça entre os municípios i e j:

$$I = \frac{n}{2k} \left(\frac{\sum_{i=1}^{n} \sum_{j=1}^{m} \delta_{i,j} \left(z_i - \overline{X} \right) \left(z_j - \overline{X} \right)}{\sum_{i=1}^{n} \left(z_i - \overline{X} \right)^2} \right) \tag{5.15}$$

Os pesos α_i e $\beta_{i(j)}$ podem ser calculados, respectivamente, pelas Equações 5.16 e 5.17:

$$\alpha_i = \frac{a_i}{\sum_{i=1}^{n} a_i} \tag{5.16}$$

$$\beta_i = \frac{b_{ij}}{\sum_{i=1}^{n} b_{ij}} \tag{5.17}$$

onde
a_i é a área do município i;
b_{ij} é o comprimento da linha divisória entre os municípios i e j; e
n é a quantidade total de municípios na região.

Semivariogramas

Semivariogramas são modelos gráficos utilizados para se detectar o grau de dependência espacial entre dados geográficos em diferentes intervalos de distâncias crescentes, predefinidos e contados a partir de uma posição espacial inicial qualquer. Este modelo se constitui na curva da *função de variância* $\gamma(h)$ dos dados, onde h é um intervalo de distância até uma origem arbitrária. A relação matemática que define $\gamma(h)$ é apresentada na Equação 5.18, adaptada de Clark (1979):

$$\gamma(h) = \frac{1}{2n} \sum_{i=1}^{n} (Z_{i+h} - Z_i)^2 \tag{5.18}$$

Na Equação 5.18 n é o número de pares de Z comparados. Lembramos que Z é uma variável aleatória distribuída na superfície S que assume o valor z_i na posição x_i e z_{i+h} na posição x_{i+h}. Por exemplo, no caso de uma superfície de valores de temperatura do ar, teríamos: $z_i = 32\ °C$ e $z_{i+1.000m} = 29\ °$. Enquanto em um ponto i da cidade a temperatura é de $32\ °C$, em outro ponto distante 1.000 metros de i ($h = 1.000\ metros$), a temperatura é de $29\ °C$. Em síntese, o semivariograma é o desvio médio quadrático entre valores de Z situados em i e $i+h$ (Davis; McCullag, 1975). A Figura 5.12 mostra os semivariogramas da superfície da Figura 5.5.

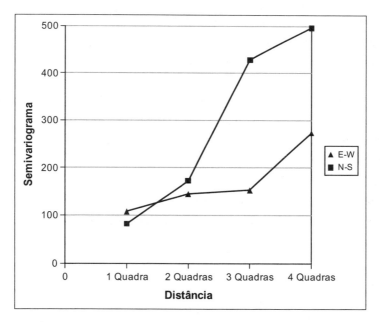

Figura 5.12 – Semivariogramas dos dados da superfície matricial contínua de quantidade de áreas verdes, em metros quadrados, por quadra de um bairro (Figura 5.5), em E-W e N-S.

Quando o processo é *estacionário*, os valores de γ(h) aumentam à medida que aumenta também as distâncias h. Entretanto, neste caso, o crescimento da curva γ(h) não é contínuo e incessante, pois ela atinge um patamar máximo – denominado *soleira* (C_o) – a partir do qual ela se estabiliza (Figura 5.13). Neste patamar, onde γ(h) atinge 95% de seu máximo, o valor de h posicionado nas abscissas do gráfico é denominado de *range* ou *alcance* (a) dos dados (Haining, 1990).

Tomemos como exemplo os dados da superfície matricial contínua de quantidade de áreas verdes por quadra (Figura 5.5). Suponha que esta superfície esteja georreferenciada e que seus pixels estejam distanciados entre si em intervalos regulares de *1 quadra*. Aplicando-se a Equação 5.18 e variando os valores das larguras dos passos *h* e *g* de *1 quadra* até *4 quadras*, obteremos os valores de $\gamma(h)$ e $\gamma(g)$ – respectivamente no sentido *E-W* e *N-S* – traçados na Figura 5.12. As curvas de $\gamma(h)$ e $\gamma(g)$ da Figura 5.12 são semivariogramas experimentais. Se compararmos os semivariogramas teóricos da Figura 5.13 aos semivariogramas experimentais da Figura 5.12, notaremos que há discrepâncias entre o traçado das duas curvas. Para que possamos obter os valores do alcance (*a*) e da soleira (C_o) de um semivariograma experimental, devemos ajustá-lo a um dos vários semivariogramas teóricos definidos matematicamente a partir de equações para o cálculo de $\gamma(h)$.

Na Figura 5.13 apresentamos os principais modelos de semivariogramas teóricos utilizados em análise geoespacial de dados geográficos e suas características mais significativas. Dentre os seis modelos da Figura 5.13, o que mais se aproxima do tipo de curva apresentado pelo semivariograma N-S da Figura 5.12 é o modelo gaussiano (Equação 5.19). Este semivariograma teórico apresenta uma curva que se aproxima da forma de uma parábola para valores *h* pequenos, e atinge suavemente um patamar em que *h* é grande.

$$\gamma(h) = C_o + C\left(1 - e^{\left(\frac{-h}{a}\right)}\right)$$

(5.19)

Substituindo-se os valores de *h = 1, 2, 3* e *4*; a = 3; C_o = 0 e C = 405,6 (95% do patamar 427,7) na Equação 5.19, obteremos a seguinte série de valores para o semivariograma N-S da Figura 5.12, ajustado ao modelo gaussiano:

$$\gamma(1) = 42,53; \; \gamma(2) = 145,18; \; \gamma(3) = 255,93; \; \gamma(4) = 336,67$$

Com base nestes valores, traçamos o gráfico do semivariograma ajustado ao modelo gaussiano (Figura 5.14).

Representação gráfica	Modelo	Características (Constantes: $\mathbf{A}$, $\mathbf{B}$, $\mathbf{a}$, $\mathbf{b}$,$\mathbf{c}$, $\mathbf{C_0}$)
$\gamma(h)$ ... h	Wijsian	Moderadamente não estacionário, mas o crescimento da curva não atinge um patamar. $\gamma(h) = A\ln(h) + B$
$\gamma(h)$ ... h	Linear	Fortemente não estacionário. $\gamma(h) = Ah + B$
$\gamma(h)$ ... h	Log-log	Fortemente não estacionário. $\gamma(h) = A + h^B$
$\gamma(h)$ ... h	Exponencial	Moderadamente não estacionário; a curva se aproxima suavemente de um limite superior. $\gamma(h) = C_o + C\left(1 - e^{\left(\frac{-h}{a}\right)}\right)$
$\gamma(h)$ ... h	Oscilatório	A curva cresce oscilante até um patamar. $\gamma(h) = C\left(1 - \frac{sen(ah)}{ah}\right)$
$\gamma(h)$ C C_0 ... h	Esférico	Estacionário $\gamma(h) = C\left(\frac{3h}{2a} - \frac{h^3}{2a^3}\right)$
$\gamma(h)$ ... h	Gaussiano	Moderadamente não estacionário; para $\underline{h}$ pequenos, a curva se assemelha a uma parábola (variabilidade pequena a distâncias menores) e se aproxima suavemente do patamar. $\gamma(h) = C_o + C\left(1 - e^{\left(\frac{3h}{2a^3}\right)}\right)$

Figura 5.13 – Principais modelos de semivariogramas teóricos, suas principais características e respectivas equações que os definem.

Fonte: adaptado e modificado de Haining (1990).

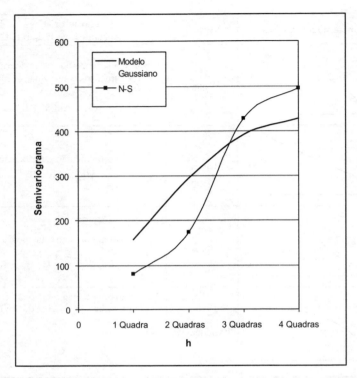

Figura 5.14 – Ajuste do semivariograma N-S da variável quantidade de áreas verdes, por quadra, para o modelo esférico (Equação 5.18), com base nos dados da superfície da Figura 5.5.

Huijbregts (1975, p.42-43) sistematizou, de forma clara e didática, as principais propriedades de um semivariograma, que adaptamos e apresentamos a seguir:

Campo geométrico – corresponde ao domínio espacial em que estão definidas a quantidade, a forma e a orientação das amostras no espaço. Cada campo (ou suporte geométrico) terá semivariograma próprio. Por exemplo, um semivariograma construído com base na variável *quantidade de árvores por 20 m^2* tem características distintas daquele construído a partir da variável *quantidade de árvores por 100 m^2*;

Zona de influência – A forma como a curva γ(h) cresce nos dá uma compreensão mais clara do conceito de zona de influência de uma amostra. Isso porque muitas vezes esta curva atinge um determinado ponto (*range*) a partir do qual ela se torna constante – ou seja, para de crescer. Este ponto é o limite da zona de influência dos dados. A partir deste limite, os dados passam a ser espacialmente independentes.

Anisotropia – Como h é um vetor e, portanto, tem componente direcional, o variograma pode ser calculado ao longo de várias direções no espaço. O comportamento de $\gamma(h)$ em relação à orientação de h pode revelar possíveis anisotropias. Quando o variograma tem a mesma forma para diferentes orientações e as zonas de influência são distribuídas de forma elíptica, dizemos que há uma *anisotropia geométrica*.

Comportamento de $\gamma(h)$ próximo à origem – Se, próximo à origem $(0,0)$ do variograma, a forma da curva $\gamma(h)$ assemelhar-se a uma parábola, dizemos que os valores da variável espacial têm variabilidade pequena a curtas distâncias, ou, ainda, a variável é muito regular e estável entre pontos vizinhos próximos. Algumas variáveis são muito irregulares já próximas à origem. Esta descontinuidade – denominada "efeito pepita" (*nugget effect*) – pode refletir descontinuidades ou microrregionalizações em uma escala inferior a da grade amostral. Se o semivariograma se apresentar como uma reta intersectando ortogonalmente o eixo $\gamma(h)$, a variação dos dados será puramente aleatória.

Corregionalização – Algumas vezes, mais de uma variável pode estar definida no mesmo campo geométrico. Neste caso, o uso de semivariogramas cruzados (combinados) possibilita a análise de correlação regional entre as variáveis.

O semivariograma é um instrumento fundamental para que conheçamos a dependência espacial entre dados geográficos, pois informa *até que distância e em qual direção* esta dependência é maior ou menor. Como todo semivariograma se baseia em uma função de dependência espacial que relaciona a *variabilidade dos dados* à *distância entre eles* segundo as direções de um plano cartográfico, esta função pode ser útil também em processos de interpolação de dados espaciais e traçado de isolinhas. A seguir apresentamos algumas técnicas de interpolação de superfícies a partir de dados de *matrizes com dados incompletos* que necessitam ser preenchidas por meio de estimativa de vizinhança.

Interpolação de superfícies e construção de mapas de isolinhas

É muito comum em geografia trabalharmos com dados espaciais rarefeitos e disponíveis apenas para alguns pontos do plano cartográfico. Como na maioria das vezes esta é a única fonte de dados que temos, é necessário aproveitá-la para a construção de uma superfície mais completa possível. Esta nova superfície é construída por meio da *interpolação* dos dados irregularmente espaçados. Tal situação é comum nas seguintes áreas do conhecimento:

- *climatologia* – os dados pluviométricos só se encontram acessíveis e mensuráveis em poucas estações meteorológicas;
- *mineração* – muitas vezes é necessário conhecer o teor de minerais de um bloco por meio de amostras restritas a poucas perfurações;
- *limnologia* – quando se quer estimar a concentração de sedimentos em suspensão na superfície de um lago por meio da coleta de amostras de água irregularmente espaçadas;
- *poluição atmosférica* – a partir de um pequeno número de estações medidoras de poluentes, o pesquisador necessita estimar a qualidade do ar do bairro de grande metrópole.

Nestes exemplos, o objetivo do pesquisador é construir uma superfície de dados mais completa e ajustada possível a dados irregulares disponíveis. A estimativa desta nova superfície é feita a partir de algoritmos de interpolação de dados que combinam elementos algébricos e geométricos para o cálculo do valor da variável em posições do plano onde seu valor é desconhecido. Os algoritmos de interpolação estimam e atribuem novos valores a nós ou a quadrículas de uma grade na qual os dados são inexistentes. Em geral, os algoritmos de interpolação só dispõem de duas informações para fazer a estimativa: os *valores originais* da variável em pontos em que ela foi mensurada e as *distâncias* de cada ponto com valor incógnito até todos os pontos cujos valores já são conhecidos. Este é o caso dos algoritmos baseados na distância euclidiana, entre os quais: *inverso do quadrado das distâncias, curvatura mínima* e *vizinho mais próximo* – apenas para citarmos os três mais conhecidos em cartografia e geoestatística.

Além desses, há também outro algoritmo muito utilizado em prospecção mineral e climatologia denominado *krigagem* ou *krigeagem*. O termo foi traduzido do inglês *kriging*, derivado do sobrenome do pesquisador que desenvolveu esta técnica, *Daniel Krige* (Clark, 1979). Diferente dos algoritmos baseados na distância, a krigagem utiliza três fontes de informação: as distâncias entre todos os pontos conhecidos, as distâncias entre cada ponto incógnito e todos os pontos conhecidos, e os parâmetros do semivariograma.

Interpolação pelo algoritmo do inverso do expoente das distâncias

Os algoritmos baseados na distância entre pontos estimam um novo valor z_0 para a posição x_i, y_j do plano com base em valores z_i já conhecidos e situados em outras posições deste mesmo plano, conforme estabelece a Equação 5.20 (Delfiner; Delhomme, 1975):

$$z_0 = \sum_{i=1}^{n} \frac{z_i}{\lambda^a} \qquad (5.20)$$

onde λ^a são pesos atribuídos aos valores conhecidos z_i. Este procedimento de ponderação se apoia na seguinte lógica: pontos z_i situados mais próximos de z_0 terão maior λ^a, e, por isso, exercerão maior influência no valor estimado para z_0 (Delfiner; Delhomme, 1975). O fato de o peso λ^a situar-se no denominador indica que quanto menor a distância de z_0 até z_i, mais z_0 será "parecido" com z_i. No caso do algoritmo *inverso do quadrado das distâncias* (IQD) o expoente de λ é igual a 2, ou λ^2.

Se quisermos estimar z_0 considerando que apenas os z_i mais próximos exerçam-lhe maior influência, e desprezando os z_i mais distantes, devemos escolher expoentes maiores para λ^a ($a = 3, 4....n.$). Se, em contrapartida, nosso objetivo é distribuir de forma mais equitativa a influência de todos os valores z_i do plano, inclusive dos z_i mais distantes de z_0, devemos escolher expoentes menores ou iguais a 2 para λ^a. Portanto, é fácil notarmos que o parâmetro mais importante da Equação 5.20 é o peso λ^a. Veremos a seguir como determiná-lo. Seja d_i a distância euclidiana entre z_0 e um

236 MARCOS CÉSAR FERREIRA

valor conhecido z_i qualquer. Com base no algoritmo IQD, convertemos as distâncias d_i em $\dfrac{1}{d_i^2}$. Seja D a soma de todas as distâncias $\dfrac{1}{d_i^2}$ medidas entre z_0 e todos os z_i conhecidos do plano, isto é, $D = \sum_{i=1}^{n} \dfrac{1}{d_i^2}$. O peso λ_i referente à contribuição de cada valor z_i na estimativa de z_0 pode ser calculado pela seguinte relação:

$$\lambda_i = \frac{1}{d_i^2 D} \qquad (5.21)$$

52			46	
	63			40
60		z_0	75	
	86			
90		90		50

Figura 5.15 – Exemplo de uma superfície de dados irregularmente espaçados, ou superfície incompleta. As células em branco correspondem a posições em que os valores da variável são desconhecidos; z_0 é um destes valores desconhecidos da variável Z a ser interpolado.

O valor λ_i obtido na Equação 5.21 é substituído na Equação 5.20 para ser calculado o valor de z_0. Vejamos o exemplo a seguir.

Na superfície de dados incompletos da Figura 5.15, considere que a posição z_0 seja aquela onde desejamos estimar a quantidade de áreas verdes a partir de dez valores vizinhos z_i conhecidos. Aplicando-se as Equações 5.20 e 5.21 obteremos os valores de $\dfrac{1}{d_i^2}$, λ_i e z (Tabela 5.9).

INICIAÇÃO À ANÁLISE GEOESPACIAL **237**

Tabela 5.9 – Valores dos parâmetros utilizados no algoritmo IQD, para estimativa de z_0 na Figura 5.15.

Posição (i , j)		z_i	d_i	$1/d_i^2$	λ_i	$\lambda_i.z_0$
X	Y					
1	1	52	2,80	0,128	0,040	2,079
1	**4**	**46**	**2,23**	**0,201**	**0,063**	**2,900**
2	2	63	1,41	0,503	0,158	9,934
2	5	40	3,16	0,100	0,031	1,256
3	1	60	2,00	0,250	0,078	4,702
3	4	75	1,00	1,000	0,313	23,511
4	2	86	1,41	0,503	0,158	13,560
5	1	90	2,80	0,128	0,040	3,599
5	3	90	2,00	0,250	0,078	7,053
5 ·	5	50	2,80	0,128	0,040	1,999
			$D= \Sigma_i\, 1/d_i^2 = 3,190$			
			$z_i = \Sigma_i\, \lambda_i.z_0 = 70,59$			

A partir dos dados da Tabela 5.9, constatamos que:

- na posição $(1,4)$, o valor de z_i é igual a 46 m²; a distância euclidiana d_i, entre z_i e z_0, é 2,23 quadras;
- o inverso do quadrado desta distância $(2,23)$ é 0,201;
- ao dividirmos 0,201 pelo D total $(3,190)$, obteremos λ_i, ou o peso atribuído ao valor 46 m², ou seja, $\lambda_i = 0,063$ (coluna 6);
- a contribuição do valor 46, ao valor estimado z_0, será de 2,90 (coluna 7);
- por fim, somando-se todas as contribuições individuais dispostas na coluna 7, teremos finalmente o valor estimado z_0 na posição desejada $(3,3)$ da superfície: $z_0 = 70,59$ m².

O procedimento anterior é repetido diversas vezes até que todas as células vazias da Figura 5.15 sejam preenchidas com os respectivos valores de z_0 calculados com base nos pesos dos z_i e nas respectivas distâncias às células a serem interpoladas.

O algoritmo IQD encontra-se disponível na maioria dos sistemas de informação geográfica e em *softwares* especialmente dedicados à análise e construção de superfícies. A seguir, apresentamos a superfície interpolada a partir da matriz da Figura 5.15, pelo algoritmo IQD, representada em perspectiva volumétrica e em um plano de isolinhas (Figura 5.16).

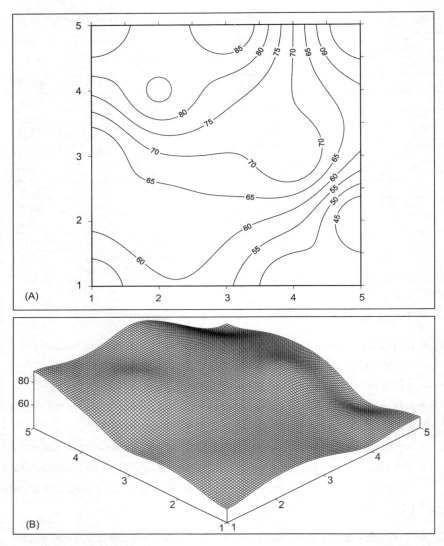

Figura 5.16 – Representação da superfície interpolada pelo algoritmo IQD a partir da matriz da Figura 5.15, em um plano de isolinhas (A) e em perspectiva (B).

Interpolação pelo algoritmo da krigagem

Já vimos que a principal diferença entre os algoritmos interpoladores de superfícies, baseados apenas nas distâncias, e o algoritmo da krigagem é que este último considera as distâncias e a variabilidade espacial dos dados.

INICIAÇÃO À ANÁLISE GEOESPACIAL **239**

Para utilizarmos a krigagem como técnica de interpolação, necessitamos inicialmente construir o variograma experimental dos dados z_i e, em seguida, ajustá-lo a um dos modelos apresentados na Figura 5.13. Para a estimativa do valor desconhecido z_0 de uma variável espacial Z em ponto do plano cartográfico, por meio da krigagem, é necessário considerarmos tanto as distâncias entre z_0 e todos os z_i conhecidos como também as distâncias entre todos os z_i. Segundo Landim (2006), na krigagem as distâncias euclidianas não são utilizadas, mas sim os valores resultantes da análise do variograma modelado. Em razão do caráter didático e facilmente compreensível ao iniciante em análise geoespacial, adaptamos a seguir o procedimento apresentado por Landim (2006) para a interpolação de um valor desconhecido z_0 pelo algoritmo da krigagem. Para isso, utilizaremos nossos dados da Figura 5.15.

A base de cálculo para determinarmos cada z_0 é a mesma equação do modelo teórico escolhido dentre os citados na Figura 5.13, ao qual o variograma foi ajustado. Por exemplo, considere que o variograma da superfície dos dados incompletos tenha sido ajustado ao modelo gaussiano. Este modelo é construído com base na Equação 5.19, reapresentada a seguir:

$$\gamma(h) = C_o + C\left(1 - e^{\left(\frac{3h}{2a^3}\right)}\right)$$

Sabemos pela Tabela 5.10 que a distância euclidiana entre o ponto $z_i = 46$ e o ponto z_0 é $2,23$. O valor $2,23$ deve ser substituído na Equação 5.19 no local correspondente ao parâmetro h. Em seguida, substituímos nesta mesma equação os parâmetros estimados a partir do semivariograma da Figura 5.12: $a = 3$, $C = 405,6$ e $C_o = 0$. Substituindo estes valores, constatamos que $\gamma(2,23) = 171,8$. Em outras palavras, o valor $171,8$ m² corresponde à variabilidade espacial entre os dados situados a uma distância de $2,26$ quadras (sob o ponto de vista do modelo gaussiano de semivariograma).

Como $171,8$ é resultado do termo $(z_{i+h} - z_i)^2 = 171,8$, podemos afirmar que a variabilidade da quantidade de áreas verdes, a uma distância de $2,16$ quadras, é $\sqrt{171,8}$ ou $13,10$ m². Fica mais fácil entender agora que as distâncias euclidianas entre os pontos da superfície da Figura 5.15 dispostas na coluna quatro (d_i) da Tabela 5.10 podem ser transformadas em *variabilidade espacial dos dados*. As Tabelas 5.10a e 5.10b apresentam, res-

240 MARCOS CÉSAR FERREIRA

pectivamente, a matriz das distâncias euclidianas d_i e a matriz dos valores. A partir dos valores da matriz $\gamma(d_i)$ (Tabela 5.10b), são calculados os pesos λ_i a serem utilizados para a estimativa de z_0 pelo algoritmo da krigagem. A superfície interpolada a partir da Figura 5.15 pelo algoritmo da krigagem, é mostrada na Figura 5.17.

Tabela 5.10 – Matrizes de afastamento entre todos os valores da superfície da Figura 5.15, estimados segundo a distância euclidiana (a) e a função do semivariograma pelo modelo gaussiano (b).

(a)

d_i											
	52	46	63	40	60	75	86	90	90	50	Z_0
52	0										
46	3,00	0									
63	1,41	2,23	0								
40	4,12	1,41	3	0							
60	2,00	3,60	1,41	2,23	0						
75	3,60	2,00	2,23	1,41	3,00	0					
86	3,16	3,60	2,00	3,60	1,41	2,23	0				
90	4,00	5,00	2,23	5,00	2,00	3,60	1,41	0			
90	4,47	4,12	2,23	3,60	2,82	1,73	1,41	2,00	0		
50	5,65	4,12	4,24	3,00	4,47	1,73	3,16	4,00	2,00	0	
Z_0	2,82	2,23	1,41	3,16	2,00	1,00	1,41	2,88	2,00	2,88	0

(b)

$\gamma(d_i)$											
	52	46	63	40	60	75	86	90	90	50	Z_0
52	0										
46	255,95	0									
63	80,18	171,80	0								
40	343,75	80,18	255,95	0							
60	145,20	309,10	80,18	171,80	0						
75	309,10	145,20	171,80	80,18	255,95	0					
86	271,43	309,10	145,20	309,10	80,18	171,80	0				
90	336,70	380,19	171,80	380,19	145,20	309,10	80,18	0			
90	361,28	343,75	171,80	309,10	237,53	114,46	80,18	145,20	0		
50	393,82	343,75	350,26	255,95	361,28	114,46	271,43	336,70	145,20	0	
Z_0	237,53	171,80	80,18	271,43	145,20	42,53	80,18	243,78	145,20	243,78	0

A determinação dos valores dos pesos λ_i é trabalhosa e exige a utilização de um sistema de equações para o cálculo do peso em cada um dos dez pontos com valores conhecidos utilizados como referência para a estimativa de z_0. Contudo, para esta tarefa existem diferentes *softwares* que utilizam o algoritmo da krigagem para interpolação de mapas, tais como o *Surfer* (Golden Software, 2005); os sistemas de informação geográfica da família Idrisi (Eastman, 1995), *ArcGis* (Esri, 1993), entre outros.

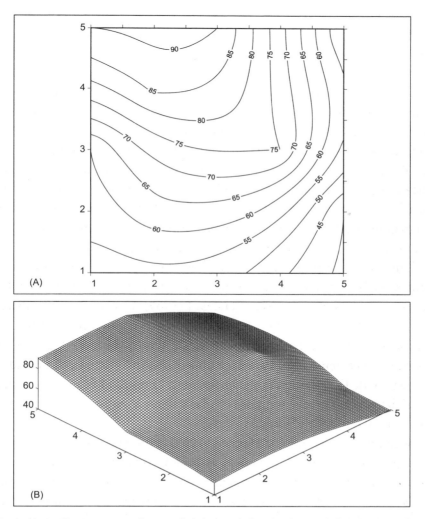

Figura 5.17 – Representação da superfície interpolada pelo algoritmo da krigagem a partir da matriz da Figura 5.15, em um plano de isolinhas (A) e em perspectiva volumétrica (B).

Superfícies de tendência

Quando queremos identificar a *tendência geral* ou *regional* dos valores de uma variável Z em uma superfície, destacar as variações espaciais mais generalizadas em todo o mapa e não as variações entre pixels vizinhos, utilizamos a técnica de *análise de superfícies de tendência* (ASD). Juntamente à análise de Fourier e à filtragem de superfícies, a ASD faz parte de um conjunto de modelos de variação espacial de dados que leva em conta a *média* dos valores da variável espacial Z na superfície (Haining, 1990). A superfície de tendência é derivada da superfície dos dados originais e mostra o comportamento dos dados locais em relação à média regional em diferentes escalas.

As superfícies de tendência têm *graus* que podem variar, principalmente, do *1* ao *3*. As superfícies de grau 1 são chamadas superfícies de tendência *linear*; as de grau 2, superfícies de tendência *quadrática;* e as de grau 3, superfícies de tendência *cúbica.* As superfícies de graus mais elevados (2 e 3) mostram a influência de fatores geográficos presentes em escala de maior detalhe, ou *escala local;* as superfícies de grau menor, como as superfícies lineares (grau 1), revelam a influência de fatores geográficos presentes em escala de menor detalhe, ou *escala regional.* Portanto, uma superfície de baixo grau nos dará a resposta regional dos dados, e uma superfície de alto grau a resposta das particularidades locais dos dados.

Um clássico exemplo didático que facilita a compreensão das componentes escalares de uma superfície de tendência, para o iniciante em análise geoespacial, é o apresentado por Haggett (1969). Considere uma superfície cuja variável Z seja o percentual de florestas contabilizado dentro de unidades de observação regularmente espaçadas (quadrículas), que juntas formam uma extensa área. Para cada uma dessas quadrículas, é calculado o porcentual de florestas ainda remanescentes. O resultado é uma superfície matricial em que se registram nas células valores z_n equivalentes a proporções entre 0 e 100%, de florestas.

Segundo este exemplo de Haggett (1969), a quantidade de florestas em cada quadrícula resulta de complexa associação espacial entre tipo de rocha, topografia, clima, uso do solo e histórias regional e local. Para entendermos a ação desses fatores na distribuição espacial do percentual de florestas, dividimo-los em dois grupos: os *fatores regionais* e os *fatores locais.* Dentre os fatores regionais se incluem os relacionados ao clima, responsáveis pela instalação, crescimento e manutenção das florestas em uma determinada zona climática. Esses fatores, associados à escala de bioma, tendem, segundo o autor, a variar espacialmente de forma suave por toda a área considerada. Tais fatores refletem-se na superfície de tendência linear (grau 1).

Já as variações locais no percentual de florestas por quadrícula sofrem influências da diversidade dos tipos de solos, da topografia, do uso do solo e do tamanho das propriedades rurais. Esses pormenores, presentes em escala de detalhe, podem ser mostrados nas superfícies de tendência quadráticas e cúbicas. Veja como exemplo o trabalho realizado no Brasil por Haggett (1965, apud Haggett, 1969), cujo objetivo foi explicar, espacialmente, a distribuição da Mata Atlântica no Sudeste do país por meio de análise de superfícies de tendência. Ao utilizar uma superfície de tendência linear, o autor separou a contribuição dos fatores regionais da contribuição dos fatores locais que influenciaram a distribuição espacial desta floresta. Partindo de uma amostragem quadricular do percentual de matas existentes na época, o autor construiu uma superfície linear na qual a proporção de matas por quadrícula se ajusta a um plano inclinado que mergulha em direção ao interior do país. Neste plano, as áreas mais elevadas estão situadas próximas à costa atlântica sudeste (Figura 5.18).

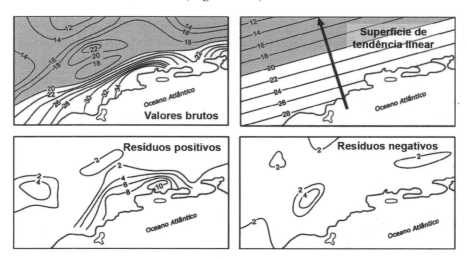

Figura 5.18 – Representação esquemática da distribuição espacial do percentual de matas na costa sudeste do Brasil segundo uma superfície de tendência linear e seus respectivos resíduos positivos e negativos. As isolinhas medem o percentual de matas em parcelas de 2.500 km² de área; as áreas em cinza representam locais onde este percentual é menor que a média regional.
Fonte: modificado de Haggett (1969, p.271).

244 MARCOS CÉSAR FERREIRA

Este plano inclinado, ajustado à média regional do percentual de matas, mostra que a maior quantidade de matas situa-se na costa (pontos mais elevados do plano inclinado) e diminui em direção a noroeste e ao interior (pontos mais baixos do plano inclinado). Uma das vantagens de utilizarmos a análise de superfícies de tendência para a identificação de padrões geográficos regionais de variáveis espaciais é a possibilidade de mapearmos os *resíduos positivos* e *negativos*. Quando realizamos a subtração entre a superfície dos dados originais e a superfície de tendência linear, temos como resultado a *superfície de desvios* (resíduos). Tais resíduos podem ser positivos (os valores originais da superfície são maiores que os interpolados na superfície de tendência) ou negativos, quando a situação é oposta. No exemplo da superfície de proporção de Mata Atlântica, construída por Haggett (1965, apud Haggett, 1969), *os resíduos positivos* (maior proporção de matas que a média regional) estão localizados nas escarpas da Serra do Mar e nos maciços do Planalto Atlântico; os *resíduos negativos* (menor proporção de matas que a média regional) estão localizados principalmente no vale do Paraíba paulista (Bacia de Taubaté). Portanto, a técnica de superfície de tendência dá ao pesquisador a opção de investigar relações interescalares de uma mesma variável espacial, confrontando tendências regionais a anomalias locais.

A Figura 5.19 mostra a relação entre perfis traçados sobre as superfícies de tendência linear (x^1), quadrática (x^2), cúbica (x^3) e quártica (x^4) e a respectiva representação gráfica em perspectiva tridimensional. Observamos nesta figura que, quanto maior o grau da superfície, maior será a sua rugosidade e mais detalhes são revelados. A visão em perspectiva da superfície linear é um plano inclinado; da quadrática é um "vale em U"; e da superfície cúbica é uma associação entre vários "vales em U" vizinhos. A superfície quártica – a mais complexa – representa um conjunto de vários "vales" com diferentes profundidades.

Utilizamos a analogia "topográfica" para que o leitor possa melhor associar as superfícies a uma situação real. Ressaltamos que o uso das superfícies de tendência é muito amplo e se aplica a quase todo o tipo de variável espacial. Resta mencionar ainda que embora as superfícies de grau muito elevado (x^3, x^4, x^5, e assim por diante) nos deem a ideia de que possuam maior eficiência e detalhamento, elas são pouco utilizadas. Isso se deve à complexidade dos cálculos necessários à sua construção e ao fato de elas revelarem detalhes locais que são teóricos e, muitas vezes, difíceis de serem associados à realidade geográfica. À medida que aumenta o grau da super-

INICIAÇÃO À ANÁLISE GEOESPACIAL   245

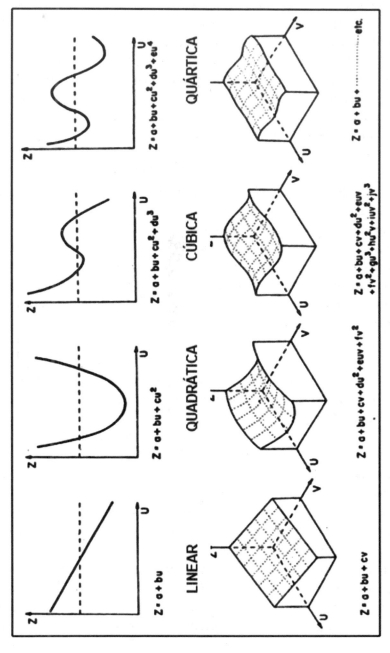

Figura 5.19 – Perfis longitudinais e visão em perspectiva das superfícies de tendência linear, quadrática, cúbica e quártica, e respectivas equações polinomiais que as definem.
Fonte: modificado de Haggett (1969, p.273).

246 MARCOS CÉSAR FERREIRA

fície, maior será a quantidade de constantes (a_i) na equação geradora de cada superfície. Por isso, esta equação geradora de superfícies é denominada de *equação polinomial*. Como já vimos na Equação 5.1, uma superfície é um campo escalar representado pela função $z_i = f(x_i, y_i)$, onde o valor da variável Z no ponto i depende da posição espacial (x_i, y_i) deste ponto.

Unwin (1981) nos mostrou como uma equação polinomial pode representar uma superfície de tendência. Para isto utilizou como elemento de referência um plano inclinado (superfície do tipo x^1), modelado matematicamente por uma função polinomial genérica do tipo:

$$z_i = a_0 + a_1 x_i + a_2 y_i + e_i$$

onde e_i é o resíduo presente no ponto i da superfície. Se x_i e y_i são as coordenadas espaciais do ponto i, o que significam então as constantes a_0, a_1 e a_2? A constante a_0 representa o valor da elevação z do plano no ponto correspondente à origem do sistema de coordenadas da superfície (x_0, y_0); a constante a_1 representa a inclinação geral do plano na direção x; e a constante a_2 representa a inclinação geral do plano na direção y. Quanto maior o grau da superfície, maior será a quantidade necessária de constantes na equação. Por exemplo, uma superfície quadrática é calculada com base no seguinte tipo de função:

$$z_i = a_0 + a_1 x_i + a_2 y_i + a_3 x^2_i + a_4 x_i y_i + a_5 y^2_i + e_i$$

As superfícies de tendência são construídas por meio de algoritmos dedicados a este fim, disponíveis nos principais sistemas de informação geográfica e também no *software Surfer* (Golden Software, 2005), entre outros. O mais importante para o iniciante em análise geoespacial é saber o significado regional de uma superfície de tendência, conseguir interpretar as superfícies nos seus diversos graus e, sobretudo, interpretar espacialmente os resíduos positivos e negativos. As áreas onde se localizam os resíduos devem ser confrontadas a informações geográficas dessas mesmas áreas, representadas em outros mapas. Esta associação nos permite formular hipóteses sobre fatores causais associados à ocorrência dos resíduos em uma determinada área do mapa, tomando como base outras variáveis espaciais.

Considere a superfície da Figura 5.5 que registra a quantidade de áreas verdes em quadras de um bairro hipotético. Esta superfície será aqui considerada como superfície de dados originais. A Figura 5.20 mostra as superfícies de tendência linear (STL), quadrática (STQ), cúbica (STC) e a superfície dos dados originais. Pela Figura 5.20 constatamos que a STL se constitui em um plano inclinado que mergulha para sudeste da área, a uma taxa constante de queda (os intervalos das isolinhas são constantes). Na STQ, observamos que, além da inclinação para SE mostrada pela STL, esta superfície também indica inclinação para SW, o que gera uma crista ligeiramente orientada no sentido N-S.

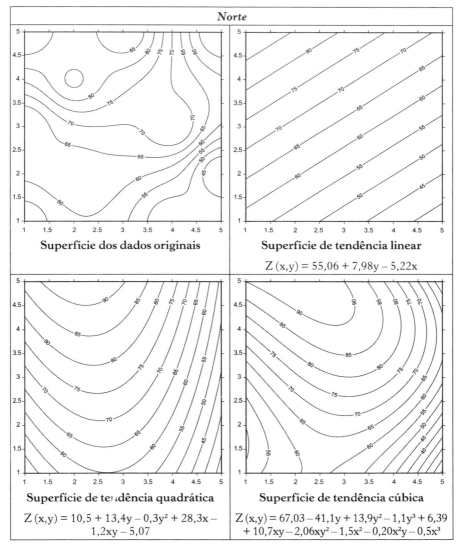

Figura 5.20 – Superfícies de tendência linear, quadrática, cúbica e respectivas equações polinomiais construídas a partir da superfície matricial contínua da Figura 5.5, que representa a quantidade de áreas verdes, em metros quadrados, por quadra de um bairro hipotético.

A superfície STC é progressivamente mais complexa que as anteriores, pois adiciona inclinações para E-NE e W. Os mapas dos resíduos positivos e negativos estão disponíveis na Figura 5.21.

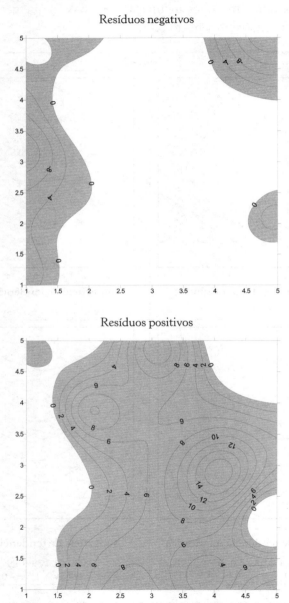

Figura 5.21 – Mapas dos resíduos positivos e negativos obtidos a partir da subtração entre a superfície dos dados originais e a superfície de tendência linear da Figura 5.20.

Superfícies de distância

Considere um plano cartográfico em que esteja disposto, ao acaso, um conjunto de objetos geográficos – sejam eles pontos, linhas ou áreas. É possível construirmos uma superfície em que seus pixels registrem a distância deles mesmos até um ou mais objetos posicionados no plano. Neste caso, o valor z_i da variável espacial Z em um pixel (x_i, y_i) refere-se à distância euclidiana medida entre este pixel e o objeto de referência mais próximo. Assim, não são consideradas impedâncias geográficas (barreira ou fricção) em quaisquer das direções neste plano. A partir de todos os valores z_i deste plano, podemos traçar isolinhas utilizando qualquer uma das técnicas de interpolação espaciais já discutidas neste capítulo. O resultado desta interpolação é a *superfície de isodistâncias* (Figura 5.22).

Cada faixa inserida no intervalo de duas isolinhas de distâncias nos informa sobre o grau de afastamento relativo entre um pixel situado nesta faixa e o objeto mais próximo. Os locais mais isolados ou inacessíveis desta superfície são os que apresentam valores de z_i mais altos. A forma e o arranjo das isolinhas das superfícies de isodistâncias dependerão da geometria do objeto utilizado como referencial para o cálculo das distâncias (Figura 5.23). A principal propriedade deste tipo de superfície é sua capacidade de atribuir a um lugar ou a um objeto, um valor que o diferencie dos demais em função de sua vizinhança imediata. A depender da posição e da quantidade de objetos de referência existentes no plano, o pixel terá um valor particular de z_i.

Enquanto no plano cartográfico as coordenadas do pixel (x_i, y_i) são dadas em função de sua distância *extrínseca* ao meridiano central e à linha do equador (no caso de planos na projeção UTM), na superfície de isodistâncias este afastamento é *intrínseco* à organização espacial dos objetos no próprio plano. Tal como nos modelos digitais de elevação, a superfície de isodistâncias pode também ser representada como modelo digital de distâncias até um ou mais objetos. Nesta representação, em perspectiva, os "vales" são as áreas mais próximas aos objetos de referência e os "picos" são as áreas mais isoladas e afastadas destes objetos. Na coluna SI da Figura 5.23b, os tons mais escuros das superfícies indicam posições mais próximas (ou mais vizinhas) a objetos de referência (Figura 5.23a). À medida que as posições

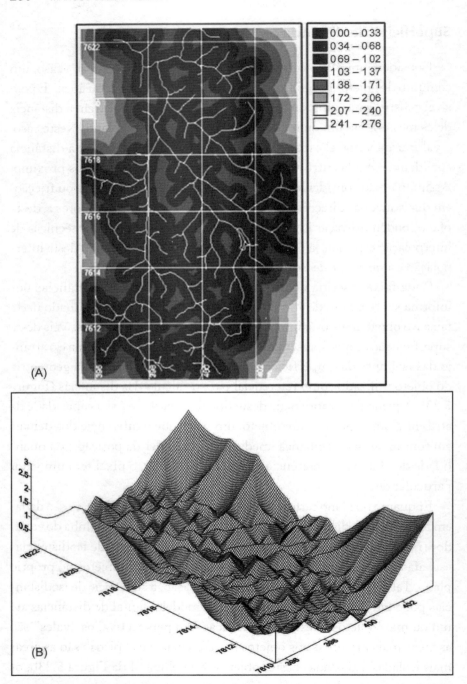

Figura 5.22 – Superfície de isodistâncias euclidianas construída a partir de uma rede de drenagem (A) e sua representação em 3D (B).

INICIAÇÃO À ANÁLISE GEOESPACIAL **251**

estão mais distantes (ou menos vizinhas aos objetos), os tons de cinza dos pixels se tornam mais claros.

A principal aplicação das superfícies de isodistâncias está na construção de modelos de alocação espacial baseados em regras de decisão espacial. Nessas situações de planejamento, restringimos a superfície de isodistâncias a faixas pré-classificadas ou predefinidas, dentro das quais a decisão será tomada ou um determinado evento poderá ocorrer. Estamos nos referindo a *superfícies de isodistâncias binárias* (*SIB*), ou modelo espacial onde apenas uma faixa recortada de distâncias permanece. As demais áreas da superfície são excluídas (Figura 5.23c).

A transformação da SI em SIB é um procedimento comum no planejamento de alocação de matrículas para uma escola de alunos que residam a até 1.000 metros deste tipo de estabelecimento de ensino. Outro exemplo: delimitação de faixas de até 30 metros até a rede de drenagem, para adequação de áreas às exigências da legislação ambiental, e assim por diante. Na Figura 5.23c mostramos algumas SIB definidas segundo um critério de vizinhança definido pela faixa de 200 metros até os objetos.

Quando a quantidade de objetos de referência é grande as superfícies geradas são progressivamente mais complexas. Por exemplo, em um mapa da rede de drenagem de uma bacia hidrográfica, os objetos de referência para o cálculo das isodistâncias são os segmentos de canais fluviais. Em um mapa de localização das escolas dentro de uma cidade, os objetos serão os pontos associados a cada escola; em um mapa de fragmentos florestais, os objetos serão os polígonos ou as manchas que delimitam tais fragmentos. No caso das Figuras 5.24a e 5.24b, as áreas onde os valores de z_i são máximos (tons mais claros) representam locais menos vizinhos possíveis a dois ou mais canais fluviais. Se o modelo fosse construído a partir de escolas, os z_i máximos nos informariam sobre locais onde as pessoas ali residentes teriam menor acessibilidade às escolas (Figuras 5.24c e 5.24d); se a mesma fosse construída a partir de fragmentos florestais, os valores z_i máximos estariam associados a áreas em faixas de menor influência das matas.

Além de nos fornecer informações espaciais sobre o grau de vizinhança a um objeto geográfico, a superfície de isodistâncias contém implícita outras informações espaciais importantes que podem ser estimadas a partir de parâmetros estatísticos de posição e de dispersão referentes à distribui-

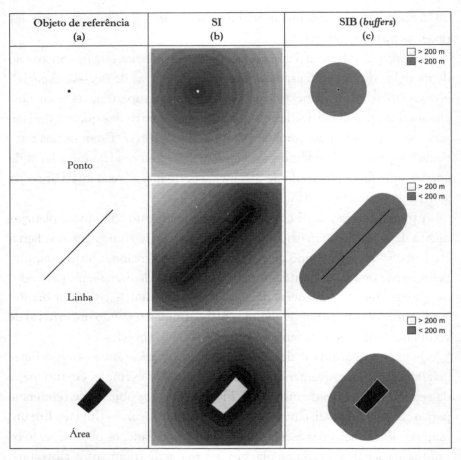

Figura 5.23 – Tipos de superfícies de isodistâncias (b), geradas a partir de pontos, linhas e áreas (a), e exemplos correspondentes de superfícies de isodistâncias binárias (c).

ção de frequência da variável *distância*. A superfície de isodistâncias é uma matriz de m linhas por n colunas que corresponde a uma população total de $m \times n$ amostras. Cada amostra está localizada em uma posição i,j e registra o valor da distância $d_{i,j}$ até o objeto mais próximo localizado no mapa. Partindo-se deste pressuposto, podemos comparar duas ou mais distribuições espaciais de $d_{i,j}$, calculadas sobre dois ou mais mapas e contendo o mesmo tipo de objeto de referência. Por exemplo, podemos comparar duas bacias hidrográficas com base na distribuição espacial das distâncias interfluviais em cada uma delas e, desta forma, diferenciá-las de acordo com a quan-

INICIAÇÃO À ANÁLISE GEOESPACIAL   253

tidade de áreas intercaladas aos rios. Outra situação análoga é descrita na Seção "Distância média ao vizinho mais próximo" (Capítulo 3) e mostrada na Figura 3.4, onde são comparadas duas distribuições espaciais de habitações rurais a partir da análise das respectivas superfícies de isodistâncias entre essas habitações.

Ferreira (1999) mostrou que o desvio padrão (σ) das distâncias $d_{i,j}$ é o melhor entre os parâmetros de posição e dispersão para se comparar duas ou mais superfícies de isodistâncias. Segundo o autor, σ e $d_{i,j}$ mantêm entre si relações inversamente proporcionais; quanto mais afastados os objetos de referência estiverem entre si (menor o grau de vizinhança da superfície), menor será o desvio padrão das distâncias entre eles. Observe o exemplo da Figura 5.24 na qual são mostradas quatro superfícies de isodistâncias calculadas a partir de dois tipos de objetos de referência localizados em áreas geograficamente distintas.

Note que o valor de σ varia em função da densidade de objetos na janela de referência no mapa. No caso da rede de drenagem, constatamos que na área onde ela é mais densa (Figura 5.24b) o valor de σ é menor (quando comparado à rede da Figura 5.23a). O padrão espacial da superfície de isodistâncias fluviais está relacionado aos processos hidrológicos superficiais de uma bacia hidrográfica, como infiltração e escoamento fluvial.

No exemplo das escolas (Figuras 5.24c e 5.24d), nota-se que os estabelecimentos de ensino na área urbana de Limeira (Figura 5.24d) se encontram espacialmente mais bem distribuídos que na área urbana de Rio Claro (em 2000), fato que indica melhor acessibilidade espacial da população às escolas. Em superfícies de isodistâncias a escolas, a probabilidade de um cidadão residir próximo a uma delas é maior nas superfícies com desvio padrão menor; no nosso exemplo, para Limeira $\sigma = 84,45$ e para Rio Claro, $\sigma = 123,49$.

É sempre conveniente lembrarmos que tais exemplos têm como propósito esclarecer objetivamente o uso dessa técnica de análise geoespacial em situações geográficas reais. Ressaltamos a importância de se ter em mente que os números podem ser instrumentos auxiliares à análise geográfica, mas não *uma finalidade* da pesquisa geográfica propriamente dita. Por isso, além desses instrumentos analíticos que discutimos anteriormente, as técnicas de pesquisa social, econômica e demográfica também devem ser consideradas – sobretudo no caso da alocação de matrículas de alunos a escolas.

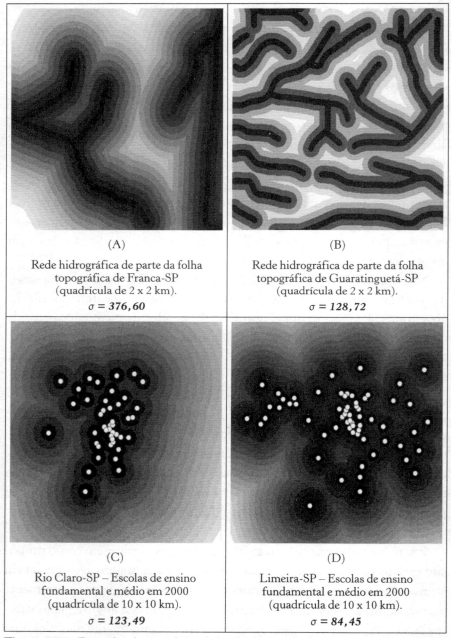

Figura 5.24 – Exemplos de superfícies de isodistâncias calculadas a partir da hidrografia (A e B) e das escolas de ensino fundamental e médio (C e D), e respectivos valores de σ.

6
ANÁLISE DE MAPAS DE OBJETOS POLIGONAIS

Introdução

Mapas construídos com base em estruturas areais ou poligonais têm sido um dos instrumentos de comunicação mais utilizados em geografia e nas demais ciências que se valem de informações socioeconômicas espacializadas. Entre as razões que explicam a disseminação de seu uso, destacamos a rápida compreensão e a fácil leitura do conteúdo desses mapas, favorecidas principalmente pela percepção direta da morfologia e das dimensões dos polígonos – quando comparados a mapas de pontos ou de linhas.

As representações cartográficas poligonais quantitativas, conhecidas também como *mapas estatísticos*, são exemplos clássicos de mapas areais associados a tabelas de dados. Esses mapas são frequentemente utilizados para a espacialização de bancos de dados geográficos, provenientes de censos ou inventários estatísticos relacionados a regiões, municípios, setores censitários e bairros. Os mapas poligonais estatísticos constituem-se em representações visuais de tabelas de dados a elas associados por meio de um código de ligação entre uma linha desta tabela e um polígono do mapa. Cada coluna da tabela de dados representa uma variável a ser mapeada (ou *tema*), e cada linha, um polígono referente a uma unidade espacial do mapa. Neste modelo geográfico relacional, em cada elemento i,j da matriz é armazenada uma quantidade referente a determinado polígono.

Considere a Tabela 6.1 que registra os valores do PIB *per capita* dos municípios da região metropolitana de Campinas-SP. Nesta tabela, a coluna *municípios* é uma referência espacial, pois a cada um deles está associada uma entidade poligonal fechada (área) que representa os limites e a extensão do respectivo município no mapa. As demais colunas são variáveis com valores diferentes, a depender do polígono do mapa. Portanto, este modelo se constitui em uma ligação entre uma tabela e um plano cartográfico poligonal mostrados, respectivamente, na Tabela 6.1 e na Figura 6.1.

A construção do mapa quantitativo baseado em dados relacionais (taxas, densidades, proporções) – agora denominado *mapa coroplético* – dá-se pela transposição direta de uma das colunas para o plano cartográfico poligonal, de tal forma que cada valor de uma coluna seja substituído por um símbolo localizado no respectivo polígono, ordenado de acordo com os valores assumidos pela variável nesses polígonos. Se a transposição fosse direta, o mapa resultante da Tabela 6.1 deveria utilizar legenda construída a partir de dezenove símbolos – fato este que tornaria o mapa ilegível e confuso.

Tabela 6.1 – Valores do PIB *per capita* (PPC), em milhares de reais, por município da região metropolitana de Campinas-SP, em 2005.

Identificador	Município	PPC
1	Americana	21,5
2	Artur Nogueira	7,1
3	Campinas	89,5
4	Cosmópolis	10,9
5	Engenheiro Coelho	9,4
6	Holambra	38,7
7	Hortolândia	14,6
8	Indaiatuba	19,4
9	Itatiba	20,9
10	Jaguariúna	89,5
11	Monte Mor	17,1
12	Nova Odessa	17,7
13	Paulínia	106,1
14	Pedreira	10,3
15	Santa Bárbara do Oeste	13,5
16	Santo Antônio de Posse	13,2
17	Sumaré	20,8
18	Valinhos	23,4
19	Vinhedo	42,1

Fonte: Seade (2008).

Técnicas para classificação e construção de legendas de mapas coropléticos

Para a análise descritiva da organização espacial de uma variável geográfica distribuída em mapa poligonal, técnicas de classificação dos dados devem ser aplicadas aos valores originais das variáveis dispostas nas colunas da tabela. Essas técnicas permitem o agrupamento dos valores originais em classes ou grupos de valores, cujo tamanho depende do afastamento entre o limite superior e o limite inferior de cada classe. A partir das classes formadas e da imagem gráfica resultante no mapa, é possível a realização da análise exploratória do mapa. Por meio dessa análise exploratória identificamos relações de vizinhança, contiguidade e de agregação espacial de valores de uma variável, dentro do universo regional representado por todos os polígonos do mapa.

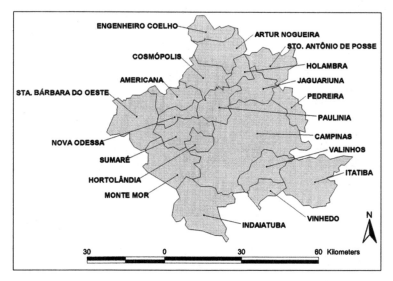

Figura 6.1 – Mapa dos limites administrativos dos municípios da região metropolitana de Campinas-SP.
Fonte: modificado de IBGE (1999).

Além da técnica de Sturges, já discutida na Seção "Distribuição de frequência de uma variável geográfica" (Equação 2.1), apresentamos a seguir outras quatro técnicas de classificação para a análise exploratória de dados geográficos, fundamentais para a construção de legendas de mapas quantitativos: *intervalos iguais; quantis; quebras naturais na série de valores;* e *desvio padrão em relação à média dos valores.*

Intervalos iguais

Esta técnica, muito comum em cartografia temática, baseia-se no fatiamento da série de dados da variável (a coluna da tabela) em classes de valores com larguras iguais. As larguras de cada classe são medidas em unidades de valores da própria variável. Tomemos como exemplo a variável *PPC* da Tabela 6.1. Primeiramente, os valores da variável devem ser postos em ordem crescente, como mostra a Tabela 6.2. Em seguida, é calculada a amplitude (A) dos dados, subtraindo-se os valores máximos dos mínimos da série, considerando-se apenas os municípios onde ocorreram casos. Portanto, haverá outra classe denominada *nenhum caso* ou classe nula:

Tabela 6.2 – Valores do produto interno bruto (PIB) *per capita*, em ordem crescente por município da Região Metropolitana de Campinas-SP, em 2005.

Identificador	Município	PPC
2	Artur Nogueira	7,1
5	Engenheiro Coelho	9,4
14	Pedreira	10,3
4	Cosmópolis	10,9
16	Santo Antônio de Posse	13,2
15	Santa Bárbara do Oeste	13,5
7	Hortolândia	14,6
11	Monte Mor	17,1
12	Nova Odessa	17,7
8	Indaiatuba	19,4
17	Sumaré	20,8
9	Itatiba	20,9
1	Americana	21,5
18	Valinhos	23,4
6	Holambra	38,7
19	Vinhedo	42,1
3	Campinas	89,5
10	Jaguariúna	89,5
13	Paulínia	106,1

Fonte: Seade (2008).

$$A = 106,1 - 7,1$$
$$A = 99$$

Se optarmos, por exemplo, por um mapa com quatro classes, podemos calcular a largura l de cada classe dividindo a amplitude A pelo número de classes k desejado:

$$l = \frac{99}{4} \text{ ou } l = 24,75.$$

Tomando-se como base o valor da largura $l = 24,75$, determinamos o limite máximo e mínimo das quatro classes, conforme procedimento já descrito na Seção "Distribuição de frequência de uma variável geográfica" (Tabela 2.3). Notamos pela Tabela 6.3 que a depender do número de classes e da amplitude dos dados originais, há a possibilidade de existir uma ou mais classes nulas – isto é, aquelas em que nenhuma unidade geográfica foi atribuída. Este mesmo problema ocorre com a aplicação da técnica de Sturges, que predetermina o número de classes. A Figura 6.2a mostra um mapa construído a partir da técnica dos intervalos iguais, classificados em quatro classes.

Tabela 6.3 – Medidas dos intervalos de classe, definidas pela técnica de classificação em intervalos iguais, para os valores de PPC, em 2005, na região metropolitana de Campinas-SP.

Classe	Intervalo	Quantidade de municípios agrupados na classe
I	7,1 – 31,8	14
II	31,8 – 56,6	2
III	56,6 – 81,3	0
IV	81,3 – 106,1	3

Quantis

Podemos optar pela construção de um mapa em que a quantidade de unidades geográficas incluídas em cada classe seja aproximadamente a mesma (Tabela 6.4). Como resultado, teremos uma distribuição espacial mais equilibrada das categorias no mapa, de tal forma que todas as classes contenham aproximadamente a mesma quantidade de polígonos (Figura 6.2b). Se optarmos por quatro classes, denominamos o processo de *quartil*; cinco classes, *quintil*; e seis classes, *sextil*. Não é recomendável a utilização de número de classes inferiores ao quartil ou superiores ao sextil. Se, por um lado, o mapa construído com base nesta técnica classificatória é mais harmônico em termos coropléticos; por outro, ele pode não representar o escalonamento natural da série de valores da variável mapeada. Para determinarmos a quantidade aproximada de unidades a serem atribuídas aos quartis, basta dividirmos o total de unidades pelo número de classes desejado para o mapa, ou seja, $19/4 = 4,75$ – o que significa, aproximadamente, cinco municípios por classe.

Tabela 6.4 – Intervalos de classe definidos pela técnica de classificação do quantil para os valores de PPC em 2005, na região metropolitana de Campinas-SP. Neste exemplo, utilizamos o quartil (quatro classes).

Classe	Intervalo	Total de municípios agrupados na classe
I	7,1 – 13,2	5
II	13,2 – 19,4	5
III	19,4 – 38,7	5
IV	38,7 – 106,1	4

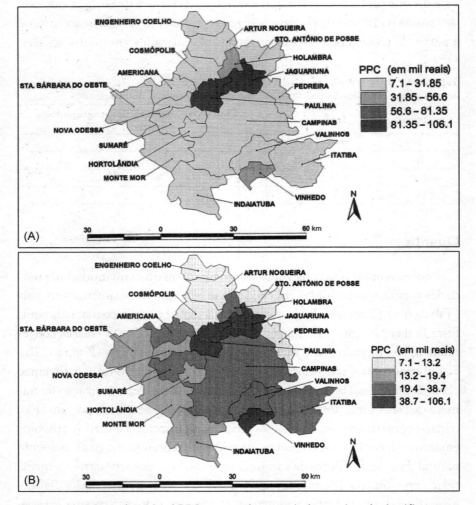

Figura 6.2 – Mapas da variável PPC construídos a partir das técnicas de classificação em intervalos iguais (A) e no quartil (B).

INICIAÇÃO À ANÁLISE GEOESPACIAL **261**

O mapa construído a partir da técnica da frequência constante de unidades por classe mostra que municípios incluídos em uma mesma classe tendem a se agrupar espacialmente de maneira contígua em pelo menos dois grupos: 1) a *norte-nordeste* da RMC: Engenheiro Coelho, Artur Nogueira, Santo Antônio de Posse, Cosmópolis e Pedreira; 2) a *oeste-sudoeste* da RMC: Indaiatuba, Monte Mor, Santa Bárbara do Oeste, Nova Odessa e Hortolândia.

Quebras naturais na distribuição dos dados da variável

As duas técnicas de classificação discutidas anteriormente sofrem interferência direta do pesquisador, seja quando este escolhe a largura de cada classe ou quando escolhe a quantidade de unidades de observação que serão incluídas em cada classe. A técnica das quebras naturais procura eliminar, em parte, esta interferência subjetiva nos dados. Segundo esta técnica, os limites das classes estão localizados nas rupturas naturais existentes na série de dados originais. A identificação dessas rupturas é feita a partir da ordenação crescente dos valores da variável em um diagrama de frequência de valores. Por isso, a quantidade de classes e o tamanho dos intervalos das classes são definidos posteriormente à construção do diagrama. Para a variável PPC, os limites e o número de classes foram determinados no Capítulo 2 e são reapresentados na Tabela 6.5. O mapa da Figura 6.3, construído em cinco classes, destaca os limites naturais entre os grupos de municípios da Tabela 6.5.

Tabela 6.5 – Medidas dos intervalos de classe definidos pela técnica de classificação baseada nas quebras naturais existentes na série de valores para a variável PPC, em 2005, na região metropolitana de Campinas-SP.

Classe	Intervalo	Quantidade de municípios agrupados na classe
I	7,1 – 10,9	4
II	10,9 – 14,6	3
III	14,6 – 23,4	8
IV	23,4 – 42,1	2
V	42,1 – 106,1	2

Intervalos de desvio padrão

Esta técnica é a que melhor considera a distribuição estatística da variável a ser mapeada. Calcula primeiramente a média $(\overline{X})$ e o desvio padrão (σ)

da distribuição; em seguida, segmenta a série de dados em intervalos de classe, cujos limites são *proporções do desvio padrão* dos valores da variável. Cada classe é posicionada em relação à distância até a média de toda a série de dados. As classes posicionadas *abaixo da média* têm limites medidos em valores negativos de desvio (-σ) e as classes posicionadas *acima da média* têm limites medidos em valores positivos de desvio (+σ).

Embora esta técnica seja mais apropriada ao uso em séries de dados geográficos que se ajustam à distribuição normal, é possível utilizá-la também em outros casos, com o objetivo de mostrar, em mapas, as distorções locacionais de algumas unidades espaciais em relação à média regional. Às vezes, essas distorções podem ser tão importantes quanto a regra de adequação à distribuição normal.

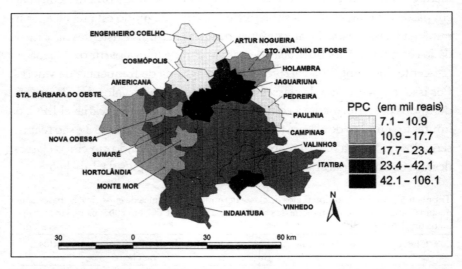

Figura 6.3 – Mapa da variável PPC construído a partir da técnica de classificação baseada nas quebras naturais existentes na série de valores.

Para a distribuição da variável PPC na região metropolitana de Campinas em 2005, temos $\overline{X} = 27,15$ e $\sigma = 25,86$. Se desejarmos classificar a série dos dados de tal forma que cada classe tenha uma largura de um σ, então a amplitude das classes será de $25,86$; se desejarmos classificá-la em intervalos de meio σ, então esta amplitude será de $12,93$. A Tabela 6.6 apresenta as classes geradas por esta técnica de classificação e seus respectivos intervalos (1,0σ e 0,5σ).

INICIAÇÃO À ANÁLISE GEOESPACIAL   263

Para o intervalo de 1,0σ (25,86), a primeira classe acima da média tem limite superior de *53,01* (ou 27,15+25,86), a primeira classe abaixo da média tem limite inferior de *1,29* (ou 27,15-25,86), e assim por diante (Tabela 6.6). Para intervalos de 0,5σ, os limites serão, respectivamente, *40,08* (27,15+12,93) e *14,22* (27,15-12,93). A Figura 6.4 mostra o mapa construído com base na técnica de classificação pelo desvio padrão em intervalos de 1,0σ.

Tabela 6.6 – Quantidade de classes e respectivos intervalos calculados pela técnica de classificação pelo desvio padrão, utilizando-se como referência as medidas 1,0σ e 0,5σ para a variável PPC.

1,0 σ		0,5 σ	
Classes	Limites	Classes	Limites
I	1,29 – 27,15	I	< 14,22
média	27,15	II	14,22 – 27,15
II	27,15 – 53,01	média	27,15
III	53,01 – 78,87	III	27,15 – 40,08
IV	78,87 – 104,73	IV	40,08 – 53,01
V	104,73 – 130,59	V	53,01 – 65,94
		VI	65,94 – 78,87
		VII	78,87 – 91,80
		VIII	91,80 – 104,73
		IX	104,73 – 117,66

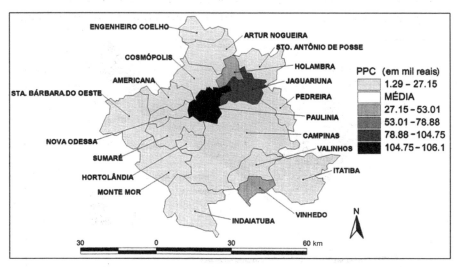

Figura 6.4 – Mapa da variável PPC construído a partir da técnica de classificação baseada em intervalos de um desvio padrão (1,0σ) medidos a partir da média para a região metropolitana de Campinas.

Índice de fragmentação das classes do mapa

O mapa da Figura 6.4 é um exemplo clássico de variável com distribuição que se aproxima do modelo de Poisson. Observe que há muitos municípios com valores do PPC abaixo da média (*classe 1,29 – 27,17*) e poucos municípios acima da média. Tal situação evidencia a polarização espacial de altos valores da variável PPC nos municípios de Jaguariúna, Paulínia e Holambra. Compare o mapa da Figura 6.4 com o mapa da Figura 6.5, que apresenta a distribuição espacial da variável PPC na mesorregião litoral sul paulista. Ao consultarmos a Tabela 6.9, constatamos as diferenças entre as medidas de tendência central da variável PPC da RMC e da mesorregião litoral sul paulista. Notamos que as medidas de tendência central da mesorregião indicam maior ajuste à distribuição normal que as medidas da RMC.

Esta distinção se traduz na organização espacial dos dados no mapa da Figura 6.5. Neste mapa, observamos uma distribuição mais equilibrada das classes, sendo possível a identificação de corredores de municípios atribuídos a uma mesma classe. Na classe [3,77 – 5,71] se agrupam, principalmente, municípios situados na vertente sul da Serra de Paranapiacaba, ao noroeste do vale do rio Ribeira do Iguape (Eldorado, Sete Barras, Juquiá, Miracatu e Pedro de Toledo). Na classe [5,71 – 7,11] se insere a maioria dos municípios litorâneos, tais como Mongaguá, Itanhaém, Peruíbe e Iguape, além de Registro e Jacupiranga – estes dois últimos situados no centro do vale do Ribeira.

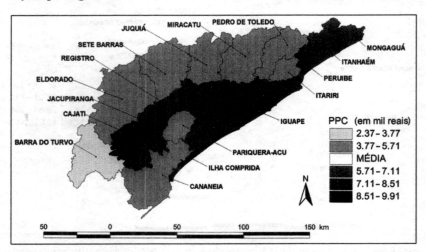

Figura 6.5 – Mapa da variável PPC construído a partir da técnica de classificação baseada em intervalos de desvio padrão medidos a partir da média para a mesorregião do litoral sul paulista.

INICIAÇÃO À ANÁLISE GEOESPACIAL **265**

A organização espacial do mapa da Figura 6.5 mostra que a polarização geográfica da variável PPC é menos marcante que a sugerida pelo mapa da região metropolitana de Campinas (Figura 6.4). Para quantificarmos com mais objetividade a distinção entre os graus de polarização geográfica de duas regiões com base em variáveis mapeadas em intervalos de desvio padrão, apresentamos o *índice de fragmentação de classes* (*f*), definido na Equação 6.1:

$$f = \sum_{i=1}^{k} \frac{\left| n_i - \overline{X} \right|}{N} \qquad (6.1)$$

onde k é o número de classes do mapa; n_i é a quantidade de unidades geográficas atribuída à classe i; $\overline{X}$ é a quantidade média de unidades esperada por classe; e N é o total de unidades geográficas do mapa.

A diferença $n_i - \overline{X}$ é convertida em módulo para que sejam calculados apenas os valores absolutos do desvio entre estes dois parâmetros. Para o caso da RMC, temos os seguintes valores para N, $\overline{X}$ e k: $N = 19$; $\overline{X} = 3,8$ (ou 19/5) e $k = 5$. Para a mesorregião do litoral sul paulista: $N = 17$; $\overline{X} = 3,4$ e $k = 5$. Desenvolvendo a Equação 6.1 para a região metropolitana de Campinas, obtemos $f = 1,178$, e para a mesorregião do Litoral Sul, $f = 0,847$. Quando $f > 1,0$, a variável tende apresentar polarização geográfica. No nosso exemplo e com relação ao *PIB per capita*, podemos sugerir que a RMC é mais polarizada que a mesorregião Sul Paulista.

Quociente locacional

Nos exemplos anteriores trabalhamos com a variável PPC espacializada em unidades geográficas (polígonos dos municípios de uma região). Naqueles exemplos, a área do município era a unidade de referência espacial, onde o valor da variável foi georreferenciado e representado cartograficamente de forma quantitativa. Contudo, existem situações em que a variável é medida em unidades areais (quilômetros quadrados e hectares) e seu valor deve ser normalizado (ajustado) em relação à área do polígono ao qual o valor da variável faz referência. É o caso dos dados estatísticos agrícolas, como a área plantada ou colhida de uma determinada cultura.

Nesta situação teremos duas distribuições de variáveis em uma mesma região: *área plantada* em cada município e *área territorial* de cada município. Em suma, essas duas variáveis são responsáveis por eventos numéricos em cada município: a *área plantada* (A_p) e a *área territorial* (A_t). A partir dessas duas distribuições é possível analisarmos a associação existente entre ambas, e, assim, diferenciarmos municípios segundo a concentração de A_p em relação à A_t e em relação ao esperado para toda a região. Esta concentração pode ser espacializada em mapas areais, por meio do *quociente locacional (L)*. Tomemos como exemplo prático, as variáveis *área plantada com banana* (A_p) e *área territorial municipal* (A_t), em municípios da mesorregião do litoral sul paulista (Tabela 6.7).

Tabela 6.7 – Valores de área plantada com banana em 2007 (A_p); área territorial dos municípios da mesorregião do litoral sul paulista (A_t) e respectivos valores do quociente locacional (L) e índice de associação geográfica (G).

Município	A_t (km²)	A_p (km²)	$Q_1 = \dfrac{A_p}{A_t}$	$Q_2 = \dfrac{A_p}{387,61}$	$L = \dfrac{Q_1}{Q_2}$	$f = \lvert Q_1 - Q_2 \rvert$
Barra do Turvo	1.007	0,11	0,0001	0,0003	0,38	0,017
Cajati	454	43,00	0,0947	0,1109	0,85	1,622
Cananeia	1,242	2,57	0,0021	0,0066	0,31	0,456
Eldorado	1,656	33,90	0,0205	0,0875	0,23	6,699
Iguape	1,980	14,50	0,0073	0,0374	0,20	3,009
Ilha Comprida	108	0,0	0,0000	0,0000	0,00	0,000
Itanhaém	599	27,90	0,0466	0,0720	0,65	2,540
Itariri	188	38,10	0,2027	0,0983	2,06	10,436
Jacupiranga	272	21,20	0,0779	0,0547	1,43	2,325
Juquiá	820	31,50	0,0384	0,0813	0,47	4,285
Miracatu	1,000	39,90	0,0399	0,1029	0,39	6,304
Mongaguá	143	4,65	0,0325	0,0120	2,71	2,052
Pariquera-Açu	39	2,58	0,0072	0,0067	1,08	0,053
Pedro de Toledo	671	31,90	0,0475	0,0823	0,58	3,476
Peruíbe	326	19,50	0,0598	0,0503	1,19	0,951
Registro	716	40,60	0,0567	0,1047	0,54	4,804
Sete Barras	1,052	35,70	0,0339	0,0921	0,37	5,817
Total	12,485	387,61			$G = \dfrac{\sum_{i=1}^{n} f_i}{100} = 0{,}548$	

Fonte: dados areais obtidos em Seade (2008).

Nas segunda e terceira colunas da Tabela 6.7 (da esquerda para a direita), temos, respectivamente, os valores da área territorial municipal e da área plantada com banana em 2007. A partir dessas colunas, calculamos Q_1 – ou a intensidade de área plantada com banana em relação à área territorial do município; e Q_2 que indica a intensidade de área plantada com banana no município em relação ao total de área plantada com esta cultura em toda a região (387,61 ha). O quociente locacional L é obtido pela razão entre Q_1 e Q_2, como estabelece a Equação 6.2:

$$L = \frac{Q_1}{Q_2} \qquad (6.2)$$

Para a visualização gráfica do quociente locacional, sugerimos o uso do diagrama da Figura 6.6, que nos permite observar as discrepâncias entre a intensidade da cultura de banana em escala local. Se Q_1 e Q_2 fossem iguais, as barras estariam coincidentes em todo o diagrama regional. Contudo, isso não é observado, o que indica uma distorção locacional da citada variável agrícola. A diferença entre o comprimento das barras hachuriadas e o comprimento das barras cinza é proporcional à magnitude do quociente locacional.

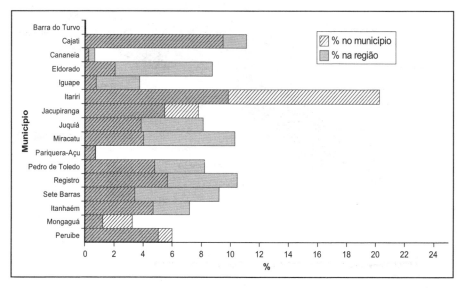

Figura 6.6 – Diagrama dos valores de Q_1 e Q_2 para a variável área plantada com banana em 2007, em municípios da mesorregião do litoral sul paulista.

Por exemplo, em 2007, Itariri tinha $20,27\%$ de sua área territorial plantada com banana, e isso representava $9,83\%$ de toda a região ($L = 2,06$); em Eldorado esta cultura ocupava $2,05\%$ do território municipal e $8,75\%$ da região ($L = 0,23$). O índice L é um instrumento muito útil no mapeamento de especificidades produtivas locais, pois revela a concentração de atividades econômicas em um determinado município, em face de sua significância em relação a contextos escalares mais amplos – o regional e o continental. Quanto maior for o valor de L, mais concentrada e específica tende a ser determinada atividade econômica no local, em relação ao contexto regional. O mapa do quociente locacional calculado na Tabela 6.7 é apresentado na Figura 6.7.

O quociente locacional pode ser utilizado para identificar aglomerados locais de produção e arranjos produtivos locais. Nestes casos, as variáveis mensuradas podem ser, inclusive, variáveis não areais, tais como o número de empregados ou quantidade de empresas atuando em um determinado ramo da atividade produtiva. Da mesma forma que em nosso exemplo, estas variáveis devem ser medidas em escala local e em escala regional.

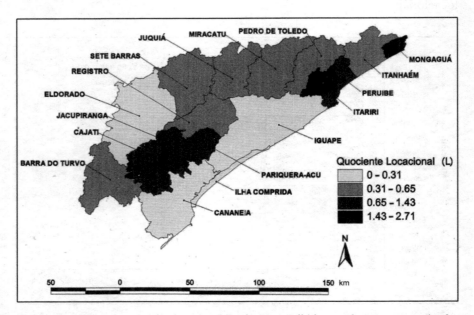

Figura 6.7 – Mapa do quociente locacional (L) das áreas colhidas com banana em municípios da mesorregião do litoral sul paulista, em 2007.

Coeficiente de associação geográfica local

Um indicador alternativo ao quociente locacional é o *coeficiente de associação geográfica local (G)* (Haggett et al., 1977), que permite comparar a concentração locacional de duas atividades em uma mesma região e comparar a concentração de uma mesma atividade em duas ou mais regiões. O cálculo de G pode ser realizado por meio da Equação 6.3:

$$G = \frac{\sum_{i=1}^{n} f_i}{100} \qquad (6.3)$$

onde $f_i = |Q_1 - Q_2|$ e n é o número de unidades municipais da região.

Na Equação 6.3 notamos que o papel da soma é o de integralizar as diferenças entre intensidades Q_1 e Q_2 e extrair um valor entre $0,0$ e $1,0$ que indique o grau de concentração locacional da atividade na região. Quanto mais próximo de $1,0$ estiver G, mais intensamente localizada ou mais distorcida locacionalmente será a atividade. Na Tabela 6.7, na última coluna à direita estão posicionados valores de f para cada município; no final desta coluna aparece o valor total, integrado para a região (Equação 6.3), que resulta em $G = 0,548$.

Como os demais indicadores locacionais utilizados em análise geoespacial, o coeficiente de associação geográfica também não deve ser interpretado isoladamente e de forma absoluta, mas sempre comparado a outros valores deste indicador, medidos para diferentes atividades em uma mesma região ou para uma mesma atividade em diferentes regiões. Por exemplo, considerando-se ainda a mesorregião do litoral sul paulista, o índice G para as áreas colhidas de arroz é de $0,101$ e para as áreas colhidas de mandioca é $0,039$. Comparando-se estes dois valores ($G = 0,101$ e $G = 0,039$) com o valor calculado para a área colhida de banana ($G = 0,548$), podemos afirmar que as culturas de arroz e mandioca apresentam menor distorção locacional (concentração intensa em determinados municípios da região) que a cultura da banana.

Mapas de probabilidades

Qualquer modelo de distribuição de probabilidades de uma variável geográfica pode ser transformado em mapa coroplético. Como em cada

270 MARCOS CÉSAR FERREIRA

unidade geográfica a variável tem um valor particular, este pode ser espacializado a partir da classificação das probabilidades locais, utilizando uma das técnicas de classificação, conforme a seção "Técnicas para classificação...". A visualização cartográfica de uma distribuição de probabilidades pode facilitar o entendimento do significado geográfico dessa área do conhecimento da estatística, e, sobretudo, auxiliar o planejador a tomar decisões sobre medidas necessárias para evitar a ocorrência de eventos e determinados locais.

Como exemplo de construção de um mapa de probabilidades, escolhemos a variável *número de casos notificados de leishmania tegumentar americana* (LTA) em 2006, em municípios da mesorregião do litoral sul paulista; e a distribuição de Poisson como modelo de probabilidades. A distribuição de Poisson é um caso particular de distribuição binomial adequada a eventos raros e independentes entre si, medidos em um número grande de unidades de observação. A unidade observação é contínua (tempo ou espaço) e a variável aleatória é discreta, medida em números inteiros (para mais detalhes sobre esta distribuição, consulte a Seção "Função de probabilidade de Poisson"). Por exemplo, contextualizando esta definição para o escopo dos casos de LTA, as unidades de observação são os polígonos que delimitam as áreas municipais da mesorregião do litoral sul paulista e a variável aleatória é o número de casos de LTA notificados em cada município em 2006.

O mapa de probabilidades baseado no modelo de Poisson é construído com base na tabela da quantidade de casos de dengue esperados (λ) e observados (K) por município. Primeiramente determinamos o valor esperado λ, com base em unidades amostrais delimitadas espacialmente em diferentes escalas: a regional, a estadual, a nacional ou até a mundial. Transcrevemos a seguir a Equação 2.20, que define o modelo de probabilidades de Poisson:

$$p = \frac{e^{-\lambda} \lambda^x}{x!}$$

onde λ é a média ou relação entre o número de ocorrências-ano e a frequência de ocorrência de cada número anual de casos; $e = 2,7183$; x é o número de casos em cada ano.

Na Tabela 6.8 é apresentado o número de casos de LTA observados e esperados em 2005, por município da MRL, a respectiva população neste mesmo ano e os valores da probabilidade p de ocorrência de *ao menos um caso* da doença em cada município.

INICIAÇÃO À ANÁLISE GEOESPACIAL **271**

Tabela 6.8 – Quantidade de casos notificados (k) e esperados (λ) de leishmania tegumentar americana e os respectivos valores de p(X = 1) segundo a distribuição de Poisson para os municípios da mesorregião do litoral sul paulista, em 2005.

Município	População	Casos observados	Casos esperados (λ)	p (X=1)
Barra do Turvo	8.176	8	1,36	0,34893
Cajati	29.341	2	4,89	0,03692
Cananeia	13.017	0	2,17	0,24812
Eldorado	14.727	11	2,45	0,21116
Iguape	28.573	1	4,76	0,04085
Ilha Comprida	8.346	1	1,39	0,34625
Itanhaém	84.058	1	14,00	0,00001
Itariri	14.762	20	2,46	0,21043
Jacupiranga	16.622	4	2,77	0,17384
Juquiá	19.954	1	3,32	0,11983
Miracatu	24.056	3	4,01	0,07297
Mongaguá	41.334	0	6,88	0,00706
Pariquera-Açu	19.281	7	3,21	0,12952
Pedro de Toledo	9.915	9	1,65	0,31677
Peruíbe	54.665	4	9,10	0,00101
Registro	56.108	2	9,34	0,00082
Sete Barras	13.521	2	2,25	0,23698
Total regional	**456.456**	**76**		

Fonte: CVE (2007) e Seade (2008).

O valor de λ se refere ao número de casos de LTA esperado para cada município, considerando-se que nestes a incidência regional de casos em relação à população total seja a mesma no município. Na mesorregião ocorreram ao todo 76 casos de LTA em um universo populacional de 456.456 pessoas. Esta relação indica um coeficiente de *0,0001665*. O produto deste coeficiente pela população residente em cada município resulta na quantidade de casos de LTA esperada para o respectivo município (λ). Substituímos os valores de λ na Equação 2.20 e assumimos que *X = 1*, pois queremos determinar a probabilidade de ocorrer ao menos um caso de LTA em cada município – *p(X = 1)*. Na Figura 6.8 apresentamos o mapa de *P(X = 1)* construído a partir da Tabela 6.8.

Para o mapa da Figura 6.8 optamos pela técnica de classificação baseada em três classes, e ordenamos os valores nos seguintes níveis de probabilidades: *baixa* (0,0-0,041); *média* (0,041-0,211); e *alta* (0,211-0,349). Esta legenda nos permitiu interpretar as classes de probabilidades do mapa da Figura 6.8 a partir dos fatores naturais da região.

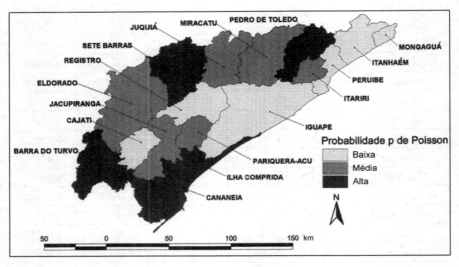

Figura 6.8 – Mapa de probabilidade de ocorrência de ao menos um caso de leishmania tegumentar americana (LTA) em municípios da mesorregião do litoral sul paulista, em 2005, segundo a distribuição de Poisson.

Municípios com valores de $p(X = 1)$ atribuídos aos intervalos médio e alto estão localizados a norte e sudoeste da mesorregião. Estas áreas são caracterizadas por encostas com grande inclinação e que compõem a Serra de Paranapiacaba, cobertas por importantes remanescentes de mata atlântica. Nesses municípios muitas das atividades rurais se desenvolvem predominantemente próximo às matas, onde o mosquito transmissor da LTA é mais abundante.

A probabilidade p varia de média a alta também em municípios localizados próximo à Ilha do Cardoso e ao maciço florestal da Jureia, como Cananeia e Ilha Comprida. Os municípios onde a probabilidade é baixa se distribuem nas planícies do rio Ribeira do Iguape (Registro), e, principalmente, na faixa litorânea (Mongaguá, Itanhaém, Peruíbe e Iguape), onde a ocupação é mais antiga, a taxa de urbanização contribui com maior peso, e a densidade florestal é menos importante que no interior da mesorregião.

Índices morfológicos para análise de áreas geográficas

A morfologia dos objetos geográficos – em especial das áreas – é outra categoria de destaque na análise geoespacial. A forma dos polígonos ou áreas, definida predominantemente pelos seus perímetros, contém informações sobre as relações entre estes e seus vizinhos, e também sobre aspectos funcionais destes. A relação entre forma das bacias hidrográficas, escoamento superficial e frequência de eventos de cheia é um dos exemplos clássicos de correspondência entre morfologia e funcionamento de sistemas fluviais. O índice de circularidade de uma bacia hidrográfica exerce influências na intensidade das enchentes e no potencial de remoção de sedimentos desta bacia. Esta constatação foi divulgada por Morisawa (1962), quando observou que em bacias com o mesmo tipo de uso e ocupação do solo, a erosão e o escoamento fluvial foram mais intensos naquelas em que a forma tende à circularidade, e menos intensos nas bacias com forma mais alongada.

Outro campo de pesquisa que considera a forma como um atributo importante das áreas é a ecologia da paisagem. Neste segmento de investigação da natureza, uma das leis diz que a forma de um fragmento florestal está estreitamente relacionada à sua estrutura interna e sua dinâmica ecossistêmica (Shellas; Greenberg, 1996). As bordas de um fragmento refletem o histórico da perturbação antrópica por ele sofrido, resultante do uso do solo em sua vizinhança. Neste aspecto, a forma de um fragmento florestal é produto das interações biológicas, físicas e sociais que se deram, e que se dão, em seu entorno ou vizinhança (Forman; Godron, 1986).

A abordagem morfológica areal também é compatível com estudos sobre as cidades e seu crescimento. A forma do perímetro da cidade guarda referências ao tipo de sítio onde se iniciou a urbanização, ao tipo de uso do solo presente na faixa de entorno imediato à cidade, ao desenho do traçado das vias rodoviárias de acesso à cidade, à geologia e à geomorfologia do sítio urbano. As áreas urbanas se difundem no tempo e assumem diferentes formas, a depender, sobretudo, dos processos espaciais resultantes das políticas públicas, da desigualdade na distribuição do uso do solo e da dinâmica demográfica urbana.

Esses fatores geográficos atuam em conjunto, embora cada um deles possa ser preponderante em um dado período do tempo, e exercem influências também nas relações sociais de produção intraurbanas e na morfologia do perímetro da cidade. A forma urbana é equivalente à assinatura geográfica dos processos espaciais. É na periferia da malha urbana que identificamos com mais clareza a fragmentação produzida pelas migrações populacionais internas em direção a locais mais distantes do centro. Esta irregularidade perimetral muitas vezes é produto de alianças entre interesses financeiros do mercado imobiliário e ações do poder público municipal, combinadas a condicionantes físico-geográficos da paisagem.

As áreas urbanas mais alongadas geralmente assumem esta forma pelo fato de a cidade ter se instalado predominantemente em estreitos fundos de vales, comprimidos por encostas muito inclinadas, ou ter se espalhado linearmente sobre terreno de cristas alongadas. Além desses fatores geomorfológicos que atuam com maior intensidade nos períodos iniciais da expansão urbana, há ainda a influência contemporânea de eixos rodoviários e do zoneamento urbano, que se impõem e contribuem igualmente ao desenho do perímetro atual desigual das cidades.

Índices euclidianos

Em razão do perfil introdutório deste livro, selecionamos a seguir algumas técnicas para medida da forma das áreas e polígonos em mapas, que julgamos ser as mais importantes e de fácil aplicação em geoprocessamento. As medidas de forma baseadas na *geometria euclidiana* são determinadas por meio de índices elementares que utilizam três parâmetros geométricos: perímetro (p); área (A); e comprimento de eixos (l). Destacamos três índices: *taxa de alongamento (L)*; *índice de forma (F)*; e *índice de circularidade (C)*.

a) Taxa de alongamento

A taxa de alongamento (Werrity, 1969) leva em conta a relação entre o comprimento do eixo menor da área (l_0) e o comprimento do eixo maior da área (l_1):

$$L = \frac{l_0}{l_1} \ (0 \le L \le 1,0) \tag{6.4}$$

Quanto mais próximos de $1,0$ estiverem os valores de L, mais compacta e bem distribuída em dois sentidos será a área; e quanto mais próximos de zero, mais alongada será a área.

b) Índice de forma

O *índice de forma (F)* (Horton, 1932) relaciona a área superficial (A) e o comprimento do eixo maior da área (l_1), da seguinte maneira:

$$F = \frac{A}{l_1^2} \text{ , } (0 \leq F \leq 1,0) \tag{6.5}$$

O significado morfológico da área geográfica dentro dos limites mínimo e máximo de F segue as mesmas condições estabelecidas para o índice de alongamento (L), isto é, totalmente alongada para F próximo de zero, totalmente circular ou preenchida para F próximo de $1,0$.

c) Índice de circularidade

O *índice de circularidade (C)* relaciona a área superficial de um objeto (A) à área de um círculo com perímetro igual ao perímetro deste objeto (A_c). Pode ser calculado facilmente pela Equação 6.6.

$$C = \frac{A}{A_c} \text{ } (1,0 \leq C \leq +\infty) \tag{6.6}$$

Se $A = A_c$, então a forma da área se assemelha a de um círculo perfeito (o valor de C é próximo de $1,0$); se $A > A_c$, a forma da área é alongada ou irregular (o valor de C é muito maior que $1,0$). Além dessas medidas euclidianas simples e convencionais, utilizadas para a diferenciação da forma de objetos areais, existe outra medida, mais complexa e mais precisa denominada *dimensão fractal* (D).

Dimensão fractal

Na geometria euclidiana clássica, os objetos podem assumir três ordens de *dimensão topológica*: as *linhas*, dimensão 1 (l^1); as *áreas*, dimensão 2 (l^2); e os *volumes*, dimensão 3 (l^3). Ao utilizarmos a dimensão topológica para caracterizarmos os objetos, assumimos que uma praça e um lago de bordas irregulares inserido em um vale montanhoso fechado têm a mesma dimensão euclidiana 2 – pois ambos são áreas; a estrada reta que corta uma grande planície e o rio meandrante que deu origem a esta planície têm, ambos, dimensão 1, pois são linhas.

O que têm em comum estes exemplos é que a dimensão topológica euclidiana não nos permite conhecer detalhadamente as irregularidades naturais dos objetos geográficos – seja a borda do lago, sejam as curvas do rio meandrante. Uma solução para este nível de caracterização de objetos é a estimativa da *dimensão fractal (D)*. Na geometria fractal a dimensão das linhas é um número real situado no intervalo $[1,0 \leq D < 2,0]$. Quanto mais próximo D estiver de 2,0, mais irregular é a linha. A dimensão fractal é, portanto, uma dimensão *fracionária* – termo formulado pelos matemáticos Hausdorff e Besicovitch. Posteriormente, Mandelbrot (1967; 1977) substituiu o termo dimensão fracionária por dimensão fractal.

O conceito geométrico de fractal expande as ideias da geometria clássica, extrapolando os conceitos de ponto, linha e área, em busca do conceito de *manchas irregulares* (Li, 2000). Por isso, a dimensão D tem um grande potencial na análise do padrão espacial dos objetos naturais baseado nas irregularidades e na fragmentação das bordas. Mas como calcular a dimensão fractal D de um objeto geográfico? Talvez a compreensão do processo fractal seja mais obscura que uma das relações algébricas que definem D. Imagine que pretendêssemos medir o perímetro de um lago irregular com hastes de metal, colocando uma após a outra na borda deste lago da seguinte maneira: na primeira medida completa do perímetro do lago utilizaríamos uma haste com tamanho r_1 e na segunda medida completa, uma haste de tamanho r_2, de tal forma que $r_2 = \dfrac{r_1}{2}$. Em outras palavras, a cada nova medida do perímetro do lago que fizéssemos, utilizaríamos hastes de comprimentos progressivamente menores.

As medidas realizadas com hastes menores captarão com maior fidelidade as pequenas irregularidades da borda do lago. As medidas realizadas com hastes de comprimento maiores captarão com menor fidelidade as pequenas irregularidades desta mesma borda. Formalmente, dizemos que o comprimento total da borda do lago obtido na primeira medida (L_1) será:

$$L_1 = n_1 \cdot r_1 \tag{6.7}$$

onde n_1 é o número de hastes de comprimento r_1 necessárias para se medir completamente o lago.

INICIAÇÃO À ANÁLISE GEOESPACIAL **277**

Na segunda medida do perímetro, a relação será $L_2 = n_2 \cdot r_2$. Nesta sequência observaremos que quanto menor o tamanho da haste (r) maior será a quantidade de hastes necessárias para se completar a volta do lago.

Podemos afirmar que a principal diferença entre as medidas L_1 e L_2 é a *resolução* (os tamanhos r_1 e r_2 das hastes) utilizada em cada medida. Se estivéssemos medindo uma linha reta, o fato de na segunda medida dividirmos pela metade o tamanho da haste a quantidade de hastes necessárias para se completar a borda do lago seria automaticamente duplicada, isto é, $n_2 = 2n_1$. Em outras palavras, $\dfrac{n_2}{n_1} = 2$ e $\dfrac{r_1}{r_2} = 2$, logo, $\dfrac{n_2}{n_1} = \dfrac{r_1}{r_2}$. Essas proporções só acontecerão se a linha for reta. Entretanto, no caso de linhas irregulares teremos $\dfrac{n_2}{n_1} > 2$. Isso acontece porque, com a progressiva diminuição do tamanho da haste (r), a quantidade (n) de hastes necessárias para completar o perímetro do lago crescerá mais rapidamente, pois as hastes menores melhor se ajustarão às irregularidades da borda. Como resultado, teremos $L_2 > L_1$ – significando que o comprimento da linha fractal aumenta infinitamente, à medida que r tende a zero.

A partir dessa constatação, Batty (1994) sugere que a dimensão D da linha fractal pode ser estimada facilmente pela Equação 6.8:

$$\frac{n_2}{n_1} = \left(\frac{r_1}{r_2} \right)^{D} \qquad (6.8)$$

onde D é a dimensão fractal.

A Equação 6.9, proposta também por Batty (1994), é uma simplificação da Equação 6.8, isolando-se o termo D:

$$D = \frac{\log\left(\dfrac{n_2}{n_1} \right)}{\log\left(\dfrac{r_1}{r_2} \right)} \qquad (6.9)$$

A Equação 6.9 calcula D a partir de duas medidas para n e duas medidas para r. Muitas vezes, para termos a certeza de que o objeto é fractal e calcularmos D com mais precisão, necessitamos de uma sequência maior de medidas de n e r. Neste caso, teremos vários pares (n, r), ou seja, para cada nova resolução r, uma nova quantidade n. Esta sequência de pares (n, r) é colocada em um gráfico de dispersão XY e, nele, interpolada uma *reta de regressão linear* entre n e r, cuja equação da reta nos dará o valor de D (Equação 6.10) (Goodchild, 1980; Lam, 1990).

$$\log n(r) = \log\alpha - \beta.\log r \qquad (6.10)$$

Na Equação 6.10 β é o ângulo da reta e α é o ponto onde a reta intercepta o eixo Y (*log n (r)*). O valor da dimensão fractal é obtido da seguinte maneira: $D = 1 - \beta$ (Lam, 1990).

Outro método para estimarmos a dimensão D de objetos areais é por meio da contagem de células (*box count*) ou dimensão de *Kolmogorov*. Este método calcula D a partir da relação entre o número de células necessárias para preencher o objeto e o respectivo tamanho desta célula. Segundo este procedimento, uma área ou mancha digitalizada em formato vetorial é convertida no formato raster (grade) e posteriormente reconstruída em várias resoluções espaciais (em células ou pixels de vários tamanhos). Quanto mais irregular for a área, maior será o número de células necessárias para cobrir a mancha e delimitar o perímetro desta área (quando comparada a uma área regular como um quadrado e na mesma resolução).

Podemos utilizar a Equação 6.10 para estimar D também por este método. Nesta equação, r é o tamanho do pixel em cada resolução espacial e $n(r)$ é a quantidade de pixels necessários ao preenchimento da área ou mancha, na mesma resolução. Na Figura 6.9 apresentamos um exemplo de variação de r e $n(r)$ para uma bacia hidrográfica (Figura 6.9a). O mapa da Figura 6.9b foi rasterizado em 87.825 pixels; o mapa da Figura 6.9c, em 21.962 pixels; assim por diante, até o mapa da Figura 6.9i, em apenas quatro pixels. Na Tabela 6.9, apresentamos a síntese das medidas do número de lados (n) e a respectiva medida de largura do pixel em cada resolução $r(n)$ – ambos convertidos em logaritmos, para serem aproveitados na Equação 6.10. Os valores de *log r(n)* e *log (n)* da Tabela 6.9 foram utilizados na análise de regressão linear, da qual extraímos a equação da reta e o gráfico da regressão (Figura 6.10).

INICIAÇÃO À ANÁLISE GEOESPACIAL   279

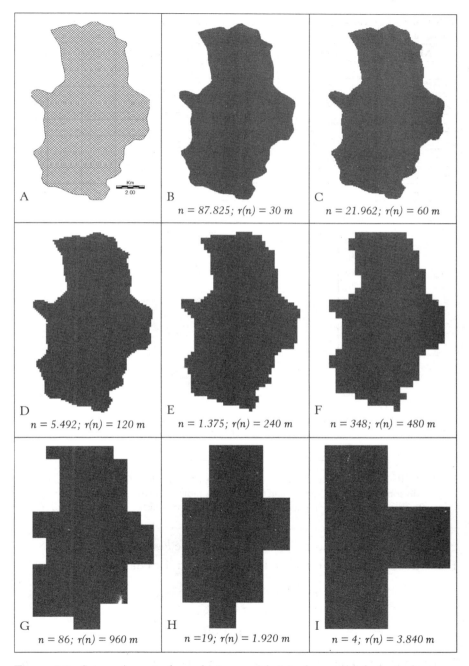

Figura 6.9 – Sequenciamento da resolução espacial $r(n)$ e da quantidade de pixels correspondente a respectiva resolução n (de B a I), para a estimativa da dimensão fractal D de uma bacia hidrográfica hipotética (A) pelo método Kolmogorov (*box count*).

Tabela 6.9 – Valores de $\log r\ (n)$ e $\log (n)$ para as medidas de resolução e número de pixels dos mapas da Figura 6.9.

Mapa	r (n)	n	log r (n)	log n
i	3.840 m	4	3,584	0,602
h	1.920 m	19	3,283	1,279
g	960 m	86	2,982	1,934
f	480 m	348	2,681	2,541
e	240 m	1.375	2,380	3,138
d	120 m	5.492	2,079	3,734
c	60 m	21.962	1,778	4,341
b	30 m	87.825	1,477	4,943

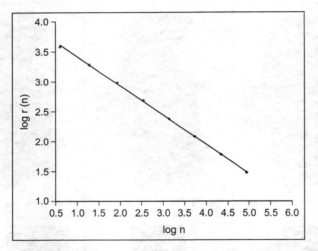

Figura 6.10 – Reta de regressão linear entre $\log n$ e $\log r(n)$ (Tabela 7.9). Este gráfico – também conhecido como gráfico de Richardson (Richardson plot) – mostra a relação entre o número de pixels (n) necessários ao preenchimento de uma área, para cada pixel de tamanho (r).

A equação da reta do gráfico da Figura 6.10 é $\log r(n) = 3,906 - 0,4888n$. Portanto, a dimensão fractal D da bacia hidrográfica da Figura 6.9a será:

$$D = 1 - \beta \text{ com } (\beta = -0,4888)$$
$$D = 1 - (-0,4888) \text{ ou}$$
$$D = 1,4888.$$

Este valor nos dá a dimensão fragmentaria (dimensão fractal) da linha perimetral da bacia, que é $0,4888$ maior que dimensão euclidiana de uma linha $(1,000)$.

Relações entre medidas de índices morfológicos de cidades e respectivas características de seus sítios urbanos

Selecionamos, como exemplos de aplicação de índices de forma e da dimensão fractal na análise morfológica de manchas urbanas, quatro cidades do estado de São Paulo com quantidade de população aproximadamente similar em 2009: *Ubatuba (84.137 habitantes); São João da Boa Vista (83.358 habitantes); Lorena (84.252 habitantes)* e *Votuporanga (83.716 habitantes)* (Figura 6.11). Os valores da dimensão D dessas manchas urbanas foram calculados por meio da relação perímetro-área e representados na Figura 6.11. O leitor poderá notar que, apesar de estas cidades possuírem totais populacionais muito parecidos, as formas de suas áreas estão longe de ser semelhantes (Figura 6.11). A discrepância morfológica entre as manchas urbanas se deve principalmente às irregularidades em seus perímetros, que refletem a combinação entre o histórico das políticas públicas sobre o uso do solo urbano e fatores inerentes à localização do sítio urbano em relação à estrutura regional da paisagem. Utilizaremos como exemplo a dimensão D calculada pela relação entre perímetro (P) e área: $D = 2.\ln(0,25p)/\ln A$.

O sítio urbano de Ubatuba ($D = 1,536$) se encontra densificado em estreita faixa litorânea, limitada a leste pela linha de costa oceânica e a oeste e norte pelas encostas da Serra do Mar. Esta complexidade geomorfológica contribuiu para a ocupação de fundos de vales estreitos e morros litorâneos menores. Tal contexto é captado pela dimensão fractal D, que apresenta, nesta mancha urbana, o maior valor dentre as demais. Na cidade de São João da Boa Vista ($D = 1,325$), cujo sítio urbano se localiza na transição entre a Depressão Periférica Paulista e o Planalto de Poços de Caldas, a mancha urbana se expandiu em interflúvios alongados, situados na área de transição entre essas duas províncias geomorfológicas, o que proporcionou à sua borda formas semelhantes a dos "dedos". Tais formas foram aproveitadas para implantações rodoviárias que dão acesso à cidade e ao restante do estado.

Já a cidade de Lorena ($D = 1,107$), situada no Vale do Paraíba – formação embasada por sedimentos terciários, com interflúvios planos e vales de baixa amplitude altimétrica –, mostra uma forma urbana mais compacta, com perímetros mais retilinizados que fragmentários. Tal situação de perímetro urbano se assemelha, em parte, ao sítio da cidade de Votuporanga ($D = 1,132$), posicionada em topo de colina, em um alto estrutural do Planalto Ocidental Paulista, cuja morfologia do relevo também se mostra em amplos interflúvios e encostas com baixos ângulos de inclinação.

Lembramos o leitor que tais descrições passam ao longe do que seria uma análise completa de sítio urbano, já que este livro não tem tal preocupação. Construímos estes exemplos para mostrar a relação – muitas vezes oculta – entre as condições gerais da expansão do perímetro urbano e a geometria da mancha urbana, representada em mapas ou visualizada em imagens de sensoriamento remoto.

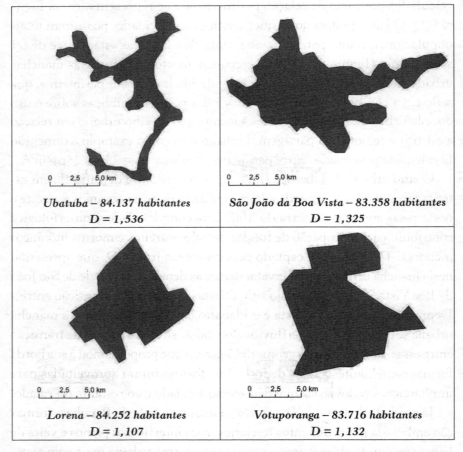

Figura 6.11 – Mapas de manchas urbanas de quatro cidades do estado de São Paulo, localizadas em diferentes províncias geomorfológicas, respectivas populações municipais em 2009 e valores da dimensão fractal D calculados pela relação perímetro-área.

Fontes: mapas digitalizados sobre imagens do *Google Earth* (2009) posteriormente georreferenciados em cartas topográficas 1:50.000; dados demográficos obtidos em Seade (2008).

A Tabela 6.10 e a Figura 6.12 mostram os valores de dois índices euclidianos areais (taxa de alongamento L e índice de forma F) e da dimensão fractal D, calculados para as quatro manchas urbanas da Figura 6.11.

Tabela 6.10 – Valores do índice de forma (F), da taxa de alongamento (L) e respectivos parâmetros envolvidos em seus cálculos, para as quatro áreas urbanas da Figura 6.11.

Mancha urbana	A (km²)	P (km)	l_0 (km)	l_1 (km)	$F = \dfrac{A}{l_1^2}$	$L = \dfrac{l_0}{l_1}$
Ubatuba	51,71	82,486	0,7	17,70	**0,165**	**0,039**
São João da Boa Vista	70,65	67,257	6,4	16,80	**0,250**	**0,380**
Lorena	55,14	36,956	5,8	11,12	**0,445**	**0,521**
Votuporanga	76,17	46,466	5,7	12,28	**0,504**	**0,464**

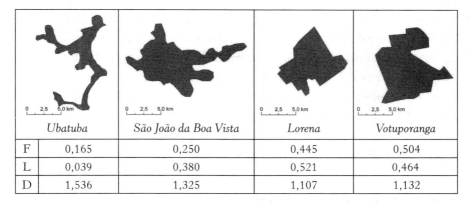

Mais irregular e alongada é a área urbana ⟵⟶ *Mais regular e compacta é a área urbana*

Figura 6.12 – Diagrama de síntese, representando as relações entre a morfologia das manchas urbanas de quatro municípios situados em diferentes províncias geomorfológicas do estado de São Paulo e os valores dos índices F, L e D.

É possível observarmos na Figura 6.12 que os três índices morfológicos dos objetos geográficos areais aqui discutidos (F, L, D) apresentam alguma relação entre si. Manchas urbanas cujo desenho das bordas reflete maior retilinidade, como as de Votuporanga e Lorena, tendem a apresentar valores mais elevados para F e L. Em contrapartida, a dimensão fractal D dessas mesmas manchas tendem a ser menores e mais próximas de 1,0 que de 2,0 (considerando-se apenas a fragmentação de seus perímetros).

A regularidade geométrica das formas construídas é uma das imagens geográficas expressas pela sociedade e impressas em seu espaço. Essas imagens captadas pelos sensores imageadores orbitais e representadas em mapas nos permitem efetuar leituras do desenho de diferentes organizações espaciais, e compará-las de acordo com a fragmentação de suas bordas.

Função *fuzzy*

O modelo de objetos considera que os limites entre categorias representadas em mapas de polígonos, por exemplo, são bruscos e exatos; não considera, portanto, a existência de incertezas na transição espacial entre polígonos ou categorias vizinhas. Quando se trata de uma superfície, tal pressuposto pode omitir as condições reais de vizinhança e contiguidade da informação digital processada em SIG. A representação dos limites geográficos, por meio de linhas exatas separando duas ou mais categorias, é mais adequada a dados censitários e cadastrais que utilizam polígonos como base geográfica de limites administrativos e regionais. Este processo decisório booleano pode ser reescrito a partir de ideias simples abstraídas da teoria dos conjuntos, como veremos a seguir.

Processo decisório booleano

Considere que X seja um conjunto (mapa) e os elementos que a ele pertençam (pixels ou polígonos) sejam identificados por x. Então dizemos que $X=\{x\}$, ou seja, todos os elementos x pertencem ao universo X. Seja A um subconjunto (uma categoria ou classe deste mapa) contido em X, isto é, $A \subset X$. Existe uma função $f(X_{A\,(x)})$, denominada *função de afinidade*, que determina o grau de afinidade de um pixel x a uma determinada classe A. Esta função obedece às seguintes condições:

$$se\ x \in A,\ f(X_{A\,(x)}) = 1\ (Verdadeiro)$$
$$se\ x \in A,\ f(X_{A\,(x)}) = 0\ (Falso)$$

(6.11)

Segundo as condições postuladas acima, só existem duas possibilidades para um pixel x pertencer a uma categoria A: ou ele *pertence* (verdadeiro) a esta categoria e então $f(X_{A\,(x)}) = 1$, ou ele *não pertence* (falso) à tal categoria, e

INICIAÇÃO À ANÁLISE GEOESPACIAL **285**

assim, $f(X_{A\,(x)}) = 0$. Quando uma linha limítrofe entre duas categorias é traçada, ela está agrupando pixels a uma entre duas possibilidades (pertencer ou não), presentes nas condições estabelecidas para $f(X_{A\,(x)})$ (Wang, 1990). Portanto, a função de afinidade $f(X_{A\,(x)})$ é booleana e pode ser visualizada em qualquer mapa binário, por exemplo. Neste contexto, não há condições para a representação gradual da afinidade de um pixel pertencer *0,6 à categoria A e 0,40 à categoria B* – haja vista que a função $f(X_{A\,(x)})$ só assume dois valores: *0* ou *1*.

Entretanto, quando trabalhamos com informações espaciais contínuas (temperatura, precipitação, geoquímica, inclinação do terreno, entre outras), em que as propriedades mudam espacialmente de forma suave, o uso de um processo de classificação pode resultar em perdas no nível de detalhamento dessas informações. Por exemplo, em um mapa convencional de inclinação do terreno (também denominado de mapa de declividades), as classes clinométricas se constituem em objetos poligonais, cuja extensão no mapa dependerá dos valores estabelecidos como limites inferiores e superiores das classes e do número de classes escolhido. As classes clinométricas são geradas com base na lógica booleana, que determina se um pixel pertence à classe A ou à classe B, a depender do valor em graus de inclinação no terreno registrado neste pixel e do valor utilizado como limite entre estas duas classes. Observe na Figura 6.13 uma sequência hipotética de oito valores de inclinação do terreno (em graus) de um mapa clinométrico classificado em três categorias (A, B, e C)

Classe A			Classe B			Classe C	
10,5°	11,1°	13,8°	14,3°	15,7°	18,9°	19,1°	19,8°

Figura 6.13 – Esquema hipotético de classificação de uma série de dados clinométricos em três classes.

Segundo o processo classificatório convencional booleano adotado na Figura 6.13, o valor *18,9° pertence* à classe B e *não pertence* à classe C, assim como os valores *14,3°* e *15,7°*. Portanto, podemos dizer que *14,3°, 15,7°* e *18,9°* igualmente pertencem à classe B e, por isso, apresentam identidade entre si. Contudo, ao observarmos esta série de dados com mais atenção, notaremos que o valor *18,9°* está muito mais próximo do valor *19,1°* que do valor *15,7°*. Este fato nos levaria a concluir que *18,9° pertence mais à classe C que à classe B*, e não exclusivamente à classe B. Tal afirmativa revela que há *maior afinidade* do valor $18{,}9°$ com a classe C, que com a classe B – embora a esta última ele pertença. Em outras palavras, estamos falando aqui da necessidade de um processo classificatório gradual, transitório e probabilístico. Neste processo decisório, cada elemento tem maior probabilidade de pertencer como membro (*membership*) da classe C e menor probabilidade de pertencer, como membro da classe B, e probabilidade menor ainda de pertencer à classe C – e assim por diante, para todas as *n* classes de um mesmo mapa. Esta é, em síntese, a *lógica de decisão fuzzy* ou nebulosa.

Processo decisório contínuo *fuzzy*

Na lógica *fuzzy*, os limites espaciais entre duas ou mais classes são representados por *zonas transitórias* e os valores da variável são distribuídos de forma contínua. Leung (1987) apresentou um modelo clássico de zonas fuzzy composto de duas regiões transitórias: a *região core* e a *região limítrofe*.

- *região core* – área da classe onde os pixels que a ela pertencem são mais homogêneos possíveis, e, por isso, apresenta grande afinidade com as características que definem objetivamente esta classe;
- *região limítrofe* – envolve um conjunto de pixels com características não exatamente coerentes com a proposição da região core, pois cada um desses pixels tem menor grau de afinidade com a região core, e, por isso, esta zona é denominada também de zona transicional.

Vamos considerar que X seja um conjunto que contenha um subconjunto fuzzy B, isto é, $B \subset X$. Este subconjunto B é caracterizado por uma função de afinidade $f_B(x)$, que associa cada $x \in X$ a um número real situado no intervalo $[0,1]$ (Wang; Hall, 1996). Logo, f_B representa o grau de afinidade de x em relação a B. Quanto mais próximo o valor de $f_B(x)$ estiver da região core de B – ou seja, $f_B(x)$ é próximo de $1{,}0$ – mais x terá chance de pertencer ao conjunto B (Zadeh, 1965). Exemplificando esta formalização teórica no contexto do mapa clinométrico, já mencionado anteriormente, podemos escrever que:

X é o mapa clinométrico;
B e C são duas classes de declividade: $B = [14$ a $19°]$; $C = [19°$ a $30°]$;
x é o valor de inclinação no terreno de um pixel situado na zona transicional $B - C$;

f_B **(x) e** f_C **(x)** *são as funções de afinidade de* **x** *em relação às categorias* *B e C.*

Nota-se, portanto, que a função de afinidade f é o fator mais importante da lógica *fuzzy*. Para entender como a função f é construída, observe atentamente o raciocínio a seguir. A maioria dos algoritmos de reconhecimento de padrões atribui um elemento x a um padrão ou classe, de acordo com a distância entre o valor de x e o valor da média dos valores das classes às quais ele pode ser atribuído. Se a distância entre x e a média dos valores inseridos em uma classe A for menor que a distância entre este mesmo x e a média dos valores de uma classe B, então $x \in A$ – isto é, x será classificado como A. Este é princípio adotado pelos algoritmos do tipo *cluster*, entre eles, o classificador pela mínima distância.

a) Cálculo do grau de afinidade por meio da função **fuzzy** *(f)*

Seja $\overline{X}_C$ a média dos valores da classe C, $\overline{X}_B$ a média dos valores da classe B e $\overline{X}_A$ a média dos valores da classe A. Seja também, x_i o valor de uma variável X no pixel i. Definimos então $D_{i,\overline{X}_C}$ como a distância de i até a média dos valores da classe C; $D_{i,\overline{X}_B}$ como a distância de i até a média dos valores da classe B; e $D_{i,\overline{X}_A}$ a distância de i até a média dos valores da classe A, todas calculadas da seguinte maneira:

$$D_{i,\overline{X}_A} = \sqrt{(x_i - \overline{X}_A)^2} \qquad (6.12)$$

$$D_{i,\overline{X}_B} = \sqrt{(x_i - \overline{X}_B)^2} \qquad (6.13)$$

$$D_{i,\overline{X}_C} = \sqrt{(x_i - \overline{X}_C)^2} \qquad (6.14)$$

Com base nos parâmetros das Equações 6.12 a 6.14, podemos estimar a afinidade de x com a classe A (e também com as demais classes) a partir da Equação 6.15, modificada de Wang (1990):

$$f(i \in A) = \frac{\dfrac{1}{D_{i,\overline{X}A}}}{\dfrac{1}{D_{i,\overline{X}B}} + \dfrac{1}{D_{i,\overline{X}C}} + \dfrac{1}{D_{i,\overline{X}A}}} \qquad (6.15)$$

288 MARCOS CÉSAR FERREIRA

A Equação 6.15 é a relação que define a função de afinidade. Para calcularmos a afinidade de i em relação às classes B ou C, basta substituirmos o índice $\overline{X}_A$, no numerador, pelos índices $\overline{X}_B$ ou $\overline{X}_C$. A seguir, com base na série de valores e suas respectivas classes dispostas na Figura 6.13, procederemos à aplicação das Equações 6.12 a 6.15, e calcularemos o valor da função *fuzzy* para $x_i = 18,9°$ com relação às classes A, B e C. Primeiramente, calculamos as médias das classes (ver Figura 6.13):

$$\overline{X}_A = (10,5 + 11,1 + 13,8)/3 = 11,8$$

$$\overline{X}_B = (14,3 + 15,7 + 18,9)/3 = 16,3$$

$$\overline{X}_C = (19,1 + 19,8)/2 = 19,4$$

Em seguida, por meio das Equações 6.12, 6.13 e 6.14, determinamos a distância entre o valor $18,9°$ e cada uma das três médias calculadas (11,8; 16,3; 19,4):

$$D_{i,\overline{X}_A} = \sqrt{(18,9-11,8)^2} = 7,1$$

$$D_{i,\overline{X}_B} = \sqrt{(18,9-16,3)^2} = 2,6$$

$$D_{i,\overline{X}_C} = \sqrt{(18,9-19,4)^2} = 0,5$$

O último passo do processo é o cálculo da função *fuzzy* para o valor $18,9°$, levando-se em conta a possibilidade de este pertencer a cada uma das três classes. Para isso, substituímos os valores das distâncias na Equação 6.15:

$$f(18,9 \in A) = \frac{\dfrac{1}{7,1}}{\dfrac{1}{7,1}+\dfrac{1}{2,6}+\dfrac{1}{0,5}}1 = 0,055 \qquad f(18,9 \in B) = \frac{\dfrac{1}{2,6}}{\dfrac{1}{7,1}+\dfrac{1}{2,6}+\dfrac{1}{0,5}} = 0,152$$

$$f(18,9 \in C) = \frac{\dfrac{1}{0,5}}{\dfrac{1}{7,1}+\dfrac{1}{2,6}+\dfrac{1}{0,5}} = 0,792$$

INICIAÇÃO À ANÁLISE GEOESPACIAL **289**

Portanto, podemos afirmar que o valor $18,9°$ tem uma afinidade de $0,792$ (região core) com a classe C; $0,152$ com a classe B e de apenas $0,055$ de afinidade com classe A (região limítrofe). Note que esses valores da função *fuzzy* indicam que esta classificação é contínua, não havendo lugar para afirmativas do tipo "não pertence à classe" ou "pertence somente à classe". Embora pelo método booleano o $18,9°$ não esteja originalmente atribuído à classe A, pela lógica *fuzzy* há ao menos a remota possibilidade $(0,055)$ de ele pertencer a esta classe. Na Figura 6.14 representamos a curva da função *fuzzy* com base nos valores de f obtidos pelo desenvolvimento da Equação 6.15 e a curva da função booleana, cujas condições estão explícitas na Equação 6.11. Para ambas as funções, utilizamos os valores de clinometria dispostos na Figura 6.13.

b) Tipos de curvas de funções fuzzy

A forma da curva da função *fuzzy* observada na Figura 6.14 se assemelha à curva *fuzzy* padrão do tipo "J", caracterizada por um topo suave – onde se localizam valores iguais ou próximos a $1,0$ – e um vale onde estão os valores iguais ou próximos a $0,0$. Encontramos na literatura pelo menos três tipos de curvas da função de afinidade *fuzzy f*: a função do tipo "S"; a função do tipo "J" e a função linear. As duas primeiras funções apresentam curvas que se assemelham às respectivas letras que as identificam e a última tem a forma de segmentos de linhas conectados (Figura 6.15). Observe que em todas as curvas da Figura 6.15 há indicação das letras a, b, c, d. Estas letras localizam os pontos de inflexão associados a valores da função *fuzzy*. A partir do posicionamento relativo desses pontos, um mesmo tipo de função pode apresentar distintas formas em suas curvas. Tomando-se como exemplo a curva da Figura 6.14 e assumindo-se que ela se ajuste à função J (Figura 6.15), constata-se que os valores dos pontos a, b, c, d, serão respectivamente: $a = 0,055$; $b = 0,152$; $c = 0,792$; $d = 0,792$.

No mapeamento de distribuições espaciais, as funções do tipo S e J são as mais adequadas, haja vista que têm forma que se aproximam das funções de descaimento com a distância – as que melhor se ajustam a situações geográficas onde há dependência espacial entre valores vizinhos (ver Seção "Princípio do descaimento com a distância"). Se a dependência espacial se mantém por um raio maior em torno de um pixel de referência (o valor da função *e* de descaimento com a distância é pequeno), dizemos que a função S é a que melhor se ajusta ao modelo *fuzzy*; se esta dependência diminui bruscamente a curtas distâncias do pixel de referência (o valor da função de descaimento com a distância *e* é grande), sugerimos o uso da função *J*.

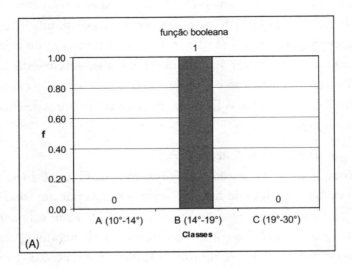

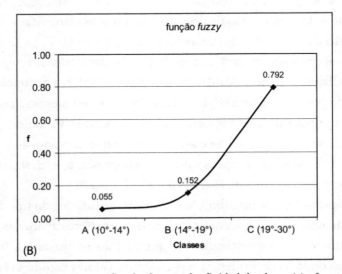

Figura 6.14 – Representação gráfica das funções de afinidade booleana (a) e *fuzzy* (b) traçadas com relação à possibilidade (f) de o valor 18,9° pertencer a uma das três classes (A, B e C) de inclinação do terreno.

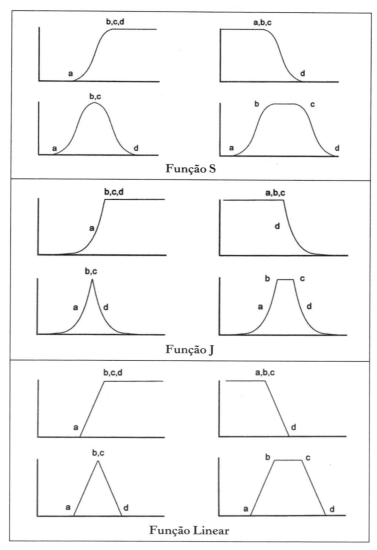

Figura 6.15 – Principais tipos de curvas de função de afinidade *fuzzy* (f) e respectivas posições dos parâmetros de inflexão a, b,c,d.

Fonte: modificado de Eastman (1995).

c) Aplicação da função fuzzy ao mapeamento de dados em superfícies

Resta-nos mostrar agora como atua uma função *fuzzy* em superfícies de dados geográficos. Tomaremos como referencial hipotético a superfície matricial contínua da Figura 6.16a, onde cada pixel registra as distâncias dele próprio até um determinado objeto geográfico e, também, o mapa binário gerado a partir desta mesma superfície (Figura 6.16b), classificado em duas categorias: acima de 100 m e abaixo de 100 m. Aplicar uma função *fuzzy* à situação da Figura 6.16a significa transformar os valores originais em uma nova escala de *0,0* a *1,0*, que mostrará a possibilidade de cada pixel pertencer, por exemplo, à *classe ≤ 100 m*. O primeiro passo é determinar a média dos valores inseridos na classe ≤ *100 m* ($\overline{X}_{\leq 100}$) e a média dos valores inseridos na classe > *100 m* ($\overline{X}_{>100}$).

Tabela 6.11 – Valores da função *fuzzy* ($f_{i,}\overline{X}_{\leq 100}$) para cada pixel da Figura 6.16a e das respectivas distâncias até as médias das duas classes do mapa da Figura 6.16b ($D_{i,}\overline{X}_{\leq 100}$ e $D_{i,}\overline{X}_{>100}$). As médias utilizadas no cálculo foram $\overline{X}_{\leq 100}$ = 57,55 m e $\overline{X}_{>100}$ = 113,76 m.

Valor do pixel	$D_{i,}\overline{X}_{\leq 100}$	$D_{i,}\overline{X}_{>100}$	$f_{i,}\overline{X}_{\leq 100}$
52,6	2,95	61,16	0,954
56,2	0,65	57,56	0,989
49,6	5,95	64,16	0,915
46,1	9,45	67,66	0,877
44,7	10,85	69,06	0,864
54,3	1,25	59,46	0,979
63,7	8,15	50,06	0,860
45,1	10,45	68,66	0,868
68,2	12,65	45,56	0,783
40,0	15,55	73,76	0,826
90,0	34,45	23,76	0,408
101,1	45,55	12,66	0,217
103,9	48,35	9,86	0,169
75,7	20,15	38,06	0,654
54,9	0,65	58,86	0,989
118,2	62,65	4,44	0,066
116,7	61,15	2,94	0,046
109,0	53,45	4,76	0,082
102,5	46,95	11,26	0,193
59,0	3,45	54,76	0,941
120,8	65,25	7,04	0,097
121,1	65,55	7,34	0,101
130,5	74,95	16,74	0,183
70,0	14,45	43,76	0,752
50,8	4,75	62,96	0,930

52,6	56,2	49,6	46,1	44,7
54,3	63,7	45,1	68,2	40,0
90,0	101,1	103,9	75,7	54,9
118,2	116,7	109,0	102,5	59,0
120,8	121,1	130,5	70,0	50,8

(A)

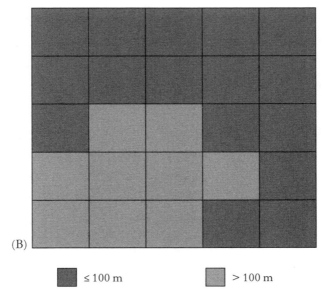

(B)

■ ≤ 100 m   ■ > 100 m

Figura 6.16 – Superfície matricial contínua representando as distâncias de cada pixel até um objeto geográfico de referência (A) e o mapa binário (B) representando os pixels situados além e aquém de 100 m.

0,954	0,989	0,915	0,877	0,864
0,979	0,860	0,868	0,783	0,826
0,408	0,217	0,169	0,654	0,989
0,066	0,046	0,082	0,193	0,941
0,097	0,101	0,183	0,752	0,930

(A)

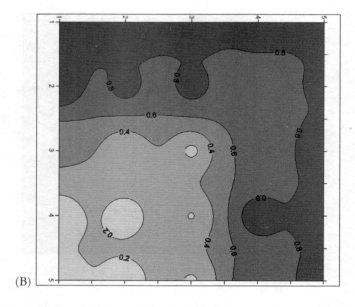

(B)

Figura 6.17 – Superfície dos valores da função *fuzzy* (A) e respectivo mapa de *isofuzzys* (B), mostrando a distribuição espacial da possibilidade (f) de um pixel pertencer à classe ≤ 100 m (ver Figura 6.16 e Tabela 6.11).

INICIAÇÃO À ANÁLISE GEOESPACIAL **295**

Em seguida, calculamos a distância entre os valores de cada um dos 25 pixels da Figura 6.16a até estas médias, e depois calculamos o valor da função f para todos os pixels, com base na Equação 6.15. Lembramos que, para mapas maiores, os cálculos são realizados por módulos *fuzzy* disponíveis na maioria dos sistemas de informação geográfica. Os valores de f e dos demais parâmetros utilizados em seu cálculo são apresentados na Tabela 6.11.

Os valores da superfície matricial da Figura 6.16a foram substituídos pelos valores de f dispostos na quarta coluna da Tabela 6.11 (ver Figura 6.17a) e, posteriormente, interpolados pelo algoritmo IQD. O resultado dessa interpolação é apresentado na Figura 6.17b na forma de um mapa de *isofuzzys* – que nos informa sobre a possibilidade de cada pixel ser membro da *classe* ≤ *100 m*. Compare o mapa das *isofuzzys* (Figura 6.17b) ao mapa binário original (Figura 6.16b) e observe como se comporta a transição entre a classe ≤ *100 m* e a classe >*100 m* nesses dois mapas. No mapa *fuzzy*, a transição é gradativa e contínua, no mapa binário, esta mudança abrupta e discreta, resulta na generalização dos valores dos pixels dentro dos limites das duas classes.

7
FUNÇÕES BÁSICAS DE MODELAGEM DE MAPAS PARA SIG

Introdução

Neste capítulo abordaremos um tema de vital importância à análise geoespacial: a combinação entre informações espaciais em sistema de informação geográfica (SIG), utilizando o conceito de *função de modelagem de mapas (FMM)*. A partir de uma *pergunta espacial* formulada pelo pesquisador, uma *FMM* transformará um *mapa-entrada* em um *mapa-saída*, com base em comandos e módulos analíticos disponíveis no SIG. Esses comandos se constituem em adaptações de algumas técnicas de análise geoespacial, discutidas nesta obra, a partir de algoritmos computacionais. A base teórica apresentada e discutida do segundo ao sexto capítulo deste livro se configura em um conjunto de conhecimentos fundamentais para realizarmos análises espaciais em mapa. Tais conceitos foram pensados muito antes da concepção dos primeiros SIG e, portanto, foram os SIG que se beneficiaram da teoria da análise geoespacial – e não o contrário.

Para que possamos utilizar, em um sistema de informação geográfica, pelo menos parcialmente a teoria até aqui discutida, é necessária uma transição conceitual que possibilite ao pesquisador usar o SIG em um nível de complexidade compatível com a complexidade do espaço geográfico. Quando falamos em SIG, não estamos nos referindo exclusivamente ao contexto digital e computacional da palavra, mas a um contexto intelectual mais amplo da análise de informações geográficas, realizado não apenas em *softwares*, mas também na mente do pesquisador. Por isso, a análise geoes-

298 MARCOS CÉSAR FERREIRA

pacial não deve ser iniciada no momento em que ligamos o computador e clicamos no ícone que dá acesso a um SIG, mas sim no momento em que formulamos hipóteses de pesquisa relacionadas a fenômenos geográficos para os quais queremos obter *respostas espaciais*.

Como em qualquer ambiente de pesquisa geográfica nos deparamos com inúmeras fontes de dados e informações espaciais: dados de pesquisa de campo; imagens de sensoriamento remoto; mapas já prontos; bancos de dados tabulares de órgãos governamentais; textos; anotações esporádicas e também reflexões não mensuráveis algebricamente. A seleção, o sequenciamento e a combinação entre estas múltiplas fontes de dados, informações e reflexões, sob um determinado paradigma geográfico, é o que verdadeiramente deveríamos denominar *sistema de informação geográfica*. Disso decorre que um SIG é, ao mesmo tempo, humano e digital. Não é exagero afirmarmos que de cada dez horas consumidas em um processo de análise geoespacial da informação geográfica, entre duas e três horas deveriam ser destinadas ao *SIG-software*, e o tempo restante ao *SIG--intelecto*. O SIG-intelecto integra categorias mais complexas da pesquisa, tais como:

- o conhecimento da área de estudo;
- o conhecimento da significância geográfica dos dados disponíveis sobre a área de estudo;
- a pré-seleção desses dados e informações em função da escala de trabalho;
- o recorte da teoria de análise geoespacial que será seguida dentro do SIG-*software*;
- a formulação das perguntas espaciais que nortearão metodologicamente o uso dos comandos do SIG-*software*;
- A seleção das funções de modelagem espacial que conduzirão o uso dos comandos e módulos do SIG-*software*.

Como material geográfico para a aplicação das funções de modelagem de mapas, utilizaremos neste capítulo parte da base de dados espaciais da alta bacia do rio Iguaçu (PR), disponibilizada pela Superintendência de Desenvolvimento de Recursos Hídricos e Saneamento Ambiental do Paraná (Sudehrsa) em sua *homepage* <www.suderhsa.pr.gov.br>. Dentre os mapas em formato *shapefile* possíveis de serem acessados pelos usuários por meio da internet, selecionamos: *uso e cobertura do solo, geologia, hidrografia, altimetria* e *sub-bacias hidrográficas* formadoras do alto rio Iguaçu.

Matriz geográfica de consulta espacial

A matriz geográfica de consultas espaciais (Berry, 1964) é uma representação bidimensional de relações intrínsecas entre locais L_1, L_2, L_3 ....L_n e características C_1, C_2, C_3 ....C_n descritoras destes locais (Figura 7.1). Uma característica C_i da matriz se refere a uma variável geográfica – ou *tema* –, cujos valores dependem do local L_i no qual ela se manifesta ou é mensurada. São exemplos dessas características: uso do solo, geologia, população, número de crimes, precipitação pluvial, altitude, entre inúmeros outros níveis temáticos. Um local L_i desta matriz é uma entidade locacional que pode ser *territorial* (município), *natural* (bacia hidrográfica) ou *amostral* (pixel ou célula). Se o local for amostral, a quantidade e a dimensão deste dependerão da resolução espacial predeterminada para a construção do mapa em formato raster.

Funções de consulta espacial baseadas na matriz geográfica

A principal aplicação da matriz geográfica está no planejamento de estratégias de consulta espacial em mapas, baseadas em funções. São três as *funções de consulta primitivas* (K) possíveis de serem abstraídas desta matriz:

- *consulta por característica* ou por atributo (KC_i);
- *consulta por local* ou por posição no plano (KL_i);
- *consulta por correspondência espacial* entre características (KR_c);

Estas três funções de consulta estão representadas na matriz geográfica da Figura 7.1 por setas. As setas indicadas no *sentido das colunas da matriz* (KC_i) indicam *uma única característica ocorrendo em vários locais*. Este tipo de consulta resulta em distribuições espaciais e em mapas temáticos univariados.

Por outro lado, as setas no *sentido das linhas da matriz* (KL_i) mostram *várias características ocorrendo em um mesmo local*; resultam desta abordagem os inventários locacionais e os cadastros geográficos. As setas conectando duas colunas se referem à consulta por *correspondência espacial entre características* (KR_c).

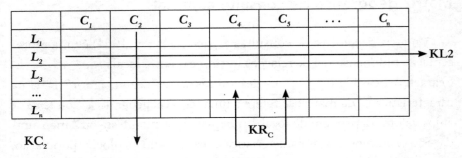

Figura 7.1 – Adaptação da estrutura da matriz geográfica proposta por Berry (1964) ao contexto atual de um sistema de informação geográfica. As setas indicam dois sentidos possíveis de consulta espacial: *consulta espacial por um local* L_2, a partir de valores de um conjunto de características que nele se manifestam (KL_2); *consulta espacial de uma característica* C_2, a partir de sua distribuição em um conjunto de lugares onde ela se manifesta (KC_2); *consulta sobre a correspondência espacial* entre características (KR_c).

A função KC_i é um exemplo de abordagem baseada no paradigma de *situação* adotado pela escola locacional da geografia. A função KL_i é um exemplo de abordagem baseada no paradigma de *sítio* adotado pela escola corológica da geografia. Esta dicotomia paradigmática, já plenamente discutida por Sack (1974a), sintetiza dialeticamente duas das mais importantes abordagens metodológicas do pensamento geográfico, que são aqui organizadas na matriz geográfica de consulta espacial, em um contexto de uso de um SIG.

Considere que C_1, C_2, C_3 ....C_n sejam categorias de um mapa de uso e cobertura do solo (Figura 7.2) e que L_1, L_2, L_3 ....L_n sejam sub-bacias hidrográficas da mesma área (Figura 7.3b). As funções de consulta espacial KC_i e KL_i aplicadas a estes dois mapas, corresponderão, respectivamente, às seguintes *perguntas espaciais*:

Função de consulta	Exemplo de pergunta espacial
KC_i	"Como se distribuem as áreas urbanizadas em relação a todas as sub-bacias hidrográficas da alta bacia do rio Iguaçu?"
KL_i	"Dentre todas as classes de uso e cobertura do solo da alta bacia do rio Iguaçu, quais ocorrem na sub-bacia do rio Verde?"

a) Consulta espacial por característica (KC_i)

Nos processos de consulta espacial de mapas em SIG, a resposta a uma pergunta espacial resulta em dois produtos: um *mapa* e *uma tabela de contingência*. Ao aplicarmos a função KC_i, teremos como resultado a sobreposição do mapa binário das áreas urbanizadas (Figura 7.3a) ao mapa das sub-bacias hidrográficas (Figura 7.3b). O resultado analítico desta sobreposição é apresentado em uma tabela de contingência (Tabela 7.1), constituída por uma coluna (áreas urbanizadas) e um conjunto de linhas correspondentes às sub-bacias hidrográficas. Nos processos de modelagem de mapas, consideramos a Figura 7.2 mais propriamente como uma "base de dados" que um mapa. Em razão da grande diversidade de informações presente no conjunto dos usos e coberturas do solo, o mapa da Figura 7.2 pode ser mais bem entendido se realizamos consultas espaciais por característica (distribuições espaciais de uma variável geográfica), gerando-se, assim, mapas binários (Figura 7.3).

b) Consulta espacial por local (KL_i)

Segundo a estrutura da matriz geográfica da Figura 7.1, a função de consulta espacial por local (KL_i) é a interseção entre um local L_i, previamente escolhido – seja ele polígono de limites naturais ou artificiais ou pixel –, e um mapa contendo todas as características agrupadas em uma variável qualitativa.

A função KL_i equivale a comandos de SIG estruturados segundo a álgebra booleana que incluem várias operações de *overlay*, entre as quais citamos o *clip* e o *query*.

Selecionamos como exemplo de aplicação da função de consulta KL_i a sub-bacia do rio Verde. Nesta operação, teremos todas as características (as classes de uso e cobertura do solo) que ocorrem em um só local (sub-bacia do rio Verde). A distribuição espacial gerada por esta função está na Figura 7.4 e a extração tabular correspondente a esta distribuição pode ser vista na Tabela 7.2. Nesta tabela, é exibida a proporção em área ocupada por classe de uso e cobertura do solo no interior dos limites da sub-bacia do rio Verde (Tabela 7.2).

c) Consulta sobre correspondência espacial entre características (KRC)

Tomlin (1990) denominou as funções de consulta espacial KC_i e KL_i de *funções zonais locais*, já que elas não utilizam integralmente nem todas

302　MARCOS CÉSAR FERREIRA

Tabela 7.1 – Valores absolutos e relativos de área urbanizada por sub-bacia obtidos por meio da função KC_i, a partir do mapa da Figura 7.3a. As sub-bacias estão ordenadas segundo o porcentual de áreas urbanizadas. A análise geoespacial foi realizada no SIG Idrisi Taiga.

Sub-bacia	Área da sub-bacia (km²)	Área urbanizada (km²)	% de Área urbanizada	% em relação à alta bacia do Iguaçu
Rio Belém	87,62	86,75	99,00	19,35
Rio Alto Boqueirão	4,78	4,32	90,35	0,96
Rio Irai	11,77	10,41	88,44	2,32
Rio Padilha	31,77	25,66	80,77	5,72
Rio Ressaca	12,55	9,06	72,19	2,02
Rio Atuba	126,01	79,17	62,83	17,66
Rio Avariú	6,72	3,07	45,65	0,68
Rio Barigui	264,79	104,47	39,45	23,30
Ribeirão da Divisa	19,15	6,27	32,75	1,40
Rio Palmital	89,75	25,61	28,54	5,71
Rio Itaqui-S. J. dos Pinhais	45,99	9,43	20,52	2,10
Rio Mascate	24,06	4,82	20,04	1,08
Rio Itaqui-Campo Largo	45,99	7,65	16,64	1,71
Rio Iraizinho	52,25	8,54	16,34	1,90
Rio Passauna	216,68	20,30	9,37	4,53
Rio Pequeno	130,44	11,28	8,65	2,52
Rio do Meio	11,54	0,84	7,26	0,19
Rio Verde	238,78	14,32	6,00	3,19
Rio Izabel Alves	58,22	2,68	4,61	0,60
Rio Miringuava-Mirim	114,6	3,36	2,94	0,75
Rio Miringuava	161,3	4,07	2,53	0,91
Rio Mauricio	134,56	2,60	1,93	0,58
Rio Cotia	80,08	1,08	1,34	0,24
Rio Piraquara	102,06	0,99	0,97	0,22
Rio do Despique	74,16	0,67	0,90	0,15
Rio Piunduva	27,32	0,21	0,77	0,05
Rio Guajuvira	72,49	0,39	0,54	0,09
Rio Faxinal	70,24	0,27	0,39	0,06
Rio Turvo	37,8	0,06	0,16	0,01

INICIAÇÃO À ANÁLISE GEOESPACIAL **303**

as características de um mapa, nem todas as unidades espaciais do outro mapa. Seguindo este mesmo raciocínio, apresentamos a seguir uma função que identifica a associação entre duas ou mais características, extensivamente por toda a área estudada. Trata-se da *função de correspondência espacial entre características* (KR_C) distribuídas entre dois mapas de objetos (ver matriz geográfica na Figura 7.1). Como pudemos notar na matriz da Figura 7.1, a função KR_C confronta, espacialmente, duas características (por exemplo: uso do solo C_4 e geologia C_5) e calcula a proporção de coincidência espacial entre elas. Essas proporções de coincidência são representadas também em uma matriz de contingência ou *tabulação cruzada*. No cabeçalho das colunas da matriz, estão localizadas as categorias de um mapa, e nas linhas, as categorias do outro mapa. A Tabela 7.3 é um exemplo de tabulação cruzada obtida por meio da função KR_C, que relaciona o mapa de uso e cobertura do solo (Figura 7.5) ao mapa geológico (Figura 7.6).

Tabela 7.2 – Tabela-síntese, referente ao mapa da Figura 7.4, resultante da aplicação da função KL_i. A análise geoespacial foi realizada no SIG Idrisi Taiga.

Categoria de uso e cobertura	Área (em ha)	% da Sub-bacia
Agricultura	78,39	32,84
Formações florestais	90,13	37,75
Lagos	6,96	2,91
Várzeas	1,24	0,55
Áreas urbanizadas	12,9	5,40
Silvicultura	5,62	2,35
Campos	43,35	18,16
Mineração	0,11	0,04
Total	238,70	100,00

Índice de agregação local de Kramer (V)

A disposição dos dados na tabulação cruzada (Tabela 7.3) permite-nos concluir, por exemplo, que do total da área ocupada por culturas temporárias, 61,38% ocorre em migmatitos bandados; 27,08% em gnaisses e gradioritos; e 7,10% em rochas metaultramáficas, e assim por diante.

304 MARCOS CÉSAR FERREIRA

Tabela 7.3 – Porcentuais de coincidência espacial entre pixels dos mapas de uso e cobertura do solo (Figura 7.5) e de geologia (Figura 7.6) e valores do índice V de Cramer para as categorias de uso e cobertura do solo, calculados a partir da tabulação cruzada. A análise geoespacial foi realizada pelo autor no SIG Idrisi Taiga.

Uso e cobertura do solo	Unidades geológicas							Índice V de Cramer
	Jgd	Plcgg	Plcgm	Plcgmu	QHt	QHt	Qpg	
Culturas temporárias	0,62	27,08	61,38	7,10	2,85	0,01	0,81	**0,163**
Campos	0,36	8,47	69,33	0,39	15,10	3,30	3,05	**0,193**
Veget. arbórea natural	0,48	19,93	65,44	3,68	8,66	0,41	1,40	**0,174**
Silvicultura	2,72	24,88	56,89	10,36	5,17	0,00	0,04	**0,134**
Veget. arbust. natural	1,14	10,67	59,01	1,58	27,41	0,00	0,33	**0,152**
Solo exposto	0,00	3,65	82,33	0,00	7,70	0,38	6,10	**0,284**
Áreas industriais	0,00	0,11	81,02	0,00	11,88	0,00	7,02	**0,277**
Loteamentos	0,00	0,00	99,99	0,00	0,11	0,00	0,00	**0,479**
Urbana densa	0,00	0,00	92,72	0,00	7,36	0,00	0,00	**0,376**
Urbana méd. densidade	0,00	3,63	77,42	0,00	9,14	0,00	9,81	**0,248**
Urbana baix. densidade	0,03	2,48	85,85	0,06	4,44	1,11	6,05	**0,313**
Lagos	0,05	4,55	5,12	0,25	90,02	0,07	0,04	**0,350**
Vilas	0,02	13,32	71,80	3,78	5,09	0,00	6,46	**0,207**
Silos	0,00	0,00	99,61	0,68	1,47	0,00	0,00	**0,440**
Lixão	0,00	0,00	42,72	0,00	62,21	0,00	0,00	**0,215**
Aterro sanitário	0,00	0,00	100,20	0,00	0,00	0,00	0,00	**0,448**

Para conhecermos o grau de dependência entre duas características organizadas na Tabela 7.3, podemos utilizar o teste do qui-quadrado – uma medida que indica o grau de associação entre duas variáveis nominais (ver Seção "Coeficientes de correlação", Tabelas 2.16 e 2.17).

Além do qui-quadrado, outra técnica muito utilizada em análise geoespacial para a avaliação da agregação entre variáveis nominais é o *índice de agregação local de Cramer (V)*, calculado pela Equação 7.1:

$$V = \left(\frac{X^2}{N.(k-1)} \right) \tag{7.1}$$

onde X^2 é o qui-quadrado (Equação 2.16); N é o número de casos; k é o menor número (seja das linhas ou das colunas) da tabela de contingência. Os valores de V variam de 0,0 a 1,0. O índice V de Cramer é utilizado em situações em que a quantidade de categorias de um mapa é diferente da quantidade de categorias do outro mapa, isto é, quando a matriz de contingência é retangular (o número de linhas diferente do número de colunas). Se a quantidade de categorias for idêntica nos dois mapas (matriz quadrada), sugerimos o *índice de agregação de Kappa (K)*.

Na última coluna à direita, na Tabela 7.3, estão presentes os valores do índice V calculados por meio da Equação 7.1 para todas as categorias de uso e cobertura do solo. O índice V é um parâmetro de grande aplicação em geografia e análise ambiental, pois mostra o grau de associação entre uma categoria de um mapa A com relação a todas as categorias de um mapa B. Na Tabela 7.3, observamos que, para a categoria silvicultura, $V = 0,134$ e, para a categoria loteamentos, $V = 0,479$. Essa diferença indica que a silvicultura está mais bem distribuída, em relação a todas as categorias do mapa geológico, que os loteamentos. Em outras palavras, os loteamentos estão *mais associados espacialmente (restritos)* a uma determinada categoria do mapa geológico.

Observe na Tabela 7.3 que outras categorias de uso e cobertura são também mais espacialmente restritas em relação à geologia – silos, aterros sanitários e lagos, por exemplo. Por outro lado, culturas temporárias, campos e vegetação arbustiva natural são menos espacialmente restritos em relação às unidades geológicas. Podemos concluir que, quanto menos espacialmente distribuída estiver uma determinada categoria de um mapa A em relação a todas as categorias de um mapa B, maior será o valor de seu índice de agregação local de Cramer (V). Na Figura 7.7 é mostrada, por meio de histogramas de frequência, a diferença entre o grau de agregação local das categorias silvicultura e loteamentos em relação às unidades geológicas. Notamos, pelos diagramas, que as áreas de silvicultura se apresentam mais espalhadas em relação às unidades geológicas se comparadas às áreas de loteamentos, que se encontram espacialmente mais restritas à unidade *Plcgm*.

É importante lembrarmos que esta técnica de análise geoespacial sofre interferência do tamanho das áreas das categorias de um ou de outro mapa. No nosso exemplo, a unidade geológica *Plcgm* é aquela que maior área ocupa no mapa geológico e, por tal razão, a probabilidade de que uma categoria do mapa de uso e cobertura do solo tenha a maior parte de suas áreas coincidentes com a unidade *Plcgm* – e não com as demais unidades geológicas – sempre será maior. Devemos estar atentos também às diferenças entre a quantidade de categorias dos dois mapas. Como o mapa de uso e cobertura do solo tem 16 categorias e o mapa geológico 7 categorias, haverá tendência a ocorrer menor concentração locacional de uma categoria de uso e cobertura em uma unidade geológica. Portanto, a interpretação dos dados da tabela de contingência deve se basear apenas na relatividade entre os percentuais de coincidência de cada classe de uso e cobertura, já normalizados pelo índice V. Em síntese, antes de interpretarmos os resultados numéricos produzidos por esta ou outra técnica de análise geoespacial, devemos sempre considerar estes fatores restritivos.

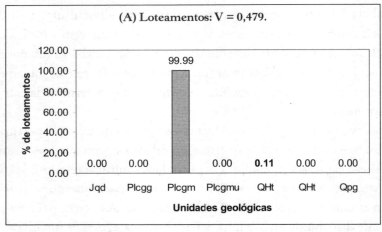

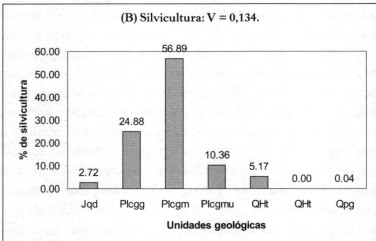

Figura 7.7 – Histogramas de frequência do porcentual de coincidência espacial entre loteamentos (A) e áreas de silvicultura (B), respectivamente, com as unidades geológicas.
Obs.: A análise geoespacial foi realizada pelo autor no SIG Idrisi Taiga.

Funções básicas de modelagem de mapas para SIG

A modelagem cartográfica de informações geográficas está estruturada em operações de transformação de mapas baseadas em algoritmos disponíveis em sistemas de informação geográfica. A depender do SIG, as funções terão nomes específicos definidos como comandos de manipulação de dados geográficos desenhados para este SIG. Por essa razão, propomos a seguir uma metodologia adequada à apresentação dessas funções que seja a mais independente possível das particularidades de um SIG.

As funções de modelagem de mapas diferem-se pelo tipo de transformação que cada uma impõe aos mapas, considerando-se as particularidades dos modelos de objetos exatos e de campos contínuos. Podemos classificar as funções de modelagem de mapas em três grupos: *consulta espacial, distância, vizinhança* e *modelagem*.

Funções de consulta espacial

São três as funções de consulta espacial mais utilizadas em geoprocessamento: *reclassificação, sobreposição de mapas* e *traçado de perfis*.

a) Reclassificação

A função de reclassificação pode atuar de duas maneiras: modificando-se o valor do identificador de uma ou mais categorias nominais do mapa, ou atribuindo-se o valor original de um pixel a um intervalo de classe. Dentre as principais aplicações, citamos:

- *redução do número de categorias da legenda do mapa por meio do reagrupamento dos pixels ou dos polígonos;*
- *construção de mapas binários que mostrem apenas uma das categorias do mapa original, anulando-se as demais;*
- *construção de mapas hipsométricos a partir da transformação de superfícies matriciais contínuas em mapas de classes discretas.*

A reclassificação é talvez a mais simples das funções, mas a que possui maior espectro de opções dentre todas as funções de modelagem de mapas para SIG. Sua principal propriedade está no fato de ela gerar, como resposta espacial, mapas binários úteis na construção de modelos de alocação espacial. Podemos afirmar que a função de reclassificação permite ao pesquisador modificar os valores originais dos atributos das classes, ou dos pixels, de acordo com objetivos previamente definidos na lógica de consulta espacial das áreas de um mapa.

Quando analisamos a distribuição espacial de uma única categoria, temos informações acerca da concentração e da dispersão de um determinado valor de uma variável geográfica ou de uma classe específica do mapa (Figura 7.8). Além disso, o mapa binário é a base para a aplicação de funções de distância, particularmente as que resultem em mapas de *buffers* traçados em relação a objetos geográficos específicos.

O algoritmo da função de reclassificação permite o uso de diferentes técnicas de delimitação de intervalos de classe (Capítulo 6), tanto a mapas temáticos como a superfícies matriciais contínuas e imagens orbitais. Nesses dois últimos casos, os valores de entrada para a função são espacialmente distribuídos, pixel a pixel (nas imagens) ou célula a célula (nas superfícies matriciais). Nessas situações, a função gera mapas de categorias inteiras (Figura 7.9).

b) Sobreposição de mapas

Essa clássica função de análise geoespacial parte da premissa de que a paisagem pode ser modelada por meio da sobreposição (*over*) de camadas (*lays*) geográficas, sendo cada camada uma variável espacial. Por isso, na maioria dos SIG ela é identificada como função *Overlay*. Embora a quantidade de camadas sobrepostas possa ser ilimitada, na maioria das operações espaciais realizadas por esta função são utilizadas duas camadas geográficas. O resultado da aplicação dessa função é um outro mapa, que pode conter maior quantidade de informações que os dois de entrada (no caso da *união* entre os mapas), ou menor quantidade de informações (no caso da *interseção* entre eles). Nesse tipo de função, os mapas são considerados *conjuntos* e as operações entre estes conjuntos baseiam-se na união (operador OU) e interseção (operador E). Esses operadores fazem parte da *álgebra booleana*, que utiliza os operadores booleanos *OU* (OR), *NÃO* (NOT), *E* (AND), em vez dos operadores algébricos tradicionais, como soma, subtração, divisão, produto, exponenciação, entre outros.

Operador OR

INICIAÇÃO À ANÁLISE GEOESPACIAL **309**

O operador aditivo *OR* produz um novo mapa a partir da sobreposição de todas as categorias do mapa A, a todas as categorias do mapa B. Por isso, o mapa produzido terá uma quantidade de categorias maior que cada um dos mapas utilizados na combinação. Nesta operação, devemos estar atentos à ordem de sobreposição dos mapas, isto é, definir claramente qual mapa ocupará a posição superior. Tal cuidado terá reflexos na visualização e na interpretação do mapa resultante. Em geral, os mapas obtidos por meio deste tipo de função de sobreposição são complexos e podem conter inúmeras manchas coloridas, muitas vezes difíceis de serem visualizadas individualmente.

O mapa da Figura 7.10 mostra o sequenciamento da aplicação do operador OR. Na figura, na camada superior está o mapa de uso e cobertura do solo e, na camada inferior, o mapa das unidades geológicas.

A sobreposição das categorias de uso e cobertura do solo às categorias geológicas (Figura 7.10) permite-nos visualizar locais onde ocorre a maior correspondência espacial entre essas categorias. Não é difícil concluirmos que o instrumento auxiliar à interpretação do mapa da Figura 7.10 é a matriz de contingência – semelhante àquela apresentada na Tabela 7.3.

Cada área de associação espacial mostrada no mapa *uso e cobertura + unidades geológicas* (Figura 7.10) corresponde a um valor numérico porcentual localizado na interseção das linhas e colunas da matriz de contingência. Este porcentual nos informa sobre a proporção, em relação a toda a área mapeada, de área em que uma categoria do mapa superior (linhas) coincide com uma categoria do mapa inferior (colunas). Para uma interpretação mais eficiente dos mapas produzidos pela função OR, sugerimos a análise comparativa entre os valores do *índice V de Cramer* calculados para cada par de categorias, uma de cada mapa. Veja como exemplo a última coluna posicionada à direita da Tabela 7.3.

A maior aplicação da função de sobreposição OR é a delimitação de componentes de unidades de paisagem, como as geofácies e os biótopos. Por exemplo, a sobreposição do mapa de uso e cobertura do solo ao mapa de unidades pedológicas, e, posteriormente, ao mapa de inclinação das encostas, resultará no mapa das geofácies terrestres. Outra aplicação, entre as inúmeras possíveis em análise ambiental, está no mapeamento de áreas de risco à ocupação urbana, relacionando o uso e a cobertura do solo a informações geotécnicas.

Operador AND

Enquanto a função OR produz mapas com maior número de categorias que cada um dos mapas utilizados na sobreposição, a função AND é *restritiva* e reduz o número de categorias, se comparadas às dos mapas originais. Esta restrição se deve ao fato de o mapa resultante da operação mostrar o *que há de comum* entre dois mapas, de acordo com um critério predefinido. Como o operador AND se trata de uma interseção entre mapas, está claro que a quantidade em área classificada no mapa final, que responderá a esta interseção, será menor. Para melhor entendimento do uso desta função de consulta espacial para SIG, considere que AND seja equivalente à operação algébrica *multiplicação*. Ao multiplicarmos o mapa binário da *área urbana média densidade* pelo mapa das *unidades geológicas*, as áreas de coincidência entre os pixels do mapa binário com valor *0* (zero) e os pixels das categorias do mapa de unidades geológicas, situadas nas mesmas posições geográficas, serão eliminados (Figura 7.11).

Em resumo, as áreas espacialmente coincidentes na multiplicação *0x1* são apagadas do mapa de unidades geológicas, pois a multiplicação por *0* as anulará. Considere a pergunta espacial: Que unidades geológicas ocorrem dentro dos limites da categoria *área urbana média densidade*?

Para respondermos a esta questão, a função AND deverá atuar da seguinte maneira: *área urbana média densidade* AND *unidades geológicas* (Figura 7.11). O mapa da área urbana funciona como máscara booleana que recorta o mapa das unidades geológicas e retira dele as áreas comuns aos dois mapas. Além do mapa das áreas comuns, é possível representarmos esta consulta por meio de um histograma de frequência de áreas (Figura 7.12). A função AND pode ser utilizada quando algum dos *layers* é uma superfície matricial contínua, como um modelo digital de elevação ou uma imagem digital de sensoriamento remoto. Neste caso, o mapa-máscara é estruturado em formato objeto binário e a superfície contínua é completa (Figura 7.13).

O resultado da aplicação da função AND nessas condições gera como resultados o mapa da interseção entre objetos e a superfície e a tabela de valores de parâmetros estatísticos extraídos da interseção. Cada pixel referente a esta interseção se constitui em uma amostra e o conjunto de todos os pixels em uma população amostral. Com isso, podemos conhecer esta população por meio das tradicionais medidas de tendência central (*média, moda* e *mediana*) e de variabilidade (*desvio padrão, variância* e *coeficiente de variação*).

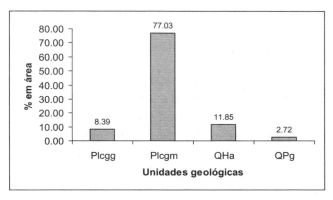

Figura 7.12 – Distribuição do porcentual em área ocupada por unidade geológica, que coincide com a categoria "área urbana média densidade" (Figura 7.10).
Obs.: A análise geoespacial foi realizada pelo autor no SIG Idrisi Taiga.

Suponhamos que o mapa de objetos se refira a um conjunto de bacias hidrográficas, e a superfície a um modelo digital de elevação em que pixels registrem a altitude em relação ao nível do mar. Se quisermos comparar como as altitudes se distribuem em duas bacias hidrográficas, basta aplicar o operador AND, envolvendo cada bacia e o MDE completo. A cada sobreposição do tipo *bacia B AND MDE* extraímos os parâmetros de posição e de dispersão da distribuição das altitudes dentro da bacia B.

Operador NOT

Esta função anula uma categoria do mapa original e mostra, no mapa resultante, os locais onde ela não ocorre. Se observada de uma maneira isolada, esta função parece não ter maiores aplicações senão a de "apagar" uma determinada categoria do mapa. Contudo, quando inserida em um processo de modelagem cartográfica, baseada em vários mapas, seu papel é fundamental, pois impede ou restringe que eventos ocorram em determinadas áreas do mapa. Se aplicarmos a função NOT a um mapa completo, este será anulado. Mas se especificarmos uma determinada categoria ou intervalo de classe do mapa, apenas este será excluído da análise. Podemos dizer que o NOT gera um mapa binário negativo do mapa binário convencional. Por exemplo, no mapa binário positivo das áreas urbanas de média densidade, esta categoria recebe o valor 1 e as demais, 0; no mapa construído com a função NOT, esta mesma categoria recebe o valor 0 e todas as demais o valor 1 (Figura 7.14). Seria o mesmo que perguntar: *mostre-me onde estão as áreas que não são "urbanas de média densidade"*? No mapa produzido como resultado desta consulta, as áreas em preto são excluídas do mapa original.

c) Corte linear

O *corte linear* – ou perfil sobre mapas e superfícies – é um instrumento gráfico de consulta espacial simples e utilizado com muita frequência em análise morfológica do terreno. Permite que se visualize a distribuição dos valores de uma variável espacial em função do comprimento do traçado de uma linha sobreposta ao mapa em determinada orientação. Quando empregado na análise de imagens digitais de sensoriamento remoto, o corte linear é denominado *perfil de imagem*. No eixo X do perfil da imagem, localizam-se os valores das distâncias e, no Y, os valores do nível de cinza ou da refletância dos pixels.

A eficiência do uso do perfil na consulta espacial de uma superfície depende do comprimento e da orientação do traçado dessa linha que servirá de referência ao eixo X. Além disso, muitas vezes, é necessária a construção de vários perfis traçados em sentidos diversos. A Figura 7.15 mostra o traçado de um perfil espectral amostrado sobre uma imagem pancromática *QuickBird*, que representa a variabilidade dos níveis de cinza de um fragmento florestal (extremidade direita do perfil), de um lago (centro do perfil) e de uma área plantada com cana-de-açúcar (extremidade esquerda do perfil).

Observe que o perfil da Figura 7.15 mostra três padrões de frequência que se diferem pela amplitude e pela frequência dos valores de nível de cinza na imagem.

Funções de distância

Para entendermos como operam as funções de distância, devemos nos remeter ao conceito de superfície de isodistâncias apresentado na Seção "Superfícies de isodistâncias", que leva em conta o algoritmo da distância euclidiana no cálculo do afastamento entre os objetos. A *função de distância euclidiana* (DIST) considera o mapa de objetos como um plano isotrópico, onde não há impedâncias ou fricções quaisquer que sejam as direções escolhidas. A Figura 7.16 traz um exemplo de aplicação desta função ao

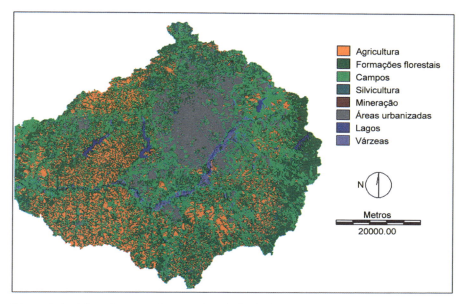

Figura 7.2 – Mapa do uso e cobertura do solo da alta bacia do rio Iguaçu, Paraná, em 2000.
Fonte: modificado e adaptado de Sudehrsa (2009).

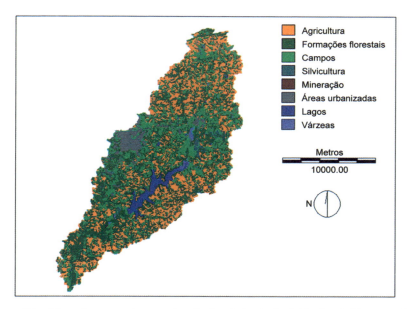

Figura 7.4 – Mapa de uso e cobertura do solo da sub-bacia do rio Verde, obtido por meio de consulta espacial por lugar (KL_i), mostrando a distribuição espacial de todas as características em um só lugar.

Obs.: A análise geoespacial foi realizada no SIG Idrisi Taiga.

314 MARCOS CÉSAR FERREIRA

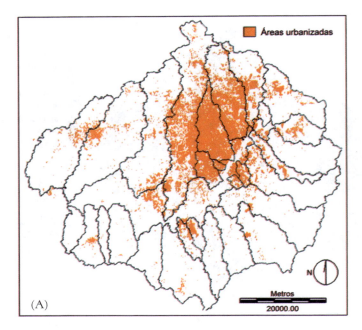

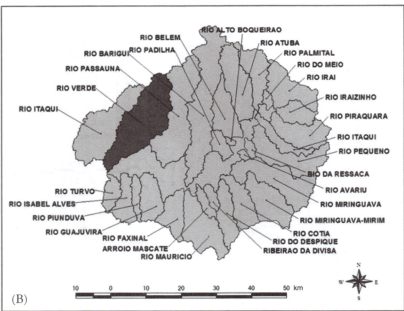

Figura 7.3 – (A) Mapa produzido pela função (KC_i), mostrando a distribuição espacial das áreas urbanizadas, em relação às sub-bacias do alto Iguaçu (B).

Obs.: O mapa das sub-bacias foi modificado e adaptado de Suderhsa (2009). A análise geoespacial foi realizada no SIG Idrisi Taiga.

INICIAÇÃO À ANÁLISE GEOESPACIAL 315

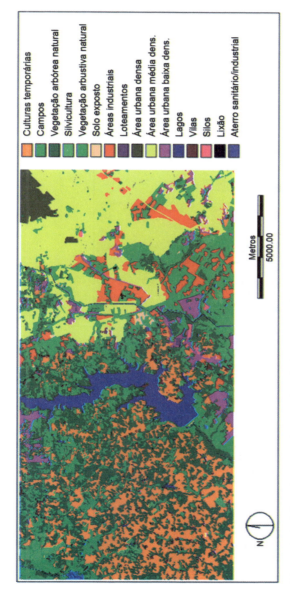

Figura 7.5 – Mapa do uso e cobertura do solo de um setor da alta bacia do rio Iguaçu, próximo a Curitiba-PR, em 2000.
Obs.: A análise geoespacial foi realizada pelo autor no SIG Idrisi Taiga.
Fonte: modificado e adaptado de Sudehrsa (2009).

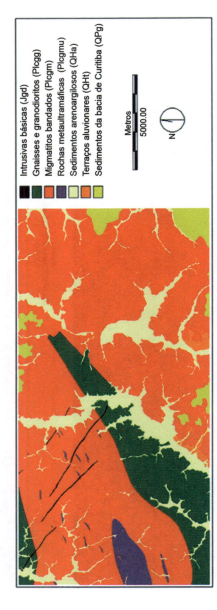

Figura 7.6 – Mapa geológico da área representada na Figura 7.5.

Fonte: Modificado e adaptado de Sudehrsa (2009). A análise geoespacial foi realizada pelo autor no SIG Idrisi Taiga.

INICIAÇÃO À ANÁLISE GEOESPACIAL 317

Mapa de uso e cobertura do solo

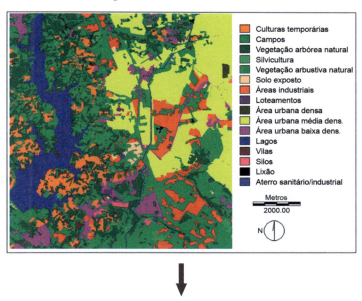

Mapa das áreas industriais

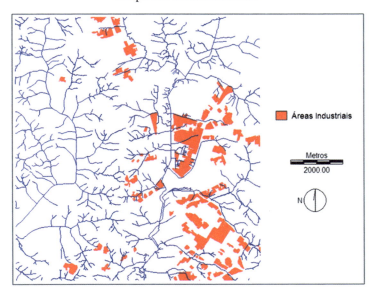

Figura 7.8 – Aplicação da função de reclassificação de categorias ao mapa de uso e cobertura do solo para a produção do mapa binário da distribuição espacial das áreas industriais.

Obs.: A análise geoespacial foi realizada pelo autor no SIG Idrisi Taiga. Os mapas de uso e cobertura do solo são parte da base de dados da Sudehrsa (2009).

Modelo digital de elevação

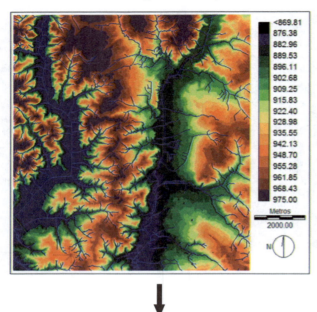

Mapa hipsométrico

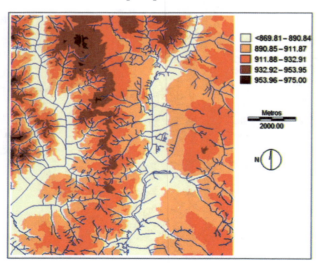

Figura 7.9 – Aplicação da operação de reclassificação ao modelo digital de elevação para construção do mapa hipsométrico em cinco classes de altitude (em metros).

Obs.: A análise geoespacial foi realizada pelo autor no SIG Idrisi Taiga. O modelo digital de elevação é parte da base de dados da Sudehrsa (2009).

INICIAÇÃO À ANÁLISE GEOESPACIAL 319

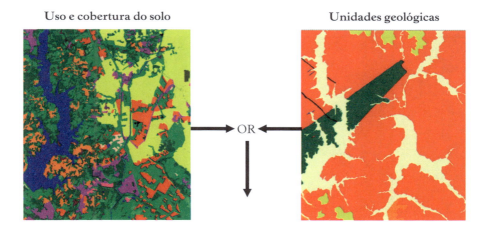

Figura 7.10 – Aplicação da operação de sobreposição booleana do tipo OR, aos mapas de uso e cobertura do solo e de unidades geológicas.

Obs.: A análise geoespacial foi realizada pelo autor no SIG Idrisi Taiga. Os mapas de uso e cobertura do solo e geológico fazem parte da base de dados da Sudehrsa (2009).

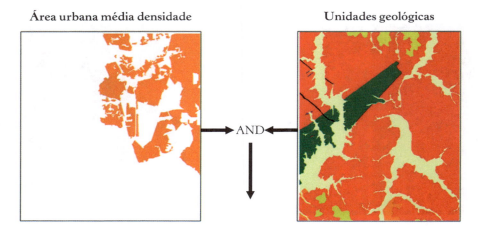

Figura 7.11 – Aplicação da operação de sobreposição booleana do tipo AND, aos mapas de área urbana média densidade e de unidades geológicas.

Obs.: A análise geoespacial foi realizada pelo autor no SIG Idrisi Taiga. Os mapas de uso e cobertura do solo e geológico fazem parte da base de dados da Sudehrsa (2009).

INICIAÇÃO À ANÁLISE GEOESPACIAL   321

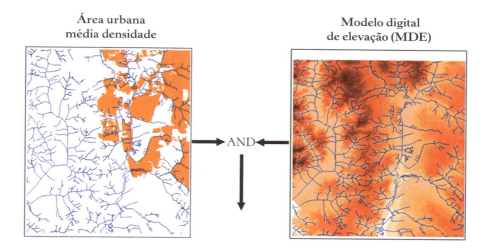

Figura 7.13 – Aplicação da operação de sobreposição booleana do tipo AND aos mapas de área urbana média densidade e ao MDE.

Obs.: A análise geoespacial foi realizada pelo autor no SIG Idrisi Taiga.

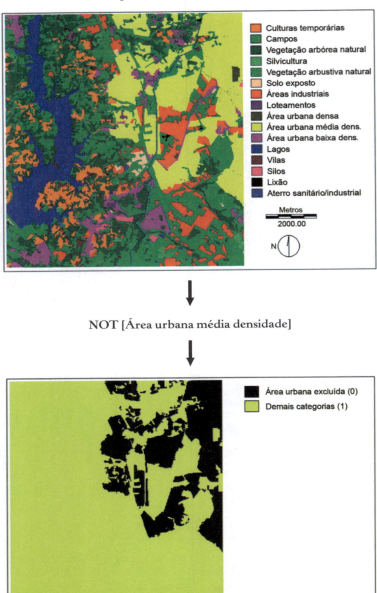

Figura 7.14 – Aplicação da operação NOT ao mapa de uso e cobertura do solo para exclusão da categoria "área urbana média densidade".

Obs.: A análise geoespacial foi realizada pelo autor no SIG Idrisi Taiga. O mapa de uso e cobertura do solo é parte da base de dados da Sudehrsa (2009).

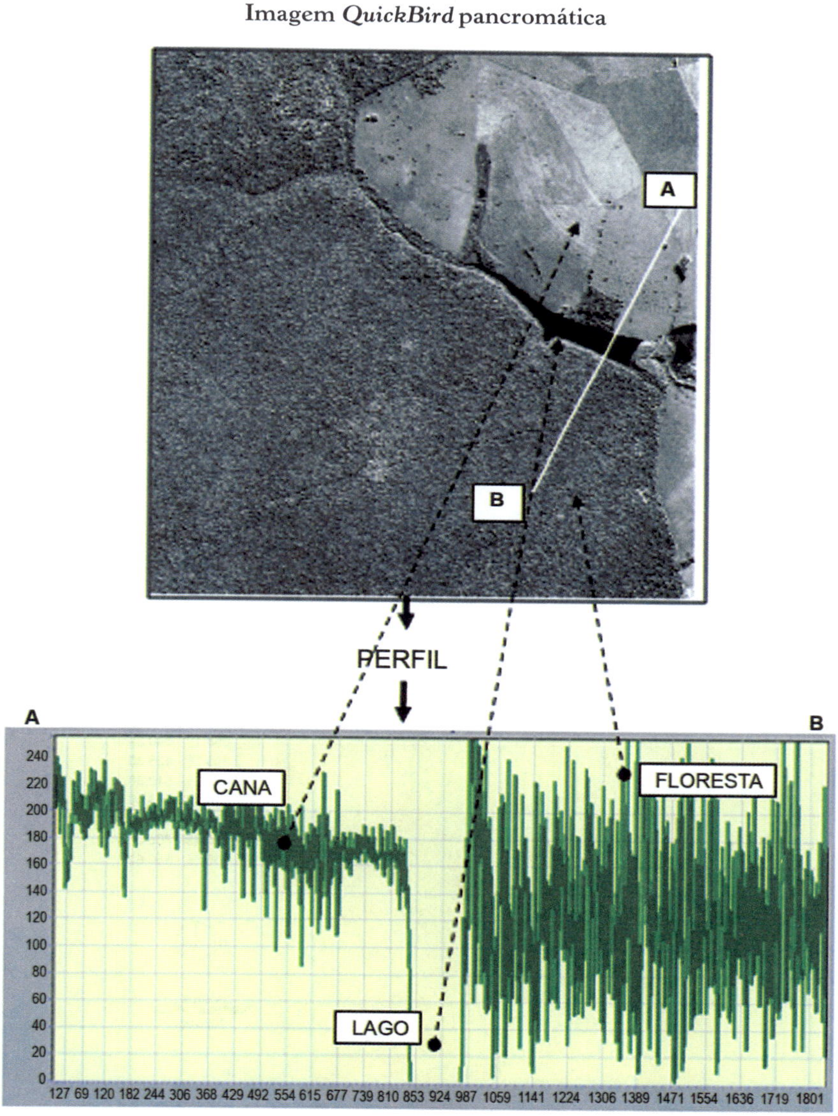

Imagem *QuickBird* pancromática

Figura 7.15 – Exemplo de consulta espacial baseada em perfil, sobre imagem pancromática do sensor QuickBird.

Obs.: O perfil está representado pela linha branca traçada sobre a imagem. A análise geoespacial foi realizada pelo autor no SIG Idrisi Taiga.

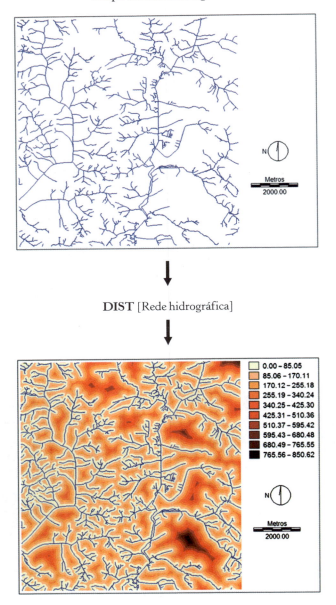

Figura 7.16 – Aplicação da função de distância ao mapa da rede hidrográfica para a construção de uma superfície de isodistâncias.

Obs.: Quanto mais escuras são as faixas de isodistâncias (ver valores em metros na legenda), mais afastados os respectivos pixels estarão de rios e córregos. A análise geoespacial foi realizada pelo autor no SIG Idrisi Taiga. O mapa da rede hidrográfica é parte da base de dados da Sudehrsa (2009).

INICIAÇÃO À ANÁLISE GEOESPACIAL   325

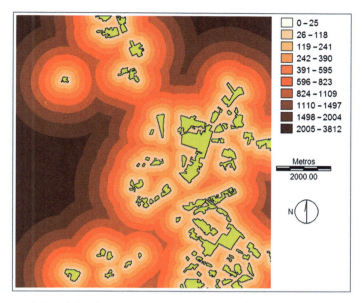

Figura 7.17 – Mapa de isodistâncias euclidianas até as áreas industriais (os polígonos amarelos), elaborado a partir da aplicação da função de distância.

Obs.: Quanto mais escuras forem as faixas de isodistâncias, mais afastados os respectivos pixels estarão de uma planta industrial (ver valores em metros na legenda). A análise geoespacial foi realizada pelo autor no SIG Idrisi Taiga.

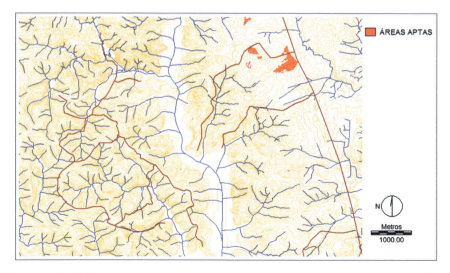

Figura 7.21 – Mapa das áreas aptas à ocupação urbana, delimitadas segundo os seguintes critérios espaciais: Declividade ≤ 5%, Distância aos rios ≥ 50 m, Distância a estradas ≤ 500 m e Uso do solo = campos.

Obs.: A análise geoespacial foi realizada pelo autor no SIG Idrisi Taiga.

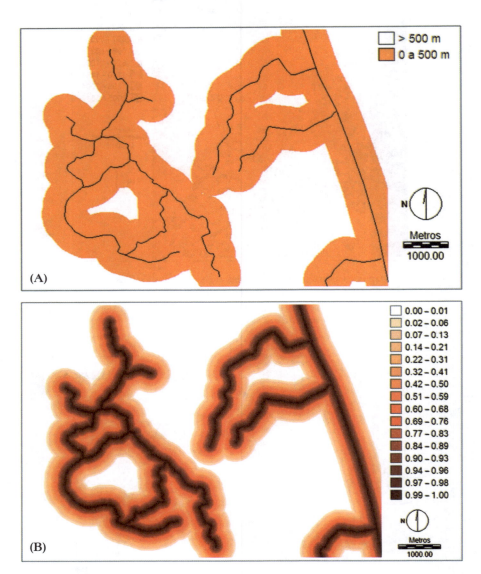

Figura 7.18 – Faixa de distâncias até 500 m de estradas, representada segundo a classificação booleana (A) e segundo a classificação contínua – função *fuzzy* (B).

Obs.: Note a gradação das tonalidades da legenda, indicando continuidade dos valores da função f. A análise geoespacial foi realizada pelo autor no SIG Idrisi Taiga.

INICIAÇÃO À ANÁLISE GEOESPACIAL   327

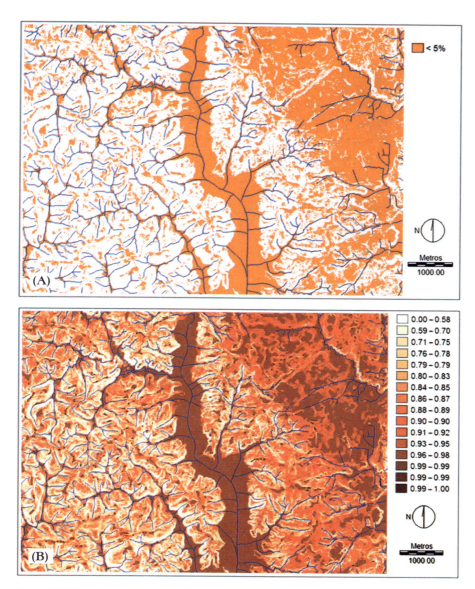

Figura 7.19 – Classe de declividades inferiores a 5% representada segundo a classificação booleana (A) e segundo a classificação contínua – função *fuzzy* (B).

Obs.: A análise geoespacial foi realizada pelo autor no SIG Idrisi Taiga.

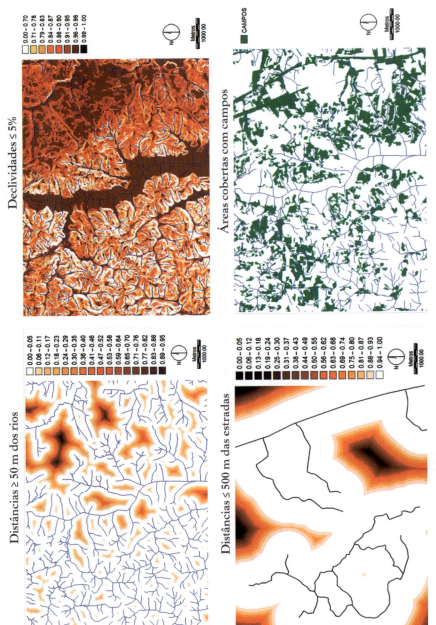

Figura 7.20 – Mapas de quatro fatores espaciais utilizados na modelagem cartográfica de alocação de áreas à ocupação urbana.

mapa da rede hidrográfica de uma área extraída da alta bacia do rio Iguaçu; a Figura 7.17 mostra uma superfície de isodistâncias, calculada a partir de um mapa binário das áreas industriais, localizadas na mesma bacia.

Essas superfícies mostram as distâncias euclidianas desde cada pixel até o objeto vizinho mais próximo. Na superfície de isodistâncias até as áreas industriais, não há outra impedância ao deslocamento que não seja a própria distância euclidiana. Portanto, o custo do deslocamento entre dois pontos será função apenas dessa distância. Em um processo de decisão entre n rotas possíveis, ligando estes pontos (origem e destino), a de menor custo seria a que apresentasse menor distância euclidiana. Entretanto, existem situações mais complexas, nas quais o espaço geográfico impõe impedâncias ao movimento, muitas vezes localizadas de forma aleatória. Neste caso, a distância euclidiana entre dois pontos nem sempre é a de menor custo, pois esta pode conter impedâncias que tornam o movimento lento, ou até mesmo, nulo. Para modelarmos o deslocamento entre dois pontos, neste contexto, necessitaríamos considerar como referência uma superfície de impedância ou de custo ao deslocamento.

Aplicação das funções de modelagem de mapas à alocação espacial

Alocação espacial

As funções de modelagem de mapas discutidas até a seção anterior podem ser combinadas de várias maneiras para responder a perguntas espaciais dirigidas à base de dados de um SIG. A estrutura lógica desta combinação varia de acordo com os modelos sequenciais de superposição de mapas utilizados. As perguntas se inserem em um contexto cartográfico de planejamento territorial que identifica, em novos mapas, áreas aptas ou restritas a um determinado tipo de ocupação do solo. Esta destinação de áreas a categorias de aptidão delineadas com base em objetivos cartográficos predefinidos é denominada *alocação espacial*. Em termos mais gerais, um modelo de alocação espacial pode ser utilizado em geografia de duas maneiras:

- *refuncionalização de áreas* – uma determinada área (ou pixel) com dimensões conhecidas pode assumir novas funções ou servir de espaço para implantação de novas atividades geoeconômicas e de uso do solo, de acordo com sua aptidão a essas novas funções;

- *mapeamento de suscetibilidade* – uma determinada área (ou pixel) é alocada a uma categoria de suscetibilidade ou vulnerabilidade, de acordo com o risco de nesta área ocorrer eventos extremos, como, por exemplo, incêndios, erosão dos solos e contaminação do lençol freático, dentre outros.

No primeiro caso, um espaço que já desempenhava certa função (incluídos os espaços vazios) é alocado a outra função; no segundo caso, um grau de suscetibilidade de ocorrer um evento é alocado a um determinado espaço. Em um ambiente de SIG, a alocação espacial segue modelos lógicos de decisão baseados em critérios espaciais. Os critérios espaciais são categorias ou intervalos de classe de um mapa temático que atendem a objetivos locacionais de planejamento territorial. Como são muitas as variáveis envolvidas no processo de alocação espacial, muitos serão também os mapas temáticos combinados na modelagem cartográfica.

Critérios para decisão espacial

Os critérios espaciais se dividem em dois tipos: os *fatores* (ou categorias de um mapa temático que contribuem afirmativamente para a alocação espacial); e as *restrições* (ou categorias de um mapa que contribuem negativamente para a alocação espacial, isto é, são excluídas do processo decisório). Considere a situação de modelagem cartográfica apresentada por Heuvlink e Burrough (1993), aplicada ao mapeamento de áreas suscetíveis à erosão laminar, cujo modelo lógico booleano simples é o seguinte:

<u>**Modelo de alocação espacial I**</u>
SE
Declividade $\geq 10\%$
AND
Solo = arenoso
AND
Cobertura vegetal $\leq 25\%$
ENTÃO
O impacto da erosão será severo.

No *Modelo I* os mapas *Declividade* ≥ 10%, *Solo* = *arenoso* e *Cobertura vegetal* ≤ 25% são fatores, pois representam contextos espaciais que contribuem positivamente à ocorrência de processos erosivos. Se, no mesmo modelo, adicionarmos uma cláusula NOT, ele será modificado para:

Modelo de alocação espacial II
SE
Declividade ≥ 10%
AND
Solo = *arenoso*
AND
Cobertura vegetal ≤ 25%
NOT
Distância aos rios ≤ 30 m
ENTÃO
O impacto da erosão é severo

No *Modelo II* o mapa *Distância aos rios* ≤ 30 m contribui negativamente para a seleção de áreas suscetíveis à erosão, isto é, as áreas do mapa que apresentarem este critério serão excluídas da modelagem cartográfica (o evento não ocorrerá nestas áreas). Por tal razão, este configura como um critério de *restrição*. O critério da restrição é mais utilizado em modelos de alocação de áreas aplicados à refuncionalização, tal como o seguinte exemplo:

Modelo de alocação espacial III
SE
Declividade ≤ 5%
AND
Distância aos rios ≥ 50 m
AND
Distância a estradas ≤ 500 m
NOT
Zoneamento=unidades de conservação
AND
Uso do solo=campos
ENTÃO
Área apta à ocupação urbana

332 MARCOS CÉSAR FERREIRA

No Modelo III, a restrição é atribuída a áreas do mapa de zoneamento que legalmente foram transformadas em unidades de conservação. Portanto, nestas não ocorrerá o evento *área apta à ocupação urbana*, uma vez que foi excluída do processo de decisão.

Aplicação das classificações *fuzzy* e booleana a mapas de fatores e restrições

No processo de modelagem cartográfica, os mapas binários de fatores e restrições são intercalados a operadores booleanos em uma combinação sequencial que resulta em um *mapa-objetivo*. O mapa-objetivo mostra onde se localizam áreas que respondem a uma ou mais perguntas incorporadas ao modelo de alocação espacial. Observando atentamente os modelos de alocação espacial I, II e III, notamos que cada um de seus mapas se constitui em recorte da superfície terrestre definido por limites de classes correspondentes à variável espacial neles representada. Por exemplo, no mapa *Declividade* ≤ *5%*, a classe se estende de 0% até 5%, assim como no mapa *Distância a estradas* ≤ *500 m*, a faixa de distância (*buffer*) até as estradas se estende de 0 a 500 m. Neste momento, surge um questionamento: seriam os valores *6%* e *510 m* tão diferentes dos valores *5%* e *500 m* para serem excluídos dos respectivos intervalos de classe? A resposta nos remete ao debate sobre o uso da função booleana e da função *fuzzy* na classificação de mapas, tema este já discutido na Seção "Função *fuzzy*".

Em geral, a maioria dos usuários de SIG, quando utiliza tal sistema para modelagem de mapas, o faz com base em mapas de fatores e restrições classificados de acordo com funções booleanas. O risco de adotar tal procedimento é o de se propagarem erros ao longo do processamento que se concentrarão, sobretudo, no mapa-objetivo, mais precisamente nas fronteiras entre as classes deste último mapa. Por isso, com relação a mapas de superfícies (declividades, distâncias, entre outros), é recomendável a aplicação de uma função de afinidade *fuzzy* às classes booleanas, utilizadas como fator e restrição, conforme discutimos na Seção "Processo decisório contínuo *fuzzy*". Vejamos a seguir, como adotarmos esta estratégia, de maneira relativamente simples.

Tomemos como referencial a classe booleana *Distância a estradas* ≤ *500 m*. Se optarmos pela transformação desta classe em uma classe contínua, por meio de uma função *fuzzy* do tipo S (Figura 6.15), devemos substituir os parâmetros *c* e *d* da referida curva, respectivamente por 0 m e 500 m. De acordo com a função S, quanto mais próximo um determinado pixel estiver do centro da faixa 0-500 m, mais próximos de 1,0 serão os valores da função *f* no pixel do mapa transformado pela lógica *fuzzy*. A Figura 7.18a mostra o mapa do buffer de 0-500 m de uma estrada, classificado pela função booleana; na Figura 7.18b, o mesmo mapa é representado segundo a classificação contínua *fuzzy*, com os parâmetros da Figura 6.15. Seguindo este mesmo procedimento, podemos transformar o mapa booleano *Declividade* ≤ 5% em um mapa *fuzzy* que mostra a possibilidade de um pixel pertencer à referida classe clinométrica (Figuras 7.19a e 7.19b).

A título de exemplo didático, utilizamos um modelo de alocação espacial simples (ver a seguir), cujo objetivo é responder à pergunta espacial: *Onde se localizam áreas aptas à ocupação urbana dentro do recorte espacial da alta bacia do rio Iguaçu?*

SE
Declividade ≤ 5%
AND
Distância aos rios ≥ 50 m
AND
Distância a estradas ≤ 500 m
NOT
Uso do solo=lagos
AND
Uso do solo=campos
ENTÃO
Área apta à ocupação urbana

Os mapas booleanos *Declividade ≤ 5%, Distância aos rios ≥ 50 m* e *Distância a estradas ≤ 500 m* podem ser transformados em mapas *fuzzy*, seguindo-se a metodologia já discutida.

O mapa *Uso do solo = campos* pode ser mantido em seu formato booleano original. Por serem restritivas, excluimos da modelagem as áreas de lagos, aplicando a elas o operador NOT. A Figura 7.20 mostra os mapas dos fatores quantitativos (declividade, distâncias a estradas e rios), representados segundo função *fuzzy* do tipo S, e o mapa das áreas cobertas com campos. O mapa das áreas aptas à ocupação urbana é mostrado na Figura 7.21.

Epílogo

Ao final desta obra é oportuno destacarmos alguns dos princípios que adotamos para a organização e construção desta iniciação à teoria geral da análise geoespacial, tendo em vista a formação do pesquisador em geoprocessamento. Estes princípios dizem respeito a três pontos fundamentais:

- a *seleção da bibliografia* de apoio e validação da teoria;
- a escolha dos *exemplos práticos* para a aplicação desta teoria; e
- o *recorte das técnicas e dos métodos* de análise geoespacial

Com respeito à *seleção da bibliografia*, priorizamos autores considerados clássicos na análise geoespacial, sobretudo os que primeiro formularam as teorias e propuseram soluções técnicas que propiciaram o desenvolvimento atual do geoprocessamento. Por isso, não deve o leitor espantar-se, nem tampouco indignar-se, se ao longo do texto tenha ele se deparado com citações dos anos 1950, 1960 e 1970. Esta seleção proposital busca respeitar e resgatar alguns pensadores que abriram caminhos para as "geotecnologias do momento", em um tempo pretérito ao dos computadores. Além do mais, o que hoje é considerado novo em geoprocessamento, muitas vezes pode ser réplica remoçada daquilo que, por ter se tornado intencionalmente pretérito e construído em épocas ainda pouco midiáticas, parece para muitos inédito. Ainda com relação à seleção da bibliografia, alguns textos foram citados neste livro por abordarem conceitos de análise geoespacial sem exageros matemáticos – o que frequentemente afugenta aqueles que desconhecem esta ciência – e, também, por estabelecerem vínculos claros entre a geometria e as distribuições espaciais representadas em mapas.

336 MARCOS CÉSAR FERREIRA

Os *exemplos práticos* de aplicação da teoria de análise geoespacial construídos pelo autor, especialmente para este livro, tiveram a estrita finalidade de facilitar a visualização objetiva e mais clara de conceitos que são expressos geralmente em códigos estatísticos e matemáticos. Cada área, região e município utilizados como exemplo nesta obra foram escolhidos de acordo com o critério de maior similaridade geométrica e espacial com o conceito discutido em cada Capítulo ou Seção do livro. Não foi nosso objetivo nem estudar em profundidade estas unidades geográficas, tampouco explicar sua organização espacial por meio das técnicas quantitativas da análise geoespacial.

O *recorte das técnicas e dos métodos* de análise geoespacial que escolhemos priorizou os que têm maior afinidade com o uso contemporâneo que se faz do sistema de informação geográfica, e que possam resultar em representações visuais compatíveis com mapas e úteis à Geografia. Focalizamos técnicas e métodos de análise geoespacial que contribuem efetivamente para a produção de mapas temáticos – e possam transformar *quantidade para se ler* em *quantidade para se ver*. Por tal razão, sempre que possível, tentamos buscar a harmonia entre a estrutura matemática simplificada da análise geoespacial e a visualização gráfica ou cartográfica, materializada a partir de exemplos de baseados em dados reais em todo o livro. Ressaltamos, contudo, que algumas técnicas foram apresentadas ao leitor com o estrito propósito de que ele tenha os primeiros elementos e as primeiras pistas para prosseguir nesta aventura que é analisar e compreender a organização espacial dos fenômenos geográficos a partir da modelagem em sistema de informação geográfica. Esperamos que estes *primeiros passos* possam contribuir para que o leitor realize futuros aprofundamentos em análise geoespacial a partir de inúmeros *preenchimentos mediatos*, em busca, finalmente, de uma *intuição imediata* da representação espacial.

Referências bibliográficas

ABLER, R.; ADAMS, J. S.; GOULD, P. *Spatial Organization:* the Geographer's View of the World. Englewood Cliffs: Prentice Hall, 1971.

AGRESTI, A. *Analysis of Categorical Data.* New York: John Wiley, 1984.

ALMEIDA, R. D. (Org.). *Atlas municipal e escolar de Limeira-SP.* Rio Claro: Fapesp/Unesp, 2001a.

_____. *Atlas municipal e escolar de Rio Claro-SP.* Rio Claro: Fapesp/Unesp, 2001b.

ANDERSEN, E. B. *Discrete Statistical Models with Social Science Applications.* Amsterdam: North-Holland, 1980.

ANTENUCCI, J. C.; BROWN, K.; CROSWELL, P. L. *Geographical Information Systems:* a Guide to the Technology. New York: Chapman & Hall, 1991.

ARONOFF, L. *What is Special about Data?* Alternative Perspectives on Spatial Data Analysis. Santa Barbara: NCGIA, 1989. (NCGIA Technical Paper, 89-4).

ARONSON, P. Attribute Handling for Geographic Information Systems. *Proceedings of AutoCarto,* 8, 1987, Baltimore, Maryland: [s.n.], p.346-55, 1987.

BARTLETT, M. S.; COX, F. R. S. *The Statistical Analysis of Spatial Pattern.* London: Chapman and Hall, 1975.

BATTY, M. *Fractal Cities:* a Geometry of Form and Function. London: Academic Press, 1994.

BERRY, B. J.; MARBLE, D. F. *Spatial Analysis:* a Reader in Statistical Geography. Englewood Cliffs: Prentice Hall, 1968.

BERRY, B. J. Approaches to Regional Analysis: a Synthesis. *Annals of the Association of American Geographers,* 54, p.2-11, 1964.

BERRY, J. K. *Beyond Mapping:* Concepts, Algorithms and Issues in GIS. Fort Collins: GIS World, 1993.

_____. Computer Assisted Map Analysis: Potential and Pitfalls. *Photogrammetric Engineering and Remote Sensing,* v.53, n.10, p.1405-10, 1987a.

_____. Fundamental Operating in Computer Assisted Map Analysis. *International Journal of Geographical Information Systems,* v.1, n.2, p.119-36, 1987b.

BERRY, J. K. The Unique Character of Spatial Analysis. *GIS World,* April, p.29-30, 1996.

_____. Classifying the Analytical Capabilities of GIS. *GIS World,* March, p.34. 1996.

BLACK, W. R. Interregional Commodity Flows: Some Experiments with the Gravity Model. *Journal of Regional Science,* 12, p.107-18, 1972.

BONCZEK, R. H.; HOLSAPPLE, C. W.; WHINSTON, A. B. Development in Decision Support Systems. In: *Advances in Computers.* London: Academic Press, 1984.

BONHAM-CARTER, G. F. *Geographic Information Systems for Geoscientists:* Modeling with GIS. Ontario: Pergamon, 1994.

BONIN, S.; BONIN, M. *La Graphique Dans la Presse.* Paris: Éditions CFPJ, 1989.

BRACKEN, I.; WEBSTER, C. Towards a Typology of Geographical Information Systems. *International Journal of Geographical Information Systems,* v.3, n.2, p.137-52, 1989.

BRASIL. Instituto Brasileiro de Geografia e Estatística. Diretoria de Geociências. Departamento de Geografia. *Malha municipal digital do Brasil:* situação em 1997. Rio de Janeiro: IBGE, 1999.

BUNGE, W. *Theoretical Geography.* 2.ed. Lund: Lund Studies in Geography, 1966.

BURROUGH, P. A. Are GIS Data Structures Too Simple Minded? *Computers and Geosciences,* v.18, n.4, p.395-400, 1992.

_____. *Principles of Geographic Information Systems for Land Resources Assessment.* Oxford: Claredon Press, 1986.

_____; FRANK, A. U. Concepts and Paradigms in Spatial Information: Are Current Geographical Information System Truly Generic? *International Journal of Geographical Information Systems,* v.9, n.2, p.101-16, 1995.

BURTON, I. The Quantitative Revolution and Theoretical Geography. *The Canadian Geographer,* v.7, n.2, p.151-62, 1963.

CHAPMAN, K. *People, Pattern and Process:* an Introduction to Human Geography. London: Edward Arnold, 1979.

CHARRE, J. *Statistique et territoire.* Montpellier: GIP Reclus, 1995.

CHRISTOFOLETTI, A. As características da nova Geografia. *Geografia,* v.1, n.1, p.3-34, 1976.

CLARK, I. *Practical Geostatistics.* London: Applied Sciences, 1979.

CLARK, P. J.; EVANS, F. C. Distance to Nearest Neighbor as a Measure of Spatial Relationships in Populations. *Ecology,* 35, p.45-53, 1954.

CLARK, W. A. V.; HOSKING, P. L. *Statistical Methods for Geographers.* New York: John Wiley & Sons, 1986.

CLIFF, A. D.; HAGGETT, P. *Atlas of Disease Distributions:* Analytic Approaches to Epidemiological Data. London: Blackwell, 1988.

CLIFF, A. D.; ORD, J. K. *Spatial Process:* Models and Applications. London: Pion, 1981.

COFFEY, W. J. *Geography:* towards a General Spatial Systems Approach. London: Methuen, 1981.

INICIAÇÃO À ANÁLISE GEOESPACIAL **339**

COMPUTER Graphics World – Datatech Survey. *Computer Graphics World*, Nov., p.22, 1989.

COWEN, D. J. GIS Versus CAD Versus DBMS: What Are the Differences? *Photogrammetric Engineering and Remote Sensing*, 54, p.1551-4, 1988.

CRESSIE, N. A. *Statistics for Spatial Data*. New York: John Wiley, 1993.

CVE (Centro de Vigilância Epidemiológica do Estado de São Paulo). *Apresenta informações sobre doenças de notificação compulsória*. Disponível em: <www.cve.saude.gov.br>. Acesso em: 5 mar. 2003.

DACEY, M. F. Order Neighbor Statistics for a Class of Random Patterns in Multidimensional Space. *Annals of Association of American Geographers*, 53, p.505-15, 1963.

_____. Modified Poisson Probability Law for a Point Pattern More Regular Than Random. *Annals of Association of American Geographers*, 53, p.559-65, 1964.

DAVIS, J. C.; McCULLAGH, M. *Display and Analysis of Spatial Data*. London: John Wiley & Sons, 1975.

DE LA BLACHE, P. V. *Tableau de la géographie de la France*. Paris: Armand Colin, 1903.

DELFINER, P.; DELHOMME, J. P. Optimum Interpolation by Kriging. In: DAVIS, J. C.; McCULLAGH, M. *Display and Analysis of Spatial Data*. London: John Wiley & Sons, 1975.

DER (Departamento de Estradas de Rodagem do Estado de São Paulo). *Apresenta condições de tráfego e volume médio diário por rodovia estadual*. Disponível em: <www.der.sp.gov.br>. Acesso em: 10 out. 2008.

DICKINSON, H.; CALKINS, H. W. The Economic Evaluation of Implementing a GIS. *International Journal of Geographical Information Systems*, 2, p.307-27, 1988.

DOLFUSS, O. *A análise geográfica*. São Paulo: DIFEL, 1973.

DUECKER, K. J. Land Resource Information Systems: a Review of Fifteen Years Experience. *Geo-processing*, 1, p.105-28, 1979.

DUMOLARD, P. Acessibilité et diffusion spatiale. *Espace Geographique*, 3, p.205-14, 1999.

EASTMAN, J. R. *Idrisi32 Geographical Information System*. Clark, USA: Clark University, 1995.

ESRI. *ArcInfo and ArcView GIS Manual*. Redland: ESRI, 1993.

EVERITT, B. S. *The Analysis of Contingency Tables*. London: Chapman & Hall, 1977.

EWING, G. O. Multidimensional Scaling and Time-Space Maps. *Canadian Geographer*, 18, p.161-7, 1974.

FERREIRA, M. C. Análise espacial da densidade de drenagem em sistema de informação geográfica, através de um modelo digital de distâncias interfluviais. *Geociências*, v.18, n.1, p.7-22, 1999.

_____. Considerações teórico-metodológicas sobre as origens e a inserção do sistema de informação geográfica na Geografia. In: VITTE, A. C. (Ed.). *Contribuições à história e a epistemologia da Geografia*. Rio de Janeiro: Bertrand Brasil, p.101-25, 2006.

_____. *Procedimento para análise espacial e modelagem cartográfica de epidemias de dengue*. Campinas, 2003. Tese (Livre-Docência) – Instituto de Geociências, Universidade Estadual de Campinas.

340 MARCOS CÉSAR FERREIRA

FISHER, R. A.; YATES, F. *Tabelas estatísticas para pesquisa em Biologia, Medicina e Agricultura.* São Paulo: Polígono, 1971.

FORER, P. A Place for Space Plastic? *Progress in Human Geography,* 3, p.230-67, 1978a.

_____. Time-Space and Area in the City of the Plains. In: CARLSTEIN, T.; PARKES, D.; THRIFT, N. (Eds.). *Making Sense of Time.* London: Edward Arnold, 1978b. v.1.

FORMAN, R. T. T.; GODRON, M. *Landscape Ecology.* New York: Wiley & Sons, 1986.

FORTHERINGHAM, A. S.; BRUNSDON, C.; CHARLTON, M. *Quantitative Geography:* Perspective on Spatial Data Analysis. London: SAGE, 2005.

FRANK, A. U. The Use of Geographical Information Systems: the User Interface Is the System. In: MEDYCKYJ-SCOTT, D.; HEARNSHAW, H. M. (Eds.). *Human Factors in Geographical Information Systems.* London: Belhaven Press, p.15-31, 1993.

GARRISON, W. L.; MARBLE, D. F. The Structure of Transportation Networks. *U.S. Army Transportation Command Technical Report,* 62-11, 1962.

GATRELL, A. *Distance and Space.* Oxford: Clarendon Press, 1983.

GAZETA MERCANTIL. *Atlas do Mercado Brasileiro.* Anual. São Paulo, 2003.

GERARDI, L. H. O.; SILVA, B. C. N. *Quantificação em Geografia.* São Paulo: Difel, 1981.

GERSMEHL, P. J. *The Language of Maps.* Indiana: Pathways in Geography Series, NCGE, 1991.

GETIS, A. Temporal Land Use Pattern Analysis with the Use of Nearest Neighbor and Quadrat Methods. *Annals of Association of American Geographers,* 54, p.391-9, 1964.

GOLDEN SOFTWARE INC. *Surfer Mapping System.* [S.l.]: Golden, CO, 2005.

GOODCHILD, M. F. Fractals and the Accuracy of Geographical Measures. *Mathematical Geology,* 12, p.85-98, 1980.

_____. Geographical Data Modeling. *Computers and Geosciences,* v.18, n.4, p.401-8, 1992.

GRIFFITH, D. A.; LAYNE, L. J. *A Casebook for Spatial Statistical Data Analysis.* New York: Oxford University Press, 1999.

HÄGERSTRAND, T. Aspects of the Spatial Structure of Social Communication and the Diffusion of Information. *Papers of the Regional Science Association,* 16, p.27-42, 1966.

_____. *Diffusion of Innovations.* Chicago: Chicago University Press, 1968.

HAGGETT, P.; CHORLEY, R. *Network Analysis in Geography.* London: Edward Arnold, 1969.

_____. *Locational Analysis in Human Geography.* London: Edward Arnold, 1965.

_____; CLIFF, A.; FRAY, A. *Locational Analysis in Human Geography.* London: Edward Arnold, 1977.

_____. *Locational Models.* London: Edward Arnold, 1960.

_____. Designing Spatial Data Analysis Modules for Geographical Information Systems. In: FOTHERINGHAM, S.; ROGERSON, P. (Eds.). *Spatial Analysis and GIS.* London: Taylor & Francis, p.45-63, 1995.

HAINING, R. P. *Spatial Data Analysis in the Social and Environmental Sciences.* London: Cambridge University Press, 1990.

HARTSHORNE, R. *The Nature of Geography.* USA: Lancaster, 1939.

HEPPLE, L. W. The Impact of Stochastic Process Theory upon Spatial Analysis in Human Geography. *Progress in Geography,* 6, p.89-142, 1974.

HEUVLINK, G. B. M.; BURROUGH, P. A. Error Propagation in Cartographic Modeling Using Boolean Logic and Continuous Classification. *International Journal of Geographical Information Systems,* v.7, n.3, p.231-46, 1993.

HORTON, R. E. Drainage Basin Characteristics. *Trans. American Geophysical Union,* 13, p.350-61, 1932.

HUIJBREGTS, C. J. Regionalized Variables and Quantitative Analysis of Spatial Data. In: DAVIS, J. C.; McCULLIAGH, M. J. (Eds.). *Display and Analysis of Spatial Data.* London: John Wiley & Sons, p.38-53, 1975.

JOLY, F. *La cartographie.* Paris: Presses Universitaires de France, 1976.

KANSKY, K. J. *Structure of Transport Networks:* Relationships between Network Geometry and Regional Characteristics. [S.l.]: University of Chicago, Dept. of Geography, 1963. (Research Papers, 84).

KING, L. J. A Quantitative Expression of the Pattern of Urban Settlements in the United States. *Tijdschirft voor econimishe en sociale Geografie,* 53, p.1-7, 1962.

KOHN, J. The 1960's: a Decade of Progress in Geographical Research and Instruction. *Annals of the Association of American Geographers,* v.2, n.60, p.212-27, 1970.

KRAAK, M. J.; ORMELING, F. J. *Cartography:* Visualization of Spatial Data. Essex: Longman, 1996.

KUIPERS, B. Modeling Spatial Knowledge. *Cognitive Science,* 2, p.129-53, 1978.

LAM, N. Description and Measurement of Landsat TM Images Using Fractals. *Photogrammetric Engineering and Remote Sensing,* v.56, n.2, p.187-95, 1990.

LANDIM, P. Sobre geoestatística e mapas. *Terrae Didática,* v.2, n.1, p.19-33, 2006.

LANGRAN, G. A Review of Temporal Database Research and It's Use in GIS Applications. *International Journal of Geographical Information Systems,* 3, p.215-32, 1994.

LI, B. L. Fractal Geometry Applications in Description and Analysis of Patch Patterns and Patch Dynamics. *Ecological Modeling,* 132, p.33-50, 2000.

MAGUIRE, D. J. An Overview and Definitions of GIS. In: _____; GOODCHILD, M. F.; RHIND, D. W. *Geographical Information Systems:* Principles and Applications. London: Longman, p.319-35, 1991. v.1.

MANDELBROT, B. B. *Fractals:* Form, Chance and Dimension. San Francisco: Freeman, 1977.

_____. How Long is the Coast of Britain? Statistical Self-Similarity and Fractional Dimension. *Science,* 156, p.636-8, 1967.

MARK, D. M.; FREUNDSCHUB, S. M. Spatial Concepts and Cognitive Models for Geographic Information Use. In: NYERGES, T. L.; et al. (Eds.). *Cognitive Aspects of Human-Computer Interaction for GIS.* Dordrecht: Kluwer Academic Publishers, p.21-8, 1995.

MARK, D. M. et al. Cognitive Models of Geographical Space. *International Journal of Geographical Information Science*, 13, p.747-74, 1999.

MARTINELLI, M. *Curso de Cartografia temática*. São Paulo: Contexto, 1990.

_____. *Mapas da Geografia e Cartografia temática*. São Paulo: Contexto, 2003.

MATHER, P. *Computer Processing of Remotely Sensed Images:* an Introduction. London: Wiley & Sons, 1987.

Mc HARG, I. L. *Design with Nature.* Garden City: Doubleday Natural History Press, 1969.

Mc CONNEL, H.; HORN, J. M. Probabilities of Surface Karst. In: CHORLEY, R. *Spatial Analysis in Geomorphology.* London: Harper & Row, p.111-34, 1972.

MORAN, P. A. P. Notes on Continuous Stochastic Phenomena. *Biometrika*, 37, p.17-23, 1950.

_____. The Interpretation of Statistical Maps. *Journal of Royal Statistical Society*, Series B, 10, p.243-51, 1948.

MORISAWA, M. Quantitative Geomorphology of Some Watersheds in the Appalachian Plateu. *Geological Society of America Bulletin*, v.73, n.9, p.1025-46, 1962.

MUEHRCKE, P. C. *Map Use:* Reading, Analysis, Interpretation. Madison: JP Publications, 1986.

MÜLLER, J. C. The Mapping of Travel Time in Edmonton, Alberta. *Canadian Geographer*, 22, p.195-210, 1978.

NEWELL, R. G.; THERIAULT, D. G. Is GIS Just a Combination of CAD and DBMS? *Mapping & Awareness*, v.4, n.3, p.42-5, 1990.

NYERGES, T. L.; GOLLEDGE, R. G. *Asking Geographic Questions.* NCGIA Core Curriculum in GIScience, Department of Geography, University of Santa Barbara, USA, 1987. Disponível em: <www.ncgia.ucsb.edu/gisscc:units/u007>. Acesso em: 10 jul. 2003.

O'BRIEN, L. O. *Introducing Quantitative Geography:* Measurement, Methods and Generalized Linear Models. London: Routledge, 1992.

OZEMOY, V. M.; SMITH, D. R.; SICHERMAN, A. Evaluating Computerized Geographic Information Systems Using Decision Analysis. *Interfaces*, 11, p.92-8, 1981.

PARKES, D.; TRIFT, N. *Time, Spaces and Places:* a Cronogeographic Perspective. New York: John Wiley & Sons, 1981.

PEUQUET, D. J. It's About Time: a Conceptual Framework for the Representation of Temporal Dynamics in Geographic Information Systems. *Annals of the Association of American Geographers*, v.84, n.3, p.441-61, 1994.

_____. Representations of Geographic Space: toward a Conceptual Synthesis. *Annals of Association of American Geographers*, v.78, n.3, p.375-94, 1988.

SACK, R. D. A Concept of Physical Space in Geography. *Geographical Analysis*, v.5, n.1, p.16-34, 1973.

_____. Chorology and Spatial Analysis. *Annals of American Association of Geographers*, v.64, n.3, p.439-52, 1974a.

_____. The Spatial Separatism Theme in Geography. *Economic Geography*, v.50, n.1, p.1-19, 1974b.

SALICHTCHEV, K. A. Cartographic Communication: It's Place in the Theory of Science. *The Canadian Geographer*, v.15, n.2, p.93-100, 1978.

SCHAEFER, F. K. Exceptionalism in Geography: a Methodological Examination. *Annals of American Association of Geographers*, v.43, n.3, p.226-49, 1953.

SEADE – Fundação Sistema Estadual de Análise de Dados. *Apresenta informações socioeconômicas de municípios paulistas*. Disponível em: <www.seade.gov.br>. Acesso em: 15 set. 2008.

SHELLAS, J.; GREENBERG, R. *Forest Patches in Tropical Landscapes*. Washington: Island Press, 1996.

SMITH, T. R.; et al. Requirements and Principles for the Implementations and Construction of Large Scale Geographic Information Systems. *International Journal of Geographical Information Systems*, 1, p.13-31, 1987.

STEIN, M. L. *Interpolation of Spatial Data:* Some Theory for Kriging. New York: Springer, 1999.

STEPHAN, F. F. Sampling Errors and the Interpretation of Social Data Ordered in Time and Space. *Journal of the American Statistical Association*, 29, p.165-6, 1934.

SUDEHRSA (Superintendência de Desenvolvimento de Recursos Hídricos e Saneamento Ambiental do Paraná). *Apresenta mapas e dados espaciais para download*. Disponível em: <www.suderhsa.pr.gov.br>. Acesso em: 12 out. 2009.

TAYLOR, P. J. *Quantitative Methods in Geography:* an Introduction to Spatial Analysis. Boston: Houghton Mifflin Co., 1977.

TOMLIN, D. *Geographic Information Systems and Cartographic Modeling*. Englewood Cliffs: Prentice Hall, 1990.

TURIN, R. N. *Introdução ao estudo das linguagens*. São Paulo: Annablume, 2007.

UNWIN, D. *Introductory Spatial Analysis*. London: Methuen, 1981.

VAN DER SCHANS, R. The WDGM Model: a Formal System View on GIS. *International Journal of Geographical Information Systems*, v.4, n.3, p.225-39, 1990.

WANG, F. Improving Remote Sensing Image Analysis through Fuzzy Information Representation. *Photogrammetric Engineering and Remote Sensing*, v.56, n.8, p.1163-9, 1990.

WANG, F.; HALL, G. B. Fuzzy Representation of Geographical Boundaries in GIS. *International Journal of Geographical Information Systems*, v.10, n.5, p.573-90, 1996.

WERRITY, A. *On the Form of Drainage Basins*. [S.l.]: Pennsylvania State University – Dept. of Geography, 1969. (Papers in Geography, 1).

WILLIANS, P. The Analysis of Spatial Characteristics of Karst Terrains. In: CHORLEY, R. (Ed.). *Spatial Analysis in Geomorphology*. London: Harper & Row, 1972. p.135-66.

ZADEH, L. A. Fuzzy Sets. *Information Control*, 8, p.338-53, 1965.

SOBRE O LIVRO

Formato: 16 x 23 cm
Mancha: 27,5 x 49 paicas
Tipologia: Horley Old Style 11/15
Papel: Off-set 75 g/m^2 (miolo)
Cartão Supremo 250 g/m^2 (capa)

1ª edição: 2014

EQUIPE DE REALIZAÇÃO

Capa
Estúdio Bogari

Edição de Texto
Miguel Yoshida (Copidesque)
Camila Bazzoni (Revisão)

Editoração Eletrônica
Eduardo Seiji Seki

Assistência Editorial
Alberto Bononi

www.mundialgrafica.com.br